Lehrbuch

der

Astronomie

von

Joseph Piazzi.

Aus dem Italienischen übersetzt

von

Johann Heinrich Westphal.

Mit einer Vorrede des Herrn Hofrath Ritter Gauss.

Zweiter Theil.
Mit zwei Kupfertafeln.

Berlin,
bei G. Reimer.
1822.

Inhalt des zweiten Theils.

Viertes Buch.

Theorie der Bewegungen der Planeten.

Fünftes Buch.

Das Sonnensystem.

Sechstes Buch.

Finsternisse.

Siebentes Buch.

Kometen.

Viertes Buch.

Theorie der Bewegungen der Planeten.

§. 1. Alles was in den drei vorhergehenden Büchern auseinandergesetzt worden, ist nur als eine Vorbereitung anzusehen, um den Weg zur Kenntniſs des Sonnensystems zu bahnen, von welchem alle Erscheinungen am Himmel abhängen, welches aber auch wiederum nur durch diese Erscheinungen, wenn man sie auf das allergenaueste betrachtet und untersucht, gehörig erkannt werden kann. Ehe also eine solche Untersuchung unternommen werden konnte, war es nothwendig, im Allgemeinen eine Vorstellung vom Himmel zu geben, und auseinanderzusetzen, wie die Beobachtungen von den optischen, durch die Atmosphäre verursachten Täuschungen, und von den andern scheinbaren, allen Himmelskörpern gemeinschaftlichen Bewegungen, befreit werden könnten, damit es möglich würde sie auf die wahren Oerter zu reduziren, denen sie in Beziehung auf die vornehmsten Kreise und Punkte der Himmelskugel entsprechen.

Nachdem dies alles vorausgeschickt, werden wir uns bemühen in diesem Buche die Beschaffenheit, die Anordnung und die Vertheilung der Planetenbahnen kennen und bestimmen zu lernen, und zugleich unser Augenmerk auf die Gesetze, nach welchen jene beschrieben werden, und auf die allgemeine Grundursache dieser Gesetze richten. Wir werden hiebei den wahren Zustand des

Himmels, sowohl den vergangenen als den gegenwärtigen und den zukünftigen, aus einem einzigen Gesichtspunkte umfassen, in dessen voller Erkenntniſs die Vollkommenheit der Astronomie begründet ist. Es können aber die Gesetze, nach welchen sich die Planeten bewegen, nicht eher bestimmt werden, bevor man nicht die Beschaffenheit der krummen Linien, welche sie beschreiben, angegeben hat, und dies kann nicht geschehen, wenn nicht die sämmtlichen Bewegungen von der Sonne, ihrem gemeinschaftlichen Mittelpunkte, aus betrachtet worden. Um also mit derjenigen Klarheit und Ordnung, welche die Natur des Gegenstandes zu erlauben scheint, und welche sich auch für Anfangsgründe am besten paſst, in die Sache einzugehen, wollen wir 1) untersuchen, wie die verschiedenen Erscheinungen der Planeten sein müssen, wenn sie zu gleicher Zeit von der Sonne und von der Erde betrachtet werden; 2) aus den von der Sonne aus gemachten Beobachtungen, die Gestalt der Bahnen aufsuchen, und die Gesetze herleiten, nach welchen dieselben beschrieben werden; 3) mit diesen Gesetzen die Bewegungen in den Bahnen ordnen, und die Elemente der Letztern bestimmen; 4) von der Sonne auf die Erde zurückgehen, und zusehen, auf welche Weise die gefundenen Bahnen und Elemente in Zahlen ausgedrückt werden können; endlich 5) die allgemeine Grundursache dieser Erscheinungen, die Schwere, auseinandersetzen und erklären.

Erster Abschnitt.

Von den verschiedenen Erscheinungen der Planeten, wenn sie gleichzeitig von der Sonne und von der Erde aus beobachtet werden, und von der Art die einen Beobachtungen in die andern zu verwandeln.

§. 2. Da die Bewegungen der Planeten um die Sonne statt finden, so können sie nicht anders gehörig aufgefaſst werden, als indem man die Oerter, in welchen sie von der Erde aus erscheinen, auf diejenigen reduzirt, in welchen sie sich von der Sonne aus zeigen würden. Und weil ihre Bahnen in verschiedenen Ebenen liegen, und verschieden zu einander geneigt sind, so muſs man sie, um eine gleichförmige und für alle anwendbare Rechnungsmethode zu haben, auf irgend eine gemeinschaftliche und beliebig anzunehmende Ebene reduziren. Hiezu paſst sich am besten die Ebene der Erdbahn, oder die Ekliptik, die man zu jeder Zeit auffinden kann, da sie durch die jährliche scheinbare Bahn der Sonne am Himmel dargestellt wird. Befänden wir uns wirklich auf der Sonne, so wäre die Ebene ihres Aequators die beste, weil sie sehr nahe in der Mitte zwischen allen übrigen Ebenen der Planetenbahnen liegt; deſshalb ward sie auch von Laplace vorgeschlagen, und es ist wirklich in einigen Fällen vortheilhaft sich ihrer zu bedienen, wie er auch gethan; aber dies kann uns doch nicht bestimmen, die andere Annahme zu verlassen, welche die natürliche Ordnung der Erscheinungen darbietet, und die zugleich durch die Beobachtungen und Rechnungen während dreissig Jahrhunderte ein Eigenthumsrecht erhalten hat.

§. 3. Da die Ebenen aller Bahnen durch den Mittelpunkt der Sonne gehen, so wird auch die Durchschnittslinie jeder Ebene mit der der Ekliptik den Mittelpunkt der Sonne treffen, und ihre Enden werden um 180° von einander entfernt sein. Deſshalb ist immer die eine Hälfte jeder Planetenbahn oberhalb, die andere unterhalb der Ekliptik; und weil die Ebene der Ekliptik, nach allen Seiten bis ins unendliche verlängert, die scheinbare Himmelskugel in zwei Hälften, die nördliche und die südliche theilt, so hat der Planet, wenn er den obern Theil seiner Bahn beschreibt, eine nördliche, im untern, eine südliche Breite.

§. 4. Die beiden Punkte einer Planetenbahn, welche an den Enden der Durchschnittslinie der beiden Ebenen der Bahn und der Ekliptik liegen, heissen *Knoten*, und die Linie, welche sie verbindet, *Knotenlinie*. Derjenige Knoten durch welchen der Planet aus der südlichen Breite in die nördliche übergeht, heiſst der *aufsteigende* (☊), der andere der *niedersteigende* (☋).

§. 5. Es sei *E*☊*P*☋ (Fig. 59.) die Bahn eines untern Planeten, und *B*☋*L*☊ ihre orthographische Projekzion: wenn nun der Planet sich in der Projekzion selbst bewegte, so würde er in der Ebene der Ekliptik erscheinen, und also keine Breite haben; da aber seine Bewegung in der Bahn *E*☊*P*☋, von der Sonne aus beobachtet, vor sich geht und auf die Ekliptik bezogen wird, so muſs sie auf dieselbe Weise erklärt werden, wie die Bewegung der Sonne in Beziehung auf den Aequator. Wenn also der Planet im ☊ ist, so hat er keine Breite; rückt er gegen *P* vor, so erhält er eine immer zunehmende nördliche Breite, die in *F* oder 90° vom ☊ ihren gröſsten Werth bekommt, oder der Neigung der Ebene der Bahn zur Ebene der Ekliptik gleich wird. Von *F* bis zum ☋ nimmt die Breite fortwährend ab und ist im ☋ von neuem 0.; dann geht der Planet in die andere Hälfte seiner Bahn über, die Breite wird südlich, wächst und nimmt ab wie auf der nördlichen Halbkugel, unb wird wieder o im ☊.

Dasselbe gilt für einen obern Planeten, wie Fig. 60. zeigt.

§. 6. Es ist klar, daſs das Maſs der Breite eines Planeten in einem beliebigen Punkte seiner Bahn der Winkel *PSL* ist, den die graden Linien *SP* und *SL* bilden, von denen die erste von der Sonne zum Planeten geht, die zweite in der Ebene der Ekliptik liegt nnd durch das Perpendikel *PL* vom Planeten auf diese Ebene, bestimmt wird.. *SP* ist die *wahre Entfernung* des Planeten von der Sonne, *SL* die *abgekürzte*.

§. 7. Wenn die Ebene einer Planetenbahn bis an die scheinbare Himmelskugel ausgedehnt gedacht wird, so verwandelt sie sich, wie auch ihre eigentliche Gestalt sein mag, in eine kreisförmige Ebene, deren Mittelpunkt die Sonne einnimmt. Es ist also *NpDb* ein gröſster Kreis der Himmelskugel, der sich gegen die Ekliptik *NlDe* neigt, und dessen Knoten *N* und *D* sind.

§. 8. Da ♈ auf der Ekliptik den Anfangspunkt des Widders bezeichnet, so beschreibe man aus dem Mittelpunkte *D* einen Bogen ♈*b*, dann wird *b* der Anfangspunkt für die Längen des Planeten in seiner Bahn sein, so daſs *bDp*, nach der Ordnung der Zeichen gezählt, die *Länge des Planeten in seiner Bahn* ist.

§. 9. Vom Punkte *p* lasse man ein Perpendikel *pl* auf die Ekliptik herab, dann ist ♈*Dl* die *Länge des Planeten in der Ekliptik*, und der Bogen *pl* miſst die *Breite*, beide nennt man *heliozentrische*, weil sie von der Sonne aus beobachtet werden.

§. 10. Der Bogen *bD* der Bahn heiſst der *Ort des aufsteigenden Knotens* und der Bogen ♈*D* der Ekliptik, die *Länge des aufsteigenden*

Knotens. Diese beiden Bögen sind sich immer gleich.

§. 11. Der Bogen *Dp* der Bahn heifst das *Argument der Breite;* er ist immer dem Abstande des Planeten von seinem aufsteigenden Knoten, nach der Ordnung der Zeichen gezählt, gleich. Wenn man von der Länge des Planeten in der Bahn die Länge des ☊ abzieht, so erhält man das Argument der Breite; und wenn die Länge des Planeten kleiner als die des ☊ ist, so vermehre man dieselbe um 12 Zeichen.

§. 12. Durch die Proporzion *R*: Sin Arg. d. Br. = Sin Neig.: Sin Breite erhält man die Breite des Planeten aus dem Argumente der Breite und dem Neigungswinkel der Ebene der Planetenbahn zur Ekliptik; die Breite ist in den ersten sechs Zeichen des Arguments nördlich, in den letzten sechs, südlich.

§. 13. Ebenso reduzirt man das Argument der Breite auf die Ebene der Ekliptik durch die Proporzion *R*: Cos Neig. = Tang Arg. der Br.: Tang red. Arg. Wenn man dies reduzirte Argument zur Länge des Knotens addirt, so erhält man die Länge des Planeten auf die Ekliptik reduzirt, oder *die wahre heliozentrische Länge.*

§. 14. Der Unterschied zwischen dem Argumente in der Bahn und dem reduzirten, heifst die *Redukzion auf die Ekliptik.* Sie wird im ersten und dritten Quadranten subtrahirt, im zweiten und vierten addirt, und ist 0 bei 90° Abstand vom Knoten, oder in den Punkten *f* und *g*, wo die Breite am gröfsten und also der Neigung der Bahn gegen die Ekliptik gleich ist.

§. 15. Die Entfernung *SP* des Planeten von der Sonne verwandelt man in die verkürzte *SL*, oder reduzirt sie auf die Ekliptik, wenn man setzt *R*: Cos Breite = wahr. Entf : verk. Entf.

§. 16. Wenn der Beobachter sich auf der Erde befindet, so werden die beobachteten Längen und Breiten, welche man *geozentrische* nennt, von den heliozentrischen verschieden sein, die Zeiten der obern Konjunkzionen ausgenommen, wo die Länge von der Sonne und von der Erde aus dieselbe ist; bei den untern Konjunkzionen und den Oppositionnen sind die Längen genau um 180° verschieden.

§. 17. Wenn man von der Erde in *T* eine grade Linie durch den Punkt *L* der Projekzion der Planetenbahn zieht, und bis an die scheinbare Himmelskugel nach *M* verlängert, so ist *M* der Ort des Planeten von der Erde aus gesehen. Seine Länge ist also der Bogen ♈*DM*, weil die beiden graden Linien *T*♈, *S*♈ zusammenfallen, da *TS* unendlich klein gegen den Halbmesser der Ekliptik ist. Aus demselben Grunde ist der Bogen *lM*, oder der Unterschied der heliozentrischen und geozentrischen Länge des Planeten, das Maſs des Winkels am Planeten, den die beiden verkürzten Entfernungen *SL* und *TL* bilden.

§. 18. Der Bogen *lM* heiſst die *jährliche Parallaxe*, die also immer dem Unterschiede zwischen den beiden Längen des Planeten von der Sonne und von der Erde aus, gleich ist.

I. Aufgabe.

Aus den heliozentrischen Längen der Erde und des Planeten, und ihren Entfernungen von der Sonne, die geozentrische Länge des Planeten zu finden.

§. 19. Nachdem die gegebene Entfernung *SP* des Planeten von der Sonne auf die Ebene der Ekliptik reduzirt worden, erhält man das Dreieck *SLT*, in welchem die beiden Seiten *SL*, *ST* und der zwischenliegende Winkel *TSL* gleich dem Unterschiede zwischen den gegebenen Längen des

Planeten und der Erde, gegeben sind. Man hat also die Proporzion: Die Summe der beiden Seiten, verhält sich zu der Differenz der beiden Seiten wie die Tangente der halben Summe der Winkel *L* und *T* zur Tangente ihrer halben Differenz, welche zur halben Summe erst addirt, dann subtrahirt, die Winkel *L* und *T* giebt. Bei den obern Planeten ist *L* dem Unterschiede und *T* der Summe gleich; bei den untern Planeten findet das Gegentheil statt. Aus diesen beiden Winkeln erhält man die geozentrische Länge des Planeten.

Wenn die Länge der Sonne grösser ist als die Länge des Planeten, wie in den beiden Figuren 59. und 60., wo Länge der ☉ $= \Upsilon HO > \Upsilon Hl =$ Länge des Planeten, so erhält man die geozentrische Länge des Planeten, entweder indem man von der Länge der Sonne den Winkel $T = OTM$ abzieht, oder indem man zur heliozentrischen Länge des Planeten $= \Upsilon l$ den Winkel $L = MLl$ addirt: in beiden Fällen hat man immer $\Upsilon HM =$ der Länge des Planeten von der Erde aus gesehen. Wenn die Länge der ☉ kleiner als die des Planeten wäre, so brauchte man nur statt Summe Differenz, und statt Differenz Summe zu setzen.

§. 20. Im Dreiecke *STL* heisst der Winkel *S*, der dem Unterschiede der heliozentrischen Länge des Planeten und der Erde gleich ist, die *Kommutazion*, oder der *Winkel an der Sonne*; der Winkel *T*, oder der Unterschied zwischen der Länge der Sonne (der um sechs Zeichen vergrösserten Länge der Erde) und der geozentrischen Länge des Planeten, die *Elongazion*, oder der *Winkel an der Erde*; endlich der Winkel *L*, oder der Unterschied der heliozentrischen und geozentrischen Länge des Planeten, der *Winkel am Planeten*, der, wie schon oben gezeigt worden, mit der *jährlichen Parallaxe* einerlei ist.

Die nöthigen Bemerkungen für die leichteste Ausführung der Rechnung des geozentrischen Orts der Planeten wird bei der Erklärung der Einrichtung und des Gebrauchs der Tafeln gegeben werden.

II. Aufgabe.

Aus der Kommutazion, der Elongazion und der heliozentrischen Breite eines Planeten, die geozentrische Breite zu finden.

§. 21. In dem bei L rechtwinkligen Dreiecke LTP ist $LT : LP = R :$ Tang LTP und im Dreiecke SPL ebenso $SL : LP = R :$ Tang PSL, also $LT : SL =$ Tang $PSL :$ Tang LTP; aber $LT : SL$ = Sin Komm. : Sin Elong., folglich Sin Komm : Sin Elong. = Tang hel. Breite : Tang geoz. Breite.

Beide Breiten, die heliozentrische und die geozentrische folgen sehr nahe denselben Gesetzen. Wenn der Planet in den Knoten ist, sind beide Breiten = o. Die geozentrische Breite ist nördlich oder südlich, jenachdem der Planet in den ersten oder letzten sechs Zeichen seines Arguments ist. In Hinsicht der Grösse sind aber die Breiten verschieden, da diese nicht blos vom Argumente sondern auch von der Entfernung von der Erde abhängt.

III. Aufgabe.

Aus der Kommutazion, der Elongazion und der verkürzten Entfernung des Planeten von der Sonne, die verkürzte und die wahre Entfernung des Planeten von der Erde zu finden.

§. 22. Im Dreiecke STL, in welchen man alle Winkel und die Seite SL kennt, ist Sin STL : Sin $TSL = SL : TL$, der verkürzten Entfernung des Planeten von der Erde. Im rechtwinkligen

Dreiecke LTP hat man aber Cos $LTP:R = TL:TP$, der wahren Entfernung des Planeten von der Erde.

Dasselbe Dreieck STL, durch welches aus der heliozentrischen Länge die geozentrische gefunden wurde, dient auch jene aus dieser zu finden.

Die drei vorhergehenden Aufgaben können auf mehrere andere Arten aufgelöfst werden; man sehe Delambre's *Astronomie* Cap. 27. und Gauss *Theoria motus corporum coelestium* I Buch.

Zweiter Abschnitt.

Von der Gestalt der Planetenbahnen und den Gesetzen, von welchen sie abhängen.

§. 23. Die Planetenbahnen sind sich alle sehr ähnlich und wenig vom Kreise verschieden, wie wir sehen werden, wenn wir jeden Planeten besonders betrachten; es ist defshalb hinlänglich eine einzige zu untersuchen, um die Art und Beschaffenheit aller kennen zu lernen. Die erste, die sich hiezu sogleich darbietet, ist die Bahn der Erde, die Grundlage für alle übrigen, bei deren Untersuchung wir noch den Vortheil haben, dafs die Grösse der Bewegungen immer dieselbe ist, die Beobachtung mag auf der Erde oder auf der Sonne geschehen; nur dafs im erstern Falle die Bewegungen scheinbar, im letztern wirklich sind.

§ 24. Man hat im ersten Buche gesehen, dafs die Zwischenzeiten, welche die Aequinokzien trennen, ungleich sind, indem ungefähr sieben Tage mehr vom Frühlingsäquinokzium bis zu dem des Herbstes, als von diesem bis zu jenem verfliessen; die Bewegung der Sonne ist also nicht gleichförmig: sie ist, den genauesten Beobachtungen zufolge, am gröfsten beim Wintersolstizium, am kleinsten beim Sommersolstizium; im ersten Falle beschreibt sie täglich 1° 1′ 10″,0, im letztern blos 57′ 11″,5; die jährliche Aenderung steigt also auf 4′.

§. 25. Die scheinbaren Geschwindigkeiten eines bewegten Körpers, können sich in Beziehung auf einen festen Punkt, in welchem sich das Auge befindet, ändern, weil entweder bey gleichbleibender Geschwindigkeit die Entfernung sich ändert, oder diese dieselbe bleibt und jene einen andern Werth erhält, oder indem beide Ursachen zusammenwirken. Im ersten Falle stehen die scheinbaren Geschwindigkeiten im umgekehrten Verhältnisse der Entfernungen, oder im graden Verhältnisse der scheinbaren Durchmesser des bewegten Körpers, weil diese im umgekehrten Verhältnisse von jenen stehen. Im zweiten Falle bleiben die Durchmesser immer dieselben. Im dritten geschieht die Aenderung der scheinbaren Geschwindigkeit im zusammengesetzten Verhältnisse aus dem direkten der wirklichen Geschwindigkeiten und aus dem umgekehrten der Entfernungen. Es ist aber der scheinbare Durchmesser der Sonne im Sommersolstizium jetzt 31′ 30″,6 und ihre tägliche Bewegung 57′ 11″,5; im Wintersolstizium Ersterer 32′ 35″,0, Letztere 61′ 10″. Wenn nun die Aenderung nur von der Entfernung herkäme, so würden die Geschwindigkeiten im Sommer und im Winter, sich wie die zugehörigen Durchmesser verhalten; also wäre 31′ 30″,6 : 32′ 35″,0 = 57′ 11″,5 : 59′ 9″,0. Aber die beobachtete Geschwindigkeit ist im Wintersolstizium um 2′ 1″ grösser als 59′ 9″. Die Aenderung der Geschwindigkeit kommt also nicht allein von der kleinern Entfernung her, sondern ausserdem noch von einer wirklichen Zunahme in der Geschwindigkeit selbst.

§. 26. Indem sich also die Erde der Sonne

nähert, nimmt ihre Geschwindigkeit wirklich zu, und da diese Zunahme der durch die verkleinerte Entfernung bewirkten gleich ist, so steht die ganze tägliche Bewegung im umgekehrten Verhältnisse des Quadrats der Entfernung der Erde von der Sonne, oder im direkten des Quadrats des scheinbaren Durchmessers der Sonne an diesem Tage. Nennt man also m, m' die tägliche Bewegung der Sonne an zwei verschiedenen Tagen, d, d' die entsprechenden Sonnendurchmesser, so hat man $m : m' = d^2 : d'^2$. In der That, wenn man setzt: wie sich das Quadrat des kleinsten Durchmessers, zu dem des gröſsten verhält, so verhält sich 57′ 11″,5 zum vierten Satze, so erhält man 61′ 10″, ganz wie es beobachtet wird. Alle Messungen des scheinbaren Durchmessers der Sonne mit seiner täglichen Bewegung verglichen, bestätigen vollkommen dies Resultat. Das Produkt der täglichen Bewegung in die Entfernung der Sonne von der Erde für denselben Tag, ist also sehr nahe eine beständige Grösse.

§. 27. Wenn man von der Erde zur Sonne eine grade Linie zieht, so ist der von derselben in einem Tage beschriebene Sektor oder Flächenraum, der Länge des von der Erde durchlaufenen Bogens, multiplizirt mit der Hälfte der graden Linie gleich. Im Allgemeinen ist aber die Länge eines Bogens gleich der Anzahl der Grade, welche er enthält, multiplizirt mit dem Halbmesser des Kreises zu welchem er gehört: wenn man also die tägliche Winkelgeschwindigkeit der Erde durch das Quadrat ihrer Entfernung von der Sonne multiplizirt, welche in diesem Falle sowohl die von der Erde zur Sonne gezogene grade Linie, als den Halbmesser des Kreises darstellt, zu welchem die tägliche Winkelbewegung der Erde gehört; so erhält man das Doppelte des von der graden Linie durchlaufenen Flächenraums; oder wenn man die tägliche Winkelbewegung mit A, die Entfernung der Sonne von der Erde für denselben Tag mit R bezeichnet, so wird die Fläche $=\frac{AR^2}{2}$ sein; für eine andere Entfernung R' und der zugehörigen Bewegung A' ist dieselbe $=\frac{A'R'^2}{2}$: folglich verhalten sich die beiden Flächen zueinander wie $AR^2 : A'R'^2$. Es ist aber (§. 26.) $A:A'=R'^2:R^2$ oder $AR^2=A'R'^2$; also ist die in einem Tage beschriebene Fläche eine beständige Grösse, und wird in zwei Tagen zum Doppelten, in drei Tagen zum Dreifachen, und überhaupt in m Tagen zum $m$fachen anwachsen. Wenn man daher von einer bestimmten Entfernung ausgeht, so ist die ganze in einer gegebenen Zeit beschriebene Fläche immer der Anzahl der Tage proporzional, die seit der Epoche jener bestimmten Entfernung verflossen sind. Also sind *die Flächenräume den Zeiten proporzional*: dies ist das erste Keplersche Gesetz für die Bewegung der Planeten um die Sonne.

§. 28. Da die Entfernung der Erde von der Sonne sich in jedem Augenblicke ändert, so müſste man, um die von dem in einem Tage beschriebenen Bogen, und den beiden dem Anfange und dem Ende dieses Bogens entsprechenden Entfernungen eingeschlossene Fläche zu erhalten, eigentlich das Mittel zwischen beiden Entfernungen nehmen. Weil indessen diese Aendrung in Beziehung auf die Erde äusserst klein ist, so ist sie ganz übergangen, was auch keinen weitern Einfluſs auf die Folgerungen hat.

§. 29. Da immer $AR^2 = A'R'^2$ ist, so kann man, wenn man ein Jahr hindurch die tägliche Winkelbewegung der Erde miſst, und den Halbmesser R, von welchem man ausgeht $= 1$ setzt, immer für jeden andern Tag die Entfernung der Erde von der Sonne $= R' = \sqrt{\frac{A}{A'}}$ finden. Wenn man also die Entfernung der Erde von der Sonne $= 1$ setzt, indem die Winkelbewegung 57′ 11″ ist, so wird die Entfernung an dem Tage, wo die Bewegung zu 61′ 10″ beobachtet wird, $\sqrt{\frac{57' \, 11''}{61' \, 10''}} =$ 0,96705 betragen. Zeichnet man alle diese Radien nach ihrer Grösse und Lage, und zieht durch ihre Enden eine Linie, so wird dieselbe der Kurve, welche die Erde um die Sonne beschreibt, vollkommen ähnlich sein.

§. 30. Wenn man diese Kurve näher betrachtet, so erkennt man leicht, daſs sie eine Ellipse ist. Es sei nämlich auf der Linie AB (Fig. 61.), welche der Summe der gröſsten und der kleinsten Entfernung der Erde von der Sonne gleich ist, F der Ort der Sonne, $AF = Bf$; man ziehe von den Punkten F und f nach einem beliebigen Punkte D grade Linien, so wird ihre Summe immer gleich AB sein, was eine wesentliche Eigenschaft der Ellipse ist. Wenn FB, welches der gröſsten Entfernung entspricht, $= 1$ ist, so wird die kleinste $= AF = fB = 0{,}96705$. Man nehme nun die Winkelbewegung der Erde vom ersten Julius in welchem dieselbe z. B. in B gewesen, bis zum ersten September, wo sie nach D gelangt; diese Bewegung ist 58° 58′ und die tägliche Geschwindigkeit, am letztern Tage 58′ 9″. Hiedurch kennt man im Dreiecke DFf den Winkel $F = 58° \, 58'$, die Seite $FD = 0{,}99165$ und die Seite $Ff = 0{,}03293$; man suche also die Seite fD, welche $= 0{,}97518$ gefunden wird, und addire sie zur Seite FD, ihre Summe 1,96683 ist sehr nahe dieselbe als die der gröſsten und kleinsten Entfernung, nämlich $AB = FD + fD = 1{,}96705$. Der kleine Unterschied zwischen beiden Grössen, der nicht über 0,00028 beträgt, kommt daher, dafs die Winkelbewegung in 24 Stunden als gleichförmig angesehen ist, was sich nicht ganz genau so verhält. Was soeben für den Punkt D gefunden worden, gilt für jeden andern Punkt; die von der Erde um die Sonne beschriebene Kurve ist also wirklich eine Ellipse, und weil, wie schon oben erwähnt worden, die Bahnen aller Planeten einander ähnlich sind, was man auch beweisen kann, wenn man auf gleiche Weise bey jeder derselben ähnliche Beobachtungen und Rechnungen anwendet, so zeigt sich die Richtigkeit des zweiten Keplerschen Gesetzes, *dafs alle Planeten Ellipsen um die Sonne beschreiben, die sich im gemeinschaftlichen Brennpunkte derselben befindet.*

§. 31. Wenn man die grofsen Axen der von den Planeten beschriebenen Ellipsen bestimmt hat, so vergleiche man sie mit den Zeiten der periodischen Umläufe, und man wird finden, *dafs immer die Quadrate der Umlaufszeiten den Würfeln der grofsen Axen proporzional sind.* Dies wird sich dann deutlich zeigen, wenn wir die Elemente aller Planetenbahnen mittheilen werden, und läfst sich übrigens auch beweisen, wenn wir die Natur der Kräfte untersucht haben, welche die Planeten in ihren gehörigen Bahnen erhalten.

Dritter Abschnitt.

Von der Art und Weise die Ungleichheiten des Laufs der Planeten in den verschiedenen Punkten ihrer Bahnen zu bestimmen.

§. 32. Da die Bögen, welche ein Planet in gleichen Zeiten um die Sonne beschreibt, nicht gleich sind, sondern bald grösser, bald kleiner: am gröfsten, wenn die Entfernung die kleinste, am kleinsten, wenn die Entfernung die gröfste ist; so können sie nicht unter einander verglichen werden, wenn man nicht ein gemeinschaftliches Mafs für sie hat. Man nenne dies Mafs *mittlere Geschwindigkeit*, oder *mittlere Winkelbewegung*. Es sei *PMAG* (Fig. 62.) die Bahn des Planeten, *S* die Sonne, und *SG* oder *SM* die mittlere Proporzionallinie zwischen der grofsen und kleinen Axe der Ellipse *PMAG*. Wenn man von *S* aus, mit dem Halbmesser *SM* einen Kreis beschreibt, der die Ellipse in den Punkten *M* und *G* schneidet, und man annimmt, dafs ein eingebildeter Planet mit einer immer gleichförmigen Bewegung den Umfang des Kreises *OMG* in derselben Zeit, als der Planet seine elliptische Bahn, beschreibt; so wird die Geschwindigkeit des eingebildeten Planeten der mittlern Geschwindigkeit oder mittlern Winkelbewegung des wahren Planeten gleich sein. Weil nun aber die Fläche des Kreises der Fläche der Ellipse gleich ist, und die Zeiten, in welchen der Kreis und die Ellipse beschrieben werden, dieselben sind, so würde der wahre Planet, wenn er sich auf dem Kreise mit der mittlern Geschwindigkeit bewegt hätte, in derselben Zeit, in welcher er seine wahre Bahn beschrieben hat, auch in dem Kreise einen ganzen Umlauf um die Sonne vollendet haben. Auf ähnliche Weise wird also jeder Kreissektor, wie *MSO*, immer dem elliptischen Sektor, der mit ihm in derselben oder in gleicher Zeit beschrieben worden, gleich sein. Also

1) Weil der Umfang des Kreises immer 360° ist, so kann jeder Kreis, aus einem beliebigen Punkte beschrieben, dazu dienen, die mittlere Bewegung des Planeten darzustellen, ganz wie jede andere Grösse, die gleichförmig wächst.

2) Wenn man T die Zeit eines ganzen Umlaufs des Planeten, t eine andere beliebige Zeit nennt, so hat man, um die dem Zeitraume t entsprechende mittlere Zeit zu finden T zu t wie 360° zur gesuchten mittlern Bewegung.

3) Die wahre Geschwindigkeit in einem gegebenen sehr kleinen Zeitraume ist im umgekehrten Verhältnisse des Quadrats der Entfernung des Planeten von der Sonne; wenn also der Planet in G oder in M ist, so ist die Geschwindigkeit der mittlern gleich, kleiner als diese in allen Punkten der Ellipse die ausserhalb, grösser in allen die innerhalb des Kreises bleiben, und im Allgemeinen wird dieselbe für einen beliebigen Punkt D, wenn man mit m die mittlere bezeichnet $= \frac{m \cdot SM^2}{SD^2} = \frac{360^\circ \cdot t \cdot SM^2}{T \cdot SD^2}$ sein.

4) Man lasse den wahren Planeten und den eingebildeten zugleich, den erstern von A, den letztern von a ausgehen, wo A und a beide in der grofsen Axe PA der Ellipse liegen, und ziehe zwei Halbmesser Se, SL, den ersten zum mittlern Ort des Planeten im Kreise, den zweiten zum wahren Orte in der Ellipse; dann wird Anfangs die mittlere Winkelbewegung ASe nur ein wenig über die wahre ASL hinausgehen, nachher aber der Unterschied grösser werden; wenn der wahre Planet nach M und der eingebildete nach O gekommen ist, wird der Unterschied am gröfsten und dem Winkel MSO gleich sein: von M und O nimmt er dann bis nach P und p fortwährend ab, und wird hier auf der grofsen Axe wieder Null.

5) Von den Unterschieden zwischen den gleichzeitigen Bewegungen des wahren und des eingebildeten Planeten hängt die Vertheilung der Un-

gleichheiten des Laufs des wahren Planeten in seiner Ellipse ab. Wir wollen also sehen, wie man diese Unterschiede aufsuchen, und darnach die wahren Oerter des Planeten in seiner Bahn, die den mittlern Oertern entsprechen, bestimmen könne. Um die Unterschiede zwischen der wahren und mittlern Bewegung zu finden, ist es, wie man leicht einsieht, am passendsten von einem Punkte auszugehen, in welchem sich der wahre und der eingebildete Planet zu gleicher Zeit befinden, und dieser Punkt muſs immer derselbe bleiben und nicht geändert werden, wenn er einmal gewählt ist; man nimmt hiezu das eine oder das andere Ende der groſsen Axe *AP* der Ellipse, und zwar pflegt man gewöhnlich *A* zu nehmen, obgleich Andere den Punkt *P* vorziehen, der, wie wir später sehen werden, den Planeten und Kometen gemeinschaftlich ist.

§. 33. Der Punkt *A*, welcher der gröſsten Entfernung des Planeten von der Sonne entspricht heiſst *Aphelium* oder *Sonnenferne*, der andere *P*, welcher der kleinsten Entfernung zugehört, *Perihelium* oder *Sonnennähe*.

Der Unterschied zwischen der wahren und der mittlern Bewegung heiſst die *Mittelpunktsgleichung*: sie ist am gröſsten in dem Punkte, wo die mittlere Geschwindigkeit der wahren gleich ist.

§. 43. Es sei *AMDP* (Fig. 63.) die Hälfte der Ellipse des Planeten, $AP = 2a$ ihre groſse Axe, $DC = b$ die halbe kleine Axe, *C* der Mittelpunkt, *S* der Ort der Sonne, $SC = e$ die Ekzentrizität, *A* das Aphelium, *P* das Perihelium und es sei der Planet in *M*. Auf der Axe *AP* beschreibe man aus dem Mittelpunkt *C* den Kreis *AKP*; vom Punkte *M*, wo sich der Planet in seiner Bahn befindet, lasse man ein Perpendikel *MR* auf die groſse Axe herab, und verlängere dasselbe nach oben hin bis es in N den Kreis trifft, von welchem Punkte man die Radien NC, NS und auf gleiche Weise vom Punkte M die Linie MS zieht; endlich nehme man auf dem Kreise AKP einen Bogen AX, der sich zu dem ganzen Umfange des Kreises AKP verhält, wie die Zeit welche der Planet braucht von A nach M zu gelangen, zu der Zeit seines periodischen Umlaufs, und ziehe den Radius CX. Der Kreis AKP heifst der *ekzentrische*; der Bogen AX, oder der Winkel $ACX = z$, die *mittlere Anomalie* des Planeten; der Bogen AN oder der Winkel $ACN = x$, die *ekzentrische Anomalie*; der Winkel $MSA = v$, die wahre *Anomalie*, und die Entfernung $MS = r$, der *Radius-vector*.

IV. Aufgabe.

Aus der mittlern Anomalie ACX die ekzentrische ACN zu finden.

§. 35. Es sei T die periodische Umlaufszeit, t die Zeit, welche der Planet braucht von A nach M zu gelangen; dann verhält sich T zu t wie die Fläche des ekzentrischen Kreises zum Sektor ACX, und T zu t wie die Fläche der Ellipse zum elliptischen Sektor MSA, also auch die Fläche des ekzentrischen Kreises zur Fläche der Ellipse, wie der Kreissektor ACX zum elliptischen Sektor ASM. Aus den Eigenschaften der Ellipse aber ist bekannt, dafs sich die Fläche des Kreises zur Fläche der Ellipse verhält, wie der Sektor ASN zum Sektor ASM, also ist $ACX : ASM = ASN : ASM$, folglich $ACX = ASN$. Da nun $ASN = ACN + NSC$, und $ACX = ACN + XNC$, so ist auch $XCN = NSC$; es ist aber $XCN = \frac{1}{2} XN . NC$ und $NSC = \frac{1}{2} ST . NC$, also ist Bogen XN gleich der Höhe ST. Aber $ST = SC$

. Sin $SCT = e$. Sin x, also $XN = e$. Sin x und $z = x + e$. Sin x, wo e im Bogen ausgedrückt werden mufs.

§. 36. Weil XN ein Bogen und ST eine grade Linie ist, so kann man x nur auf indirektem Wege aus z herleiten, indem man verschiedene Werthe von x annimmt, und in die Gleichung $z = x + e$. Sin x substituirt, bis man einen findet, der Genüge leistet. Wie sich dies bequem einrichten läfst, soll weiter unten gezeigt werden.

V. Aufgabe.

Aus der ekzentrischen Anomalie die wahre zu finden.

§. 37. Man verlängere SP nach m bis $Sm = SM$, und denke sich Mm gezogen; dann ist $MmR = \frac{1}{2} MSR$ und Tang MmR = Tang $\frac{1}{2} MSR = \frac{MR}{mR} = \frac{MR}{SR + SM}$. Ebenso ist Tang $\frac{1}{2} NCR = \frac{NR}{NC + CR}$ und folglich in den beiden rechtwinklichen Dreiecken MSR, NCR ist Tang $\frac{1}{2} MSR$: Tang $\frac{1}{2} NCR$, oder Tang $\frac{1}{2} v$: Tg $\frac{1}{2} x = \frac{MR}{SR+SM} : \frac{NR}{NC+CR}$; aber $NC + CR = PR$ und nach den Eigenschaften der Ellipse, $MR : NR = b : a$, und $SR + SM = PR . \frac{SA}{CA} = PR . \frac{a+e}{a}$; folglich ist Tang $\frac{1}{2} v$:

$$\text{Tang } \tfrac{1}{2} x = \frac{b}{PR\left(\frac{a+e}{a}\right)} : \frac{a}{PR} = \frac{b}{a+e} : 1, \text{ und}$$

wenn man $\sqrt{(a^2 - e^2)}$ statt b setzt, Tang $\frac{1}{2} v =$

$$\frac{\text{Tang } \frac{1}{2} x . \sqrt{(a+e)} . \sqrt{(a-e)}}{\sqrt{(a+e)} . \sqrt{(a+e)}} = \frac{\text{Tang } \frac{1}{2} x . \sqrt{(a-e)}}{\sqrt{(a+e)}}.$$

Es verhält sich also die Quadratwurzel aus der Entfernung im Aphelium zu der aus der Entfernung im Perihelium, wie die Tangente der halben ekzentrischen Anomalie, zu der Tangente der halben wahren Anomalie.

VI. Aufgabe.

Aus der wahren und ekzentrischen Anomalie den Radiusvector zu finden.

§. 38. Man ziehe NQ parallel zu MS, dann ist $MS : NQ = MR : NR = b : a$, und $MS : b = NQ : a$; im Dreiecke NQC hat man aber $NQ : NC = \text{Sin } x : \text{Sin } v$, also $MS : b = \text{Sin } x : \text{Sin } v$, und $MS = \frac{b \,.\, \text{Sin } x}{\text{Sin } v}$.

Aus den Eigenschaften der Ellipse erhält man zwei sehr einfache Ausdrücke für den Radiusvektor SM.

1) Da $SM^2 = SR^2 + MR^2$, so ist wenn man die Abzissen vom Mittelpunkte an zählt, $SM = a + \frac{e \,.\, CR}{a}$; aber $CR = a \,.\, \text{Cos } x$, also $SM = a + e \,.\, \text{Cos } x$.

2) Da $SM = r = \frac{a^2 + e \,.\, CR}{a}$, so ist $a^2 = ar - e \,.\, CR$, und weil $b^2 = a^2 - e^2$, auch $b^2 = ar - e \,.\, CR - e^2$, also $r = \frac{b^2 + e^2 + e \,.\, CR}{a} = \frac{b^2 + e\,(e + CR)}{a} = \frac{b^2 + e \,.\, SR}{a}$; aber $SR = r \,.\, \text{Cos } v$, also $r = \frac{b^2 + er \,.\, \text{Cos } v}{a}$, und $SM = r = \frac{b^2}{a - e \,.\, \text{Cos } v}$

§. 39. Man hat also folgende fünf Formeln für die Auflösung der Keplerschen Aufgabe: *Aus der mittlern Anomalie die wahre zu finden.*

1) $z = x + \frac{e}{a} . \text{Sin } x.$

2) $\text{Tang } \frac{1}{2} v = \frac{\text{Tang } \frac{1}{2} x . \sqrt{(a-e)}}{\sqrt{(a+e)}}.$

3) $r = a + e . \text{Cos } x.$

4) $r = \frac{b . \text{Sin } x}{\text{Sin } v}.$

5) $r = \frac{b^2}{a - e . \text{Cos } v} = \frac{a^2 - e^2}{a - e . \text{Cos } v}.$

§. 40. Aus der Differenziazion dieser Formeln erhält man ohne Schwierigkeit die folgenden Differenzialformeln:

6) $\frac{dv}{dz} = \frac{ab}{rr}$

7) $dx = \frac{dz}{1 + \frac{e}{a} . \text{Cos } x}$

8) $dr = - dz . \frac{ae}{b} \text{Sin } v$

9) $dv = dx . \frac{\text{Sin } v}{\text{Sin } x}$

§. 41. 1) Weil im Dreiecke *SDC* (Fig. 63.) $SD : SC = R : \text{Sin } SDC$, so kann man immer die Ekzentrizität *SC* durch den Sinus dieses Winkels ausdrücken. Es sei also $SDC = \varepsilon$, so ist $e = a . \text{Sin } \varepsilon$, und wenn man diesen Ausdruck in die vorigen Formeln bringt

1*. $z = x + \text{Sin } \varepsilon . \text{Sin } x.$

2*. $\text{Tang } \frac{1}{2} v = \text{Tang } \frac{1}{2} x . \frac{\sqrt{(1 - \text{Sin } \varepsilon)}}{\sqrt{(1 + \text{Sin } \varepsilon)}}.$

3*. $r = a (1 + \text{Sin } \varepsilon . \text{Cos } x).$
$b = a . \text{Cos } \varepsilon$

2) Wenn der Planet nach D gekommen ist, so ist die wahre Anomalie $DSA = 90° - \varepsilon$, und von der entgegengesetzten Seite $270° + \varepsilon$.

3) Wenn man den Ausdruck der Ordinate, die durch den Brennpunkt der Ellipse geht, oder des Parameters p durch den Winkel ε haben will, so setze man den Werth von $b = a . \mathrm{Cos}\, \varepsilon$ in die Gleichung der Kurve; man erhält $p = a . \mathrm{Cos}\, \varepsilon^2$.

§. 42. Wenn man statt die Anomalien vom Aphelium zu zählen, dieselben vom Perihelium zählen will, so wird e negativ. In den vorhergehenden Formeln mufs man alsdann die Zeichen der mit e oder $a . \mathrm{Sin}\, \varepsilon$ multiplizirten Glieder verändern; man erhält

1.** $z = x - \mathrm{Sin}\, \varepsilon . \mathrm{Sin}\, x$.

2.** $\mathrm{Tang}\, \frac{1}{2} v = \mathrm{Tang}\, \frac{1}{2} x . \sqrt{\frac{a+e}{a-e}}$.

3.** $r = a(1 - \mathrm{Sin}\, \varepsilon . \mathrm{Cos}\, x) = \frac{a . \mathrm{Cos}\, \varepsilon^2}{1 + \mathrm{Sin}\, \varepsilon . \mathrm{Cos}\, v}$

Im Allgemeinen mufs man die Zeichen der Sinus und Cosinus der sämmtlichen Anomalien aus + in —, und aus — in + verwandeln, wie man auch leicht einsieht, wenn man bedenkt, dafs wenn der Planet vom Aphelium ausgeht, seine wahre Bewegung kleiner als die mittlere ist, also die mittlere Anomalie grösser als die ekzentrische, und dafs wenn man vom Perihelium ausgeht, oder von diesem Punkte an die Anomalien zählt, die wahre Bewegung grösser als die mittlere und die ekzentrische Anomalie grösser als die mittlere ist.

Wir wollen nun den Gebrauch dieser Formeln in den verschiedenen von ihnen abhängenden Aufgaben betrachten.

VII. Aufgabe.

Aus der mittlern Anomalie z und der Ekzentrizität e, die ekzentrische Anomalie x zu finden.

§. 43. Weil die Entfernung im Aphelium zur Entfernung im Perihelium sehr nahe im Verhältnisse der Tangente der halben mittlern Anomalie zur Tangente der halben wahren Anomalie ist, und die ekzentrische Anomalie wenig verschieden ist von der halben Summe der mittlern und der wahren Anomalie; so kann man, wenn man die halbe grofse Axe $= 1$ annimmt, ohne gar zu merklichen Fehler $\frac{1-e}{1+e} . \text{Tang}\, \frac{1}{2} z = \text{Tang}\, \frac{1}{2} v$ und $\frac{1}{2}(z+v) = x'$ annehmen, wo x' ein genäherter Werth von x ist. Setzt man also in die erste Formel x', oder $z' = x' + e . \text{Sin}\, x'$, so erhält man z', einen genäherten Werth von z. Dann ist $z - z' = dz$ und $x - x' = dx$. Aus der siebenten Formel, nämlich $dx = \frac{dz}{1+e . \text{Cos}\, x}$ kann man also den Werth von dx finden, indem man in derselben $z - z'$ statt dz und x' statt x setzt: man erhält $dx = \frac{z - z'}{1+e . \text{Cos}\, x'}$. Der so gefundene Werth von dx zu x' addirt, oder von ihm abgezogen, jenachdem er positiv oder negativ gefunden wird, giebt den wahren Werth von $x = x' \pm dx$. Nie wird dieser Werth um mehr als ein Hundertel einer Sekunde falsch sein, und dieser Fehler wird eher den Logarithmentafeln als der Methode beizulegen sein.

Da die Formel $z = x + e . \text{Sin}\, x$ von der Art derjenigen ist, die man *transzendente* nennt, so mufs das Glied $e . \text{Sin}\, x$ mit dem Halbmesser in Sekunden ausgedrückt, multiplizirt werden, um es in einen Bogen zu verwandeln, und so gleichartig mit den beiden andern Sätzen zu machen.

Beispiel.

§. 44. Es sei $Z = 90°$ und $e = 0{,}20551$, die Exzentrizität der Bahn des Merkurs. Dann ist

$\frac{1 - e}{1 + e} = \frac{0{,}79449}{1{,}20551}$ .... log 9,8189176
$\frac{1}{2} Z = 45°$ .... log Tang 0,0000000

$\frac{1}{2} x = 33° \, 23' \, 12'',60$ ...... log Tang ... 9,8189176

$x' = 78° \, 23' \, 12'',60$ .... log Sin ... 9,9910173
$e = 0{,}20551$ .... log 9,3128330
R in sec. .... log 5,3144251

$e \operatorname{Sin} x' = 11° \, 32' \, 1'',72$ ... log 4,6182754
$z' = x' + e . \operatorname{Sin} x' = 89° \, 55' \, 14'',32$
$z =$ .... 90°

$z - z' = dz = \quad 4' \, 45',63$

$x' = 78° \, 25' \, 12'',60$ ..... log Cos ... 9,3023843
e .... log 9,3128330

$e \operatorname{Cos} x' = 0{,}0412304$ 8,6152173

$1 + e . \operatorname{Cos} x' = 1{,}0412304$ .. Compl. log .. 9,9824531
$z - z' = 0° \, 4' \, 45'',68$ .... log ... 2,4558798

$dx = \quad 0° \quad 4' \, 34'',37$ .... log ... 2,4383329
$x' = \quad 78° \, 23' \, 12'',60$

$x' + dx = 78° \, 27' \, 46'',97$ ...... log Sin 9,9911356
e in Sekunden .... log 4,6272581

$e \operatorname{Sin} x = 11° \, 32' \, 13'',02$ .... log 4,6183937
$x + e \operatorname{Sin} x = z = 89° \, 59' \, 59'',99$

Die so gefundene ekzentrische Anomalie weicht von der wirklichen höchstens um 0",01 ab, was weniger ist, als man in gewöhnlichen Rechnungen verlangt.

Eine andere Methode giebt Gauss in seiner *Theoria Motus Corporum Coelestium*, die der geübte Rechner allen übrigen vorziehen wird.

§. 45. Wenn die ekzentrische Anomalie gefunden worden, geht man unmittelbar zur Berechnung der Mittelpunktsgleichung und des Radiusvektor über.

Mittelpunktsgleichung. Man sucht dieselbe für Merkur, wenn $x = 78^\circ\ 27'\ 47''$, wie oben gefunden worden. Aus der fünften Formel $\text{Tang}\ \frac{1}{2}\, v = \text{Tang}\ \frac{1}{2}\, x \cdot \sqrt{\frac{1-e}{1+e}}$ erhält man

$\sqrt{\frac{1-e}{1+e}} = \sqrt{\frac{79449}{120551}}$ . . . . . . log 9,9094588

$\frac{1}{2}\, x = 39^\circ\ 13'\ 55'',5$ . . . . log Tang . 9,9119544

$\frac{1}{2}\, v = 33^\circ\ 32'\ 17'',81$ . . . . log Tang . 9,8214132

Also ist die wahre Anomalie $= v = 67^\circ\ 4'\ 35'',6$. Aber die mittlere Anomalie wurde zu 90° angenommen, also ist die Mittelpunktsgleichung $= z - v = 22^\circ\ 55'\ 24'',4$ für 90° mittlere Anomalie.

§. 46. *Radiusvektor.* Man kann ihn mit Hülfe der zweiten, dritten oder vierten Formel finden; wir werden uns der dritten bedienen. Dann ist

$e = 0,20851$ . . . . log 9,3128330

$x = 78^\circ\ 27'\ 47''$ . . . . log Cos 9,3010094

$e\ \text{Cos}\ x = 0,041100$ . . . . log 8,6138424

also $r = 1 + e \cdot \text{Cos}\ x = 1,041100 =$ der wahren Entfernung des Merkurs von der Sonne, wenn die mittlere 1 gesetzt wird. Und weil diese mittlere Entfernung in Theilen der mittlern Entfernung der Erde von der Sonne ausgedrückt $= 0,387099 = a$ gefunden wird, so mufs man mit dieser Zahl den oben gefundenen Werth von r multipliziren um r zu erhalten, wie es die Tafeln geben. Also

$a = 0,387099$ . . . . log 9,5878821

$r = 1,041100$ . . . . log 0,0174924

log r 9,6053745

wie in den Tafesn.

Aus der Ekzentrizität kann man durch die erste, zweite und dritte Formel, ohne Versuche und ohne Schwierigkeit, immer die Mittelpunktsgleichung und den Radiusvektor, oder seinen Logarithmen, wie man ihn bei den Rechnungen gebraucht, und wie ihn die Tafeln geben, erhalten. Hiezu sind nur 18 Logarithmen nöthig, 12 für die ekzentrische Anomalie und 6 um aus dieser die beiden andern Grössen herzuleiten; von jenen 12 Logarithmen sind aber 3 konstant, so daſs bei der Konstrukzion der Tafeln die Arbeit sich für jeden Satz auf das Aufsuchen von 15 Logarithmen reduzirt. Diese, wenn gleich indirekte Methode ist in der Ausführung kürzer als alle direkte, und auch hinlänglich genau, wenn die Ekzentrizität nicht gar zu klein ist.

VIII. Aufgabe.

Aus der Ekzentrizität die gröſste Mittelpunktsgleichung zu finden, und umgekehrt.

§. 47. Es sei E die Mittelpunktsgleichung, dann hat man $E = z - v$ und weil E ein Grösstes sein soll, $dz - dv = 0$, oder $\frac{dv}{zd} = 1$. Aus der sechsten Formel $\frac{dv}{dz} = \frac{ab}{rr}$, erhält man also, wenn man $a = 1$ und für b seinen Werth setzt $r^2 = \sqrt{(1 - e^2)}$; man nehme nun die beiden Werthe von r aus der 3. und 5. Formel, so erhält man $(1 + e.\text{Cos}\, x)^2 = \sqrt{(1 - e^2)}$, und $(1 - e.\text{Cos}\, v)^2 = (1 - e^2)^{\frac{3}{2}}$, daher $\text{Cos}\, x = \frac{-1 + (1 - e^2)^{\frac{1}{4}}}{e}$ $= -\frac{1}{4} e - \frac{3}{32} e^3 - \frac{21}{384} e^5 -$ u. s. w. $= - m$ $= \text{Sin}\, h$, und $\text{Cos}\, v = \frac{1 - (1 - e^2)^{\frac{3}{4}}}{e} = \frac{3}{4} e +$

$\frac{3}{32} e^3 + \frac{21}{352} e^5 +$ u. s. w. $= + n =$ Sin h'. Also Cos $x =$ Cos $(90^\circ + h)$ und Cos $v =$ Cos $(90^\circ - h')$, folglich $x - v = h + h'$, und wenn man nun die Bögen durch die Sinus ausdrückt, so wird $x - v$

$$= m + \frac{m^3}{16} + \text{u. s. w.} + n + \frac{n^3}{16} + \text{u. s. w.} + A.$$

Es ist aber $E = z - v$, also muſs x durch v ausgedrückt werden; hiezu hat man $z - x = e$. Sin x, und weil im gegenwärtigen Falle $x = 90^\circ + h$ und Sin $x =$ Sin $(90^\circ + h) =$ Cos $h = \sqrt{}\,(1 - \text{Sin}\, h^2)$ $= \sqrt{}\,(1 - m^2)$, so ist $z - x = e$. Sin $x = e \cdot \sqrt{}\,(1 - m^2) = B$, und $z - v = A + B$. Entwickelt man also den Werth von B in eine Reihe, und macht die gehörigen Substituzionen, so erhält man endlich den Ausdruck für die gröſste Mittelpunktsgleichung

$$E = 2\,e + \tfrac{11}{48} e^3 + \frac{599}{5120} e^5 + \frac{17219}{229376} e^7 + \text{u. s. w.}$$

und durch die Umkehrung der Reihen

$$e = \tfrac{1}{2} E - \frac{11}{768} E^3 - \frac{587}{2^{16} \cdot 3 \cdot 5} E^5 - \text{u. s. w.}$$

IX. Aufgabe.

Wenn die Ekzentrizität gegeben ist, die beiden halben Axen der Ellipse zu finden.

§. 48. Aus der zweiten Formel ist Tang $\tfrac{1}{2}\, v =$ Tang $\tfrac{1}{2}\, x \cdot \sqrt{\frac{a-e}{a+e}}$, also $a = e \cdot \frac{\text{Tang}\, \frac{1}{2} x^2 + \text{Tang}\, \frac{1}{2} v^2}{\text{Tang}\, \frac{1}{2} x^2 - \text{Tang}\, \frac{1}{2} v^2}$, und $b = \sqrt{}\,(a^2 - e^2)$. Setzt man die halbe groſse Axe $a = 1$, so ist die halbe kleine $b = \sqrt{}\,(1 - e^2)$.

X. Aufgabe.

Einen allgemeinen Ausdruck für die mittlere Anomalie durch die halbe grofse Axe und eine Konstante zu finden.

§. 49. Man nenne a, a' die halben grofsen Axen zweier Ellipsen, T, T' die Zeiten der periodischen Umläufe; dann ist nach dem dritten Keplerschen Gesetze (§. 31.) $a^3 : a'^3 = T^2 : T'^2$, oder $a^{\frac{3}{2}} : a'^{\frac{3}{2}} = T : T'$. Man mache a' = der halben grofsen Axe der Erdbahn, so ist nach den besten Bestimmungen $T' = 365^t{,}25638$; weil aber immer die mittlere Entfernung der Erde von der Sonne = 1 angenommen wird, so ist auch $a' = 1$, also $a^{\frac{3}{2}} : 1 = T : 365^t{,}25638$ und $T = 365^t{,}25638 \cdot a^{\frac{3}{2}}$.

Es sei nun m die tägliche Bewegung des Planeten, dann ist $T : 360^\circ = 1^t : m$, folglich $m = \dfrac{360^\circ}{365^t{,}25638 \cdot a^{\frac{3}{2}}}$. Da nun

log 360° in Sekunden	6,11260500
C. log 365,25638	7,43740218
so ist log Konstante = log c	3,55000718

und $c = 3548'',191$

Also ist die tägliche Bewegung des Planeten $= m = \dfrac{3548'',191}{a^{\frac{3}{2}}}$, und nach einer Anzahl t von Tagen

$$tm = \frac{3548'',191 \cdot t}{a^{\frac{3}{2}}} = \frac{ct}{a^{\frac{3}{2}}} = z = x \pm \frac{a \cdot \text{Sin}\, \varepsilon \cdot \text{Sin}\, x}{\text{Sin}\, 1''}$$

$= x \pm \dfrac{e \cdot \text{Sin}\, x}{\text{Sin}\, 1''}$, wo das obere Zeichen gilt, wenn man die Anomalien vom Aphelium, das untere, wenn man sie vom Perihelium zählt (§. 41.). Die Zahl 3548'',191 ist also für alle Planeten eine konstante Zahl, durch welche sämmtliche mittlere Anomalien ausgedrückt werden können.

Wenn man x und z in Theilen des Halbmessers haben will, so multiplizire man $\frac{ct}{a^{\frac{3}{2}}}$ mit dem Sinus von 1″, oder dividire es durch den Halbmesser in Sekunden ausgedrückt.

Beispiel.

§. 50. Man verlangt die mittlere Anomalie des Merkurs für 22 Tage Abstand vom Aphelium. Es ist

$a = 0{,}387099$; $t = 22$, also

log Konst.	3,5500072
log 22ᵗ	1,3424227
C. log a	0,4121770
C. log $a^{\frac{1}{2}}$	0,2060885
log $\frac{ct}{a^{\frac{3}{2}}}$	5,5106954

$$\frac{ct}{a^{\frac{3}{2}}} = z = 324112'',23 = 90^{\circ}\ 1'\ 52'',23$$

§. 51. Will man es streng nehmen, so mufs man noch die gefundene Konstante c durch die Quadratwurzel aus der Masse der Sonne = 1 und der Masse der Erde in Theilen von der der Sonne, oder durch $\sqrt{1{,}0000028192}$ dividiren, wodurch c' = 3548″,18761 wird, und wenn man die Anomalie sucht, so mufs man noch c' durch die Quadratwurzel aus der Masse der Sonne und der Masse des Planeten multipliziren, sodafs, wenn man die Masse des Planeten = μ setzt, die Konstante = $c' . \sqrt{(1 + \mu)}$ wird. Dies kommt daher, weil das dritte Keplersche Gesetz keine Rücksicht auf die Massen nimmt, und also nur näherungsweise richtig ist. Uebrigens ist die Masse der Planeten, selbst die der grösseren, so klein, dafs diese Korrekzion nur auf die siebente oder achte Dezimalstelle Einfluſs haben wird, sodaſs es also völlig genug ist, die durch unsere Zahl c gefundene Anomalie, am Ende noch durch $\frac{\sqrt{(1+\mu)}}{\sqrt{1,0000028192}}$ zu multipliziren.

§. 52. Nachdem die hauptsächlichsten Beziehungen der verschiedenen Theile der Ellipse zu einem beliebigen Punkte derselben, gegeben sind, bleibt noch übrig die Ellipse selbst zu suchen und zu bestimmen. Viele Mathematiker haben sich bemüht, von dieser Aufgabe, der schwersten bei der elliptischen Bewegung, eine analytische Auflösung zu geben, welche für alle Fälle genügend wäre; indessen kann man wohl sagen, daſs hierin bis auf den Ritter Gauss nichts wirklich vorzügliches und brauchbares geliefert worden. Dieser hat zuerst den Gegenstand in seiner ganzen Allgemeinheit betrachtet, die verschiedenen Fälle, welche vorkommen können, untersucht, und für jeden mehrere genaue und zierliche Methoden angegeben, die sowenig in Hinsicht auf die Genauigkeit der Formeln, als auf den praktischen Gebrauch irgend etwas zu wünschen übrig lassen. Die Gränzen dieses Lehrbuchs erlauben aber uns nicht dem Verfasser in der Entwicklung seiner vielen Formeln, Umformungen, Verbindungen und sinnvollen Kunstgriffe zu folgen, durch welche er überall zu den Endgleichungen gelangt; wir können nichts weiter als nur eine Idee davon geben.

§. 53. Die Kurve, welche ein Planet beschreibt, ist dann ganz bestimmt, wenn ihr Aphelium oder der Anfangspunkt der Anomalien, und zugleich die beiden Axen, oder die Ekzentrizität und der Parameter bekannt sind. Um die Aufgabe aufzulösen, ist also im Allgemeinen nöthig drei von einander unabhängige Grössen zu haben, in welchen auf irgend eine Weise die Elemente, die man sucht, enthalten sind, und aus welchen drei verschiedene Gleichungen gebildet werden können. Nun sind aber die einzigen Grössen die man aus den Beobachtungen eines Planeten, dessen Bahn noch ganz unbekannt ist, erhalten kann, die Radiivektores mit den entsprechenden Winkeln an der Sonne, und die Zeit, welche der Planet braucht, um von einem Halbmesser zum andern zu gelangen. Man muſs also drei Gleichungen bilden, entweder aus drei Radien, oder aus zwei Radien und der zugehörigen Zeit; dies Letztere giebt die Methode deren sich der Ritter Gauss bedient.

Nachdem er im ersten Abschnitte des ersten Buchs seiner *Theoriae Motus Corporum Coelestium,* die allgemeinen Formeln für einen Punkt, der sich den Keplerschen Gesetzen gemäſs um die Sonne bewegt, gegeben, und im zweiten die verschiedenen Methoden auseinandergesetzt hat, durch welche man von den geozentrischen Oertern zu den heliozentrischen übergeht, unternimmt er im dritten die Aufgabe für alle Fälle aufzulösen, und zeigt, auf welche Weise man die Ellipse finden kann, wenn 1) zwei Radien der Grösse und Lage nach, und eins der Elemente, die Ekzentrizität, oder der halbe Parameter, oder das Perihelium, oder 2) drei Radien mit den zugehörigen Winkeln an der Sonne, oder 3) zwei Radien mit dem Winkel an der Sonne und der Zeit gegeben sind. Die erste Aufgabe kann man als eine Vorbereitung zu der vollständigen Auflösung der zweiten betrachten, weil man aus den drei Radien, die bei dieser vorausgesetzt werden nur das Perihelium erhält, welches mit je zweien der drei Radien verbunden, mit Hülfe der ersten Aufgabe, alle übrigen Elemente auf drei verschiedene Arten giebt. Aber diese Methode, die höchst zierlich in der Theorie ist, und zu welcher nur ungefähr zwanzig Logarithmen nöthig sind, kann von keinem grofsen Werthe für die Praxis sein, weil man bei der Entwickelung der Radien und Winkel aus den Beobachtungen auf kürzerm Wege die gesuchten Grössen erhalten kann. Die dritte Methode hängt auf keine Weise von den vorhergehenden ab: der Verfasser giebt von ihr zwei Auflösungen, zieht aber die letztere vor, die auch in der That nichts zu wünschen übrig läfst. Wir werden die bei derselben vorkommenden Formeln in der gehörigen Reihefolge mittheilen.

XI. Aufgabe.

Aus der Grösse und Lage zweier elliptischer Radien und der Zeit, welche der Planet gebraucht, von dem ersten zum zweiten zu gelangen, alle Elemente der Kurve zu finden.

§. 53. Es sei $Prr'A$ (Fig. 64.) die gesuchte Kurve, P das Perihelium, von welchem Gauss die Anomalien zählt, Sr, Sr' die beiden Radien, L, L' die zugehörigen Längen, deren Unterschied dem Unterschiede der wahren Anomalien oder dem Winkel rSr' gleich ist; es sei noch t die Zeit, welche der Planet braucht von r nach r' zu gelangen. Ausserdem seien v, v' die wahren Anomalien, E, E' die ekzentrischen, und man mache $v' - v = 2f = rSr'$, $v + v' = 2F$, $E' - E = 2g$, $E + E' = 2G$, und es bedeute p den halben Parameter, a die halbe grofse, b die halbe kleine Axe, $e = a. \text{Sin}\,\varepsilon$ die Ekzentrizität, und c die oben (§. 50.) gefundene Konstante.

Die Auflösung der Aufgabe hängt von mehreren Formeln und transzendenten Gleichungen ab, aus welchen man, wenn sie in Reihen entwickelt werden, eine Gleichung vom dritten Grade erhält. Nach den gewöhnlichen Methoden würde also die

Rechnung verwickelt und über die Massen lang werden; Gauss aber hat sie durch viele sinnreiche Umformungen, und mit Hülfe von zwei Tafeln höchst einfach zu machen gewufst. Um grösserer Deutlichkeit willen zerlegt er die Aufgabe in zwei Theile: im ersten sucht er den Unterschied der ekzentrischen Anomalien, und findet hiemit im zweiten alle Elemente der Kurve. Der erste Theil hängt von der Berechnung von sechs Formeln und von den erwähnten Tafeln ab, welches die beiden letzten von den dreien sind, die zu dem Werke gehören. Die zweite dieser Tafeln hat zum Argumente eine mit h bezeichnete Grösse, die man aus den drei ersten Formeln findet; das Argument der dritten Tafel ist $x = \text{Sin}\, \frac{1}{2}\, g^2$, oder das Quadrat des vierten Theils der Differenz der ekzentrischen Anomalien. Wir werden hier nur die Formeln und ein Beispiel geben; die Beweise derselben mag man in dem Werke von Gauss selbst nachlesen.

§. 54. *Formeln für den ersten Theil der Aufgabe.*

1) $\left(\frac{r'}{r}\right)^{\frac{1}{4}} = \text{Tang}\,(45^\circ + \omega)$. Eine Hülfsgleichung, die den Winkel ω giebt, der in die Formeln eingeführt, dieselben vereinfacht.

2) $mm = \dfrac{c^2\, t^2}{8\, (r r')^{\frac{3}{2}}\, \text{Cos}\, f^3}$

3) $l = \dfrac{\text{Tang}\, 2\, \omega^2}{\text{Cos}\, f} + \dfrac{\text{Sin}\, \frac{1}{2}\, f^2}{\text{Cos}\, f}$.

Aus mm und l erhält man einen genäherten Werth von h, nämlich

4) $h = \dfrac{mm}{\frac{5}{6} + l}$.

Mit h gehe man in die zweite Tafel ein; man erhält log yy, welcher einen genäherten Werth von Sin $\frac{1}{2} g^2$ giebt. Wenn Cos f negativ, so ist auch $\frac{\xi}{\zeta}$ negativ.

5) $\text{Sin } \frac{1}{2} g^2 = \frac{mm}{yy} - 1 = x.$

Mit x gehe man in die dritte Tafel ein; man findet ξ, welches zur Verbesserung des ersten Arguments h dient.

6) $h = \frac{mm}{\frac{\xi}{\zeta} + l + \xi}.$

Wenn Cos f negativ ist, so ändern sich die Zeichen von $\frac{\xi}{\zeta}$ und ξ.

Mit diesem zweiten Werthe von h suche man von neuem in der zweiten Tafel den log yy, und wiederhole dies bis man zwei gleiche Werthe von h erhalten hat, dann wird Sin $\frac{1}{2} g^2$ genau sein, welches die Differenz $2 g$ der beiden Anomalien giebt.

§. 55. *Beispiel.* Es seien folgende Grössen, die für die Marsbahn gehören, gegeben:

$r = 1{,}392178$ . . . . . . log $r = 0{,}1436950$
$r' = 1{,}436789$ . . . . . . log $r' = 0{,}1573930$
$L = 11^z\ 26^\circ\ 29'\ 40''$
$L' = 0^z\ 28^\circ\ 57'\ 56''$
$v' - v = 32^\circ\ 28'\ 16'' = 2f$ also $f = 16^\circ\ 14'\ 8''$
$t = 531{,}43211$ . . . . log $t = 1{,}7278025$

Erste Formel. $\left(\frac{r'}{r}\right)^{\frac{1}{4}} = \text{Tang}\,(45^\circ + \omega)$

log $(r')^{\frac{1}{4}}$ 0,0393482
log $(r)^{\frac{1}{4}}$ 0,0359238

log Tang $(45^\circ + \omega)$ . . . 0,0034244
$45^\circ + \omega = 45^\circ\ 13'\ 33'',2$
als $\omega = 13'\ 33'',2$; $2\omega = 27'\ 6'',4$

Zweite Formel. $m^2 = \dfrac{c^2\ t^2}{8\ (rr')^{\frac{3}{2}} . \text{Cos}\ f^3}$

$\log c^2$	7,1000044
$\log t^2$	3,4556050
$\log 1''^2$	9,3711498
$\log (ct . 1'')^2$	9,9267592
Compl. log 8	9,0969100
Compl. log Cos f^3	0,0530229
Compl. log $(rr')^{\frac{3}{2}}$	9,5483680
log mm	8,6250601

Dritte Formel. $l = \dfrac{\text{Sin}\ \frac{1}{2} f^2}{\text{Cos}\ f} + \dfrac{\text{Tang}\ 2\ \omega^2}{\text{Cos}\ f}$.

log Sin $\frac{1}{2} f^2$	8,2997210
log Cos f	9,9823257
$\log \dfrac{\text{Sin}\ \frac{1}{2} f^2}{\text{Cos}\ f}$	8,3173953
$\dfrac{\text{Sin}\ \frac{1}{2} f^2}{\text{Cos}\ f}$	0,02076803
log Tang 2 ω^2	5,7936754
log Cos f	9,9823257
$\log \dfrac{\text{Tang}\ 2\ \omega^2}{\text{Cos}\ f}$	5,8113497
$\dfrac{\text{Tang}\ 2\ \omega^2}{\text{Cos}\ f}$	0,00006476

$$l = \frac{\text{Sin}\ \frac{1}{2} f^2}{\text{Cos}\ f} + \frac{\text{Tang}\ 2\ \omega^2}{\text{Cos}\ f} = 0{,}02083279.$$

Vierte Formel. $h = \frac{m^2}{\frac{5}{6} + l}$

l	0,02083279
$\frac{5}{6}$	0,83333333
$l + \frac{5}{6}$	0,85416612
log mm	8,6250601
log $(l + \frac{5}{6})$	9,9315424
log h	8,6935177

$h = 0{,}0493762$

Der Zahl h entspricht in der zweiten Tafel der Logarithme $yy = 0{,}043944$.

Fünfte Formel. Sin $\frac{1}{2}\, g^2 = \frac{m^2}{y^2} - l$.

log mm	8,6250601
log yy	0,0439446
log $\frac{mm}{yy}$	8,5811155
$\frac{mm}{yy}$	0,0381168
l . . . . —	0,0208328

$\frac{mm}{yy} - l$ . . . . . . 0,0172840 = Sin $\frac{1}{2}\, g^2 = x$

Mit x erhält man aus der dritten Tafel ξ = 0,0000170, womit man den genäherten Werth von h (4. Form.) verbessert.

Sechste Formel. $h = \frac{m}{\frac{5}{6} + l + \xi}$

$\frac{5}{6} + l = 0{,}8541661$

$\xi = 0{,}0000170$

$\frac{5}{6} + l + \xi = 0{,}8541831$

log mm	8,6250601
log $(\frac{5}{6} + l + \xi)$	9,9315510
log h	8,6935091
h	0,0493752

Mit diesem verbesserten Werthe von h erhält man aus der zweiten Tafel $\log yy = 0{,}0439464$, und wiederholt mit diesem Werthe die Rechnung:

$\log mm$	8,6250601
$\log yy$	0,0439464
$\log \frac{mm}{yy}$	8,5811137
$\frac{mm}{yy}$	0,03811657
l	0,02083279
$\frac{mm}{yy} - l$	0,01728378

$= \text{Sin}\, \frac{1}{2} g^2$, wie aus der fünften Formel, also genau. Deſshalb ist

$\log \text{Sin}\, \frac{1}{2} g^2$	8,2376393
$\log \text{Sin}\, \frac{1}{2} g$	9,1188196
$\frac{1}{2} g$	7° 33′ 15″,92
g	15° 6′ 31″,84
$2 g$	30° 13′ 3″,68

Zweiter Theil.

§. 56. Die Berechnung aller Elemente der Kurve ist jetzt sehr leicht. Mat hat

Die halbe groſse Axe $a = \frac{c^2 \; t^2}{4 yy \, rr' . \text{Cos} \, f^2 . \text{Sin} \, g^2}$

$\log (ct. 1'')^2$	9,9267592
C. $\log 4$	9,3979400
C. $\log yy$	9,9560536
C. $\log rr'$	9,6989120
C. $\log \text{Cos}\, f^2$	0,0353486
C. $\log \text{Sin}\, g^2$	1,1678734
$\log a$	0,1828868

$a = 1{,}523655$

Die halbe kleine Axe $b = \frac{(rr')^{\frac{1}{2}} \text{ Sin } f}{\text{Sin } g}$

log Sin f	9,4465169
log $(rr')^{\frac{1}{2}}$	0,1505440
C. log Sin g	0,5839367
log b	0,1809976

$b = 1{,}517042$

Um das Perihelium zu bestimmen, ist nothwendig die halbe Summe der beiden wahren Anomalien zu finden; hiezu dient die Formel

$$\text{Tang } F = \frac{(r' - r) . \text{ Sin } f}{2 \text{ Cos } g . \sqrt{(rr')} - (r' + r) . \text{ Cos } f}$$

log 2	0,3010300
log Cos g	9,9847240
log $(rr')^{\frac{1}{2}}$	0,1505440
log 2 Cos $g . (rr')^{\frac{1}{2}}$	0,4362980
2 Cos $g . (rr')^{\frac{1}{2}}$	2,73085.
log $r + r'$	0,4516279
log Cos f	9,9823257
log $(r' + r)$. Cos f	0,4339536
$(r' + r)$. Cos f	2,716149
2 Cos $g . (rr')^{\frac{1}{2}} - (r' + r)$. Cos f . .	0,014702
log $(r' - r)$	8,6494420
log Sin f	9,4465169
C. log 0,014702	1,8316236
log Tang F	9,9285825

$F = 40^\circ\ 18'\ 36'',3$

$f = 16^\circ\ 14'\ 8'',0$

Summe . . . $56^\circ\ 32\ 44'',3 = v'$

Differenz . . . . $24^\circ\ 4'\ 28'',3 = v$

Weil nun $L - v = P$, und ebenso $L' - v' = P$, so hat man aus beiden Formeln $P = 11^s\ 2^\circ\ 25'\ 12'$

§. 57. *Elemente der Marsbahn.*

	Rechnung	Tafeln von LALANDE.
Halbe grofse Axe	1,523655	1,523686
Halbe kleine Axe	1,517042	1,517076
Perihelium	11z 2° 25′ 12″	11z 2° 24′ 14″

Daher ist 1) aus der Gleichung $e = \sqrt{(a+b)} \cdot \sqrt{(a-b)}$ die Ekzentrizität in Theilen der halben grofsen Axe . . . . = 0,1417722
Dieselbe in Theilen der Einheit..... = 0,093047

Der letztern mufs man sich bedienen, um die mittlere Anomalie aus der ekzentrischen herzuleiten, wenn man sie nur durch den Sinus von 1″, dessen Logarithmen 4,2831275 ist, dividirt.

2) Aus der Gleichung $\text{Sin}\ \varepsilon = \frac{e}{a}$ ... $\varepsilon = 5° 20′ 20″$

3) Aus $p = a \cdot \text{Cos}\ \varepsilon^2$ . . . . $p = 1,510460$

4) Aus $\text{Tang}\ \frac{1}{2} v \cdot \sqrt{\frac{1-e}{1+e}} = \text{Tang}\ \frac{1}{2} x$, die beiden ekzentrischen Anomalien .... $E = 21° 58′ 54″$
$E' = 52° 12′ 6″$

5) Aus $z = x - \frac{e}{a}\ \text{Sin}\ x$, die beiden mittlern Anomalien . . . . $z = 19° 59′ 30″$
$z = 47° 59′ 21″$

6) Aus $z' - z = 27° 59′ 51″$, der mittlern Bewegung in der gegebenen Zeit von 53^t, 4321, folgt die mittlere tägliche Bewegung = 31′ 26″,5 und die Zeit des ganzen Umlaufs = 686^t, 97.

§. 58. Aus zwei Radien mit den entsprechenden Längen und der zwischen beiden verflossenen Zeit, können also die Elemente der Kurve, und Alles was zur Konstrukzion der Tafeln nöthig ist, hergeleitet werden. Es scheint also als wenn hier nichts mehr zu wünschen sei. Zwar bieten die Radien einige Schwierigkeiten dar, indessen kann sie, wiewohl mit einiger Mühe, immer aus den Beobachtungen herleiten, wie im folgenden Abschnitte gezeigt werden soll. Wenn übrigens die gefundenen Elemente nicht ganz mit denen der Lalandischen Tafeln von welchen wir ausgegangen sind, übereinstimmen, so liegt dies zum Theil in den Tafeln selbst, deren Grundlagen etwas verschieden von denen sind, die wir vorausgesetzt haben, und dann auch, daſs die Rechnung, eben weil sie nur als Beispiel dienen sollte, nicht mit der gröſsten Schärfe ausgeführt worden.

Vierter Abschnitt.

Von den Methoden, durch welche man auf der Erde angestellte Beobachtungen auf die Sonne reduzirt, und dann die Elemente der Bahn aus ihnen herleitet.

§. 59. In den vorigen Abschnitten ist die Theorie der elliptischen Bewegung der Planeten, und die allgemeine Auflösung folgender Aufgabe enthalten: *Wenn die Elemente der Planetenbahnen bekannt sind, aus den von der Sonne aus gesehenen Bewegungen, die von der Erde aus erscheinenden, und umgekehrt aus den Letztern die Erstern herzuleiten.* Es bleibt also noch übrig zu untersuchen auf welche Weise man die vorausgesetzten Elemente finden kann, ohne welches alles bisher Gesagte nur eine geometrische Spekulazion ohne praktischen Nutzen sein würde.

§. 60. Es giebt sieben Elemente für jede Planetenbahn. Die ersten fünf, welche sich auf die Bewegung in der Ellipse beziehen, sind 1) Die Zeit des periodischen Umlaufs. 2) Die halbe groſse Axe der Ellipse, oder die mittlere Entfernung des Planeten von der Sonne. 3) Die Ekzentrizität. 4) Die mittlere Länge eines Planeten für eine gegebene Zeitepoche. 5) Die Länge des Apheliums für dieselbe Epoche. Die beiden übrigen beziehen sich auf die Lage der Ellipse in Beziehung auf die Ekliptik, und sind 1) Die Neigung der Bahn. 2) Die Länge der Durchschnittspunkte oder der Knoten für eine gegebene Epoche. Weil aber die Planetenbahnen nicht unwandelbar sind, sondern sich zusammenziehen und erweitern, und von einem Orte des Raums zum andern rücken, so müssen ausserdem noch die kleinen Aenderungen der Ekzentrizität und der Neigung, und die kleinen Bewegungen der Apsidenlinie und der Knoten bestimmt werden.

XII. Aufgabe.

Die vorläufige Bestimmung der Elemente einer Planetenbahn zu machen.

§. 61. Bei dieser Untersuchung müssen die Elemente der Erdbahn bekannt sein, weil ohnediefs die Beobachtungen der übrigen Planeten sich nicht von der Einwirkung der Bewegung der Erde befreien und auf die Sonne übertragen lassen. Indem wir also diese Elemente, die sich unmittelbar durch die Beobachtung der Sonne erhalten lassen, und die wir im folgenden Buche mittheilen werden, voraussetzen, wollen wir die Bestimmung der Bahn jedes andern Planeten unternehmen.

1) Man beobachte lange Zeit hindurch jeden Planeten in seinen Opposizionen, wenn es ein oberer, und in seinen Konjunkzionen, wenn es ein unterer ist, in diesen wird er immer in denselben Punkten der Ekliptik, als von der Sonne aus, sich zeigen, und weil der Planet und die Erde sich verschieden bewegen, so werden hiedurch soviele verschiedene, von der Sonne aus gesehene Oerter erhalten werden, als es Opposizionen giebt. Vergleicht man nun die diesen verschiedenen Oertern

entsprechenden Bögen der Ekliptik mit den zugehörigen Zeiten, so erhält man die Umlaufszeit des Planeten, als das erste, von allen übrigen unabhängige Element seiner Bahn.

2) Man beobachte gleichfalls den Planeten mehrere Male und zu verschiedenen Zeiten, wenn er 90° von der Sonne absteht: dann ist im Dreiecke *TSL* (Fig. 62. und 63.) der Winkel *T* bekannt, und mit Hülfe des ersten Elements findet man den Winkel *S*. Daraus kann man die Seiten *SP*, *SL* in Theilen des Halbmesser *ST* ausgedrückt erhalten. Wenn auf solche Weise eine große Anzahl von Radien gefunden worden, so nehme man den gröſsten und den kleinsten, die sich nahe einander entgegengesetzt sein werden, und halbire ihre Summe; dann erhält man die mittlere Entfernung des Planeten von der Sonne, als das zweite vom ersten abhängige Element.

3) Wenn man die mittlere Entfernung mit der gröſsten oder kleinsten vergleicht, so giebt der Unterschied das dritte Element, oder die Ekzentrizität.

4) Man betrachte den Punkt der Ekliptik, in welchem die gröſste Entfernung beobachtet wurde, als den Ort des Apheliums, und nehme die zugehörige Zeit als die Epoche, so erhält man näherungsweise das vierte und fünfte Element.

Von diesen fünf Elementen können, wenn das erste bekannt ist, und drei auf die Sonne reduzirte Beobachtungen gegeben sind, die übrigen vier nach einer bestimmten Methode gefunden werden, und zwar entweder geometrisch, indem man die Kurve sucht, welche durch die drei gegebenen Punkte gehen muſs, oder auf indirektem Wege durch Versuche. Wenn indessen von den drei gegebenen Punkten nicht zwei in der Nähe der mittlern Entfernungen, und der dritte in der

Nähe der Apsidenlinie liegen, so werden die Resultate keine grofse Sicherheit gewähren.

5) Man beobachte den Planeten wenn seine Breite =o ist, und reduzire diesen Punkt mit den schon gefundenen Elementen auf den Ort, in welchem man ihn von der Sonne aus sehen würde, so ist derselbe einer der Knoten.

6) Bei 90° Abstand vom Knoten beobachte man die Breite, die auf die Sonne reduzirt, die Neigung der Bahn gegen die Ebene der Ekliptik geben wird.

Diese beiden letzten Elemente können auf gleiche Weise aus dem Unterschiede zweier heliozentrischer Breiten, verglichen mit der zwischenliegenden Bewegung des Planeten sowohl in der Bahn als in der Ekliptik hergeleitet werden.

7) Nachdem so die Elemente der Bahn jedes Planeten vorläufig bestimmt sind, berechnet man nach ihnen alle zu ihrer Auffindung angewendeten Beobachtungen; dann werden die Unterschiede zwischen den berechneten und beobachteten Oertern zeigen, wie jeder mehr oder weniger Einflufs auf die übrigen hat, und unter welchen Umständen dieser Einflufs am gröfsten oder am kleinsten ist. Daraus können wir dann abnehmen, welche Beobachtungen sich am besten dazu passen, mehrere Elemente zugleich oder nur einzelne derselben zu verbessern, und zu welchen Zeiten man beides thun müsse. Durch neue Beobachtungen werden hierauf immer von neuem die Elemente verbessert, bis man welche erhält, die alle Beobachtungen gut darstellen. Dies geschieht auf folgende Art.

XIII. Aufgabe.

Die vorläufigen Elemente zu verbessern.

§. 62. 1) *Die periodische oder siderische Umlaufszeit.* Diese ist genau die Zeit, welche der Planet gebraucht um einen ganzen Umlauf an der Himmelskugel zu vollenden: wenn man also zwei, möglichst von einander entfernte Opposizionen oder Konjunkzionen auswählt, in welchen der Planet dieselbe Lage in Beziehung auf irgend einen Stern gehabt hat, so ist klar, dafs die Zwischenzeit zwischen beiden eine ganze Zahl von Umläufen begreift, die man mit Hülfe der vorläufig bestimmten Umlaufszeit erfährt; durch diese Zahl dividirt man die Zwischenzeit, und erhält genauer die Grösse der periodischen Umlaufszeit.

Durch ähnliche Beobachtungen in der Nähe der Apsiden, der mittlern Entfernungen und der Knoten bestimmt man auf gleiche Weise die Umlaufszeiten in Beziehung auf diese Punkte; und wenn man dieselben nach langer Zeit mit andern Beobachtungen vergleicht, lernt man die Bewegung der Apsiden und der Knoten kennen.

§. 63. *Die Entfernung von der Sonne sammt der zugehörigen heliozentrischen Länge und Breite.* Wenn die periodische Umlaufszeit verbessert worden, so kann man eine grofse Anzahl geozentrischer Beobachtungen in heliozentrische verwandeln. Es sei (Fig. 65.) S die Sonne, MP die Bahn des Planeten, RT die der Erde, welche in T sein mag während der Planet in P ist. Aus der Beobachtung hat man den Winkel STP = dem Unterschiede der geozentrischen Längen der Sonne und des Planeten. Wenn nun nach einem ganzen Umlaufe der Planet nach P zurückkehrt, und die Erde sich dann etwa in R befindet, so hat man durch eine neue Beobachtung den Winkel SRP gleich dem Unterschiede der geozentrischen Längen der Sonne und des Planeten. Im Dreiecke *TSR* sind aber der Winkel an der Sonne *RST* und die beiden Seiten *SR* und *ST* bekannt; man findet also die Seite *RT* und die Winkel *SRT* und *STR*, und kennt also im Dreiecke *RPT* die Seiten *TP*, *RP*, aus welchen man endlich die verkürzte Entfernung des Planeten von der Sonne findet. Mit Hülfe der beobachteten Breite erhält man hieraus 1) die heliozentrische Breite, 2) die wahre Entfernung, 3) die heliozentrische Länge.

Alles was in Beziehung auf den Punkt *P* geschehen, läfst sich bei allen übrigen Punkten der Bahn *PM* anwenden; es wird also nicht schwer sein eine Tafel zu bilden, welche eine grofse Anzahl Radiivektores mit den zugehörigen heliozentrischen Längen und Breiten enthält, und mit deren Hülfe man im Stande sein wird, die Natur der beschriebenen Kurve des Planeten und ihre Einzelnheiten kennen zu lernen. Diese Methode hat KEPLER in seinem Werke *de Stella Martis* angewendet.

§. 64. *Aphelium.* Mit zwei Beobachtungen, die ungefähr um 180° von einander abstehen, die eine in *D* (Fig. 64), die andere in *N*, beide in der Nähe der grofsen Axe *PA* der Ellipse, und mit der Zeit, welche der Planet gebraucht von *P* nach *A* zu gehen, kann man sehr leicht die Länge des Apheliums verbessern. Man bemerke nur 1) dafs wenn der Planet von *N* durch *P* nach *D* geht er weniger Zeit gebrauchen wird, als um von *P* nach *A*, oder von *A* nach *P* zu gelangen; aber mehr Zeit, wenn er von *N* durch *A* nach *D* geht: weil die Geschwindigkeit von *N* nach *P* grösser ist, als von *D* nach *A*. 2) Dafs die Geschwindigkeit von *A* nach *D*, und ebenso von *N* nach *P* sehr nahe gleichförmig ist. Setzt man also die

Zeit von P nach A, oder die Zeit von A nach P gleich T, die Zeit von N nach D durch A gleich T, die Geschwindigkeit in $AD = a$, die Zeit $= t$, und die Geschwindigkeit durch NP gleich p, so ist 1) die Zeit durch $NP = \frac{at}{p}$; 2) $T = T - \frac{at}{p} + t$ und $T - T = c = t - \frac{at}{p} = \frac{t(p-a)}{p}$, auch $cp = t(p-a)$; also $p - a : p = c : t$, wodurch man t erhält, welche Zeit von dem Zeitpunkte abgezogen in welchem der Planet nach D kommt, die Zeit geben wird, wo er sich in A befand.

Durch diese und andere ähnliche Methoden, die man in der Astronomie von Lalande nachsehen kann, sind die Elemente der ersten sechs Planeten nach und nach immer mehr verbessert, und zu ihrer jetzigen Vollkommenheit gebracht. Heutigestages aber hat man kürzere und leichtere Methoden, bei welchen wenige Beobachtungen hinlänglich sind die Bahn jedes neuen Planeten ziemlich gut zu bestimmen. Die ersteren Methoden haben wir mitgetheilt, weil sie auf eine einfache Weise zeigen, wie man Schritt für Schritt von der Erde zum Himmel sich erhebt; von den letzteren aber wollen wir nur die neueste und kürzeste angeben, die blos von drei Beobachtungen abhängt.

XIV. Aufgabe.

Aus drei vollständigen Beobachtungen die Kurve zu finden, welche der Planet beschreibt, und alle Elemente zu bestimmen.

§. 65. Es seien A, A', A'' (Fig. 66.) drei heliozentrische Oerter der Erde, denen die geozentrischen Oerter B, B', B'' des Planeten zugehören mögen. Wenn nun die Punkte A und B durch einen Bogen eines gröſsten Kreises verbunden werden, dessen Mittelpunkt also in der Sonne liegt, so ist klar, daſs diese, der geozentrische Ort B des Planeten und der heliozentrische A der Erde in der Ebene des gröſsten Kreises liegen werden. In dieser liegt aber auch die grade Linie von der Sonne zum Planeten, also muſs der heliozentrische Ort des Planeten in einem Punkte C des Bogens AB sich befinden. Ebendies gilt auch für die beiden andern Beobachtungen. Wenn also $☊C''$ die Bahn des Planeten darstellt, so sind ihre Durchschnittspunkte mit den Bögen AB, $A'B'$, $A''B''$, nämlich die Punkte C, C', C'' die heliozentrischen Oerter des Planeten: also ist auch AC das Maas des Winkels an der Sonne, BC dasjenige des Winkels am Planeten, und AB das Supplement desjenigen an der Erde; wie man leicht einsieht, wenn man das Auge im Planeten annimmt. Wenn nun die Lage der drei Punkte C, C', C'' bekannt ist, so kann man daraus die Kurve und ihre verschiedenen Elemente bestimmen: die Aufgabe reduzirt sich also darauf, diese drei Punkte durch die Kombinazion der heliozentrischen Längen der Erde und ihrer Entfernungen von der Sonne in den Punkten A, A', A'' mit den geozentrischen Längen und Breiten des Planeten, welches die einzigen gegebenen Grössen sind, zu finden. Der Ritter Gauss löst diese Aufgabe auf folgende Weise.

1) Von den Punkten B, B', B'' seien senkrecht zur Ekliptik die Bögen Ba, $B'a'$, $B''a''$ gezogen: dies sind die jedesmaligen Breiten des Planeten, und Aa, $A'a'$, $A''a''$, die Unterschiede zwischen den geozentrischen Längen des Planeten und den heliozentrischen der Erde. In den hier entstehenden rechtwinkligen Dreiecken lassen sich die Hypotenusen AB, $A'B'$, $A''B''$, sowie die Winkel BAa, $B'A'a'$, $B''A''a''$ leicht berechnen.

2) Wenn die Bögen AB, $A'B'$, $A''B''$ verlängert werden bis sie sich in den Punkten D, D', D'' durchschneiden, so erhält man die Dreiecke $AD''A'$, $A'DA''$, $AD'A''$, in welchen nach dem Vorhergehenden, die Grundlinien mit den anliegenden Winkeln bekannt sind; es lassen sich also aus ihnen die Winkel D, D', D'' und die beiden andern Seiten herleiten.

3) Wenn ein Bogen eines gröſsten Kreises von B nach B'' gezogen wird, so entstehen dadurch die drei Dreiecke $BD'B''$, $BD''B^*$, B^*DB''. Im Dreiecke $BD'B''$ kennt man schon die Seiten BD', $B''D'$ und den Winkel D': man findet hieraus die Grundlinie $B''B$ mit den anliegenden Winkeln. Dasselbe läſst sich aber nicht bei den beiden andern Dreiecken machen, weil man die Lage des Punkts B' der über oder unter dem Bogen BB'' liegen wird, nicht kennt. Zuerst muſs man also $B'B^*$ finden, was auch nicht schwer ist. Im Dreiecke B^*DB'' kennt man die Seite $B''D$ und die anliegenden Winkel; man erhält also die Seite DB^*, hierauf B^*A' aus DA', und nun mit Hülfe von $B'A$ die gesuchte Differenz B^*B'. Man wird indessen nicht eher etwas über die Lage der drei Punkte C, C', C'' erfahren, bis man nicht $B'C'$ kennt. Dies ist der schwierige Punkt, welchen Gauss durch eine Bedingungsgleichung auflöst, die mit vieler Kunst aus der Verbindung der gegebenen und der von diesen abhängenden Grössen mit den Zwischenzeiten zwischen der ersten und zweiten und der zweiten und dritten Beobachtung hergeleitet ist.

4) Nachdem $C'D''$ und der Winkel C' bestimmt worden, erhält man sehr leicht die Seiten CD', $C''D'$ mit ihren beiderseitigen Neigungen zur Seite CC'', und hierauf die Lage der drei Punkte C, C', C''

aus welchen man die krumme Linie und die Elemente derselben entwickelt.

§. 66. Da wir jetzt eine allgemeine Vorstellung von der Aufgabe gegeben haben, so wollen wir noch die Formeln mittheilen, wie sie im Gaussischen Werke von n°. 136 bis n°. 150 stehen, und dabei dieselben Buchstaben und Zeichen beibehalten, als in dem Werke selbst, damit man sie in demselben desto leichter nachsehen, und ihre Verbindung untereinander und die Beweise auffinden könne, die wir hier der Kürze wegen übergehen wollen. Wir werden indessen alles beifügen, was man bei der Konstrukzion der Figur und beim Fortgange der Rechnung im Augenmerk haben muſs; auch wollen wir der grössern Deutlichkeit wegen, die verschiedenen Theile der Aufgabe durch Nummern unterscheiden.

Es seien also α, α', α'' die drei geozentrischen Längen des Planeten, β, β', β'' die drei Breiten, l, l', l'' die heliozentrischen Längen der Erde, R, R', R'' ihre Entfernungen von der Sonne. Man sucht:

I.

§. 67. Die Hypotenusen BA, $B'A'$, $B''A''$ und ihre zugehörigen Winkel mit der Ekliptik. Es seien δ, δ', δ'' die Hypothenusen, γ, γ', γ'' die Winkel; dann ist:

1) $$\text{Tang } \gamma = \frac{\text{Tang } \beta}{\text{Sin } (\alpha - l)}.$$

2) $$\frac{\text{Tang } (\alpha - l)}{\text{Cos } \gamma} = \text{Tang } \delta.$$

Dieselben Formeln werden bei den beiden andern Dreiecken angewendet.

II.

§. 68. In den Dreiecken $AD''A'$, $A'DA''$, $AD'A''$ die Winkel D, D' D'', und die sie einschliessenden

Seiten. Die Winkel wollen wir mit ε, ε', ε'' bezeichnet; dann wird

3) $\text{Sin}\,\tfrac{1}{2}\varepsilon \,.\, \text{Sin}\,\tfrac{1}{2}(A'D + A''D) =$
$\text{Sin}\,\tfrac{1}{2}(l''-l') \,.\, \text{Sin}\,\tfrac{1}{2}(\gamma''+\gamma')$.

4) $\text{Sin}\,\tfrac{1}{2}\varepsilon \,.\, \text{Cos}\,\tfrac{1}{2}(A'D + A''D) =$
$\text{Cos}\,\tfrac{1}{2}(l''-l') \,.\, \text{Sin}\,\tfrac{1}{2}(\gamma''-\gamma')$.

5) $\text{Cos}\,\tfrac{1}{2}\varepsilon \,.\, \text{Sin}\,\tfrac{1}{2}(A'D - A''D) =$
$\text{Sin}\,\tfrac{1}{2}(l''-l') \,.\, \text{Cos}\,\tfrac{1}{2}(\gamma''+\gamma')$.

6) $\text{Cos}\,\tfrac{1}{2}\varepsilon \,.\, \text{Cos}\,\tfrac{1}{2}(A'D - A''D) =$
$\text{Cos}\,\tfrac{1}{2}(l''-l') \,.\, \text{Cos}\,\tfrac{1}{2}(\gamma''-\gamma')$.

Aus den Gleichungen 3. und 4. hat man $A'D + A''D$ und $\text{Sin}\,\tfrac{1}{2}\varepsilon$, und aus den Gleichungen 5. und 6. ebenso $A'D - A''D$ und $\text{Cos}\,\tfrac{1}{2}\varepsilon$. Daher sind im Dreiecke $A'DA''$ die beiden Seiten $A''D$, $A'D$ und der Winkel ε bekannt.

Indem man dieselben Formeln auf die beiden andern Dreiecke anwendet, erhält man gleichfalls die ähnlich liegenden Seiten und Winkel.

III.

§. 69. Den Unterschied der beiden Bögen $B'A'$ und B^*A', oder $B'B^* = \sigma$. Man hat

7) $\text{Tang}(\delta'-\sigma) = [\text{Tang}\,\beta \,.\, \text{Sin}\,(\alpha''-l') - \text{Tang}\,\beta'' \,.\, \text{Sin}\,(\alpha-l')] :$

$$\left\{\text{Cos}\,\gamma'\,[\text{Tang}\,\beta \,.\, \text{Cos}\,(\alpha''-l') - \text{Tang}\,\beta'' \,.\, \text{Cos}\,(\alpha-l')] + \text{Sin}\,\gamma' \,.\, \text{Sin}\,(\alpha''-\alpha)\right\}$$

Um die Rechnung bei dieser Gleichung einfacher zu machen, wendet Gauss vier Hülfsgleichungen an, die wir weiter unten mittheilen wollen.

IV.

§. 70. Hülfsgleichungen für die Vereinfachung der Rechnung.

8) $$\frac{R \,.\, \text{Sin}\,\delta \,.\, \text{Sin}\,(A''D' - \delta'')}{R'' \,.\, \text{Sin}\,\delta'' \,.\, \text{Sin}\,(AD' - \delta)} = a$$

9) $$\frac{R' . \text{Sin}\,\delta' . \text{Sin}\,(A''D - \delta'')}{R'' . \text{Sin}\,\delta'' . \text{Sin}\,(A'D - \delta' + \sigma)} = b$$

10) $$\frac{1}{2 R'^3 \ \text{Sin}\,\delta'^3 \ \text{Sin}\,\sigma} = c$$

11) $$\frac{\frac{b}{\text{Cos}\,\sigma} - a}{\frac{b}{\text{Cos}\,\sigma} - 1} = d$$

12) $$\frac{\text{Tang}\,\sigma}{\frac{b}{\text{Cos}\,\sigma} - 1} = e$$

13) $$\frac{R . \text{Sin}\,\delta}{\text{Sin}\,(AD' - \delta)} = \varkappa$$

14) $$\frac{R'' . \text{Sin}\,\delta''}{\text{Sin}\,(A''D' - \delta'')} = \varkappa''$$

15) $$\frac{\text{Cos}\,AD' - \delta)}{R . \text{Sin}\,\delta} = \lambda$$

16) $$\frac{\text{Cos}\,(A''D' - \delta'')}{R'' . \text{Sin}\,\delta''} = \lambda''$$

Alle bisher berechnete Formeln mufs man in zwei Kolumnen bringen, deren eine die Formeln selbst, die andere ihre Werthe enthält, von welchen es hinlänglich ist die Logarithmen zu geben.

V.

§. 71. Die Bögen $C'B' = z$, $CD' = \zeta$, $C''D' = \zeta''$, und die Entfernungen r, r', r'' des Planeten von der Sonne in den drei Punkten C, C', C''. Es seien $C'C'' = 2f$, $CC'' = 2f'$, $CC' = 2f''$; $r'r''$. Sin $2f = n$, rr'' Sin $2f' = n'$, rr'. Sin $2f' = n''$; t die Zeit von der zweiten zur dritten Beobachtung, t'' die von der ersten zur zweiten; θ, θ'' die Produkte aus den Zeiten t, t'' in die Konstante 3548″,1876; $P = \frac{n''}{n} = \frac{t''}{t}$ sehr nahe, $Q = 2\left(\frac{n + n''}{n'} - 1\right) r'^3 = \frac{\theta''}{\theta}$ sehr nahe.

In der ersten Rechnung, wo die Werthe von n, n', n'' noch nicht bekannt sind, bedient man sich der genäherten Werthe von P und Q.

17) $\text{Tang}\,\omega = \frac{e(P+a)}{P+d}$.

18) $Q . c . \text{Sin}\,\omega . \text{Sin}\,z^4 = \text{Sin}(z - \omega - \sigma)$.

Diese Gleichung kann nicht anders aufgelöst werden, als indem man verschiedene Werthe von z annimmt, aber wenige Versuche werden hinlänglich sein, einen genügenden zu finden; dieser giebt dann mit Hülfe der folgenden Formeln die Werthe der Zeiten CD', $C'D'$ und die Entfernungen r, r', r''.

19) $r' = \frac{R' . \text{Sin}\,\delta'}{\text{Sin}\,z}$.

20) $\frac{n'r'}{n} = \frac{(P+a) . R' . \text{Sin}\,\delta'}{b . \text{Sin}(z - \sigma)}$.

21) $\frac{n'r'}{n''} = \frac{1}{P} . \frac{n'r'}{n}$.

22) $r . \text{Sin}\,\zeta = \frac{n'r'}{n} . \frac{\text{Sin}\,\varepsilon}{\text{Sin}\,\varepsilon'} \text{Sin}(z + A'D - \delta') = p$.

23) $r'' . \text{Sin}\,\zeta'' = \frac{n'r'}{n''} . \frac{\text{Sin}\,\varepsilon''}{\text{Sin}\,\varepsilon'} . \text{Sin}(z + A'D'' - \delta') = p''$.

24) $\varkappa\,(\lambda p - 1) = r . \text{Cos}\,\zeta = q$.

25) $\varkappa''(\lambda'' p'' - 1) = r'' \text{Cos}\,\zeta'' = q''$.

Aus 22. und 24 erhält man den Bogen ζ und die Entfernung r; aus 23 und 25 ebenso ζ'' und r''. und aus 19. die Entfernung r'

VI.

§. 72. Die Bögen $C'C'' = 2f$; $CC' = 2f''$; $CC'' = 2f'$ und die Winkel, welche die Seiten ζ, ζ'' mit der Bahn CC'' des Planeten machen. Im Dreiecke $CD'C''$ sind die beiden Seiten $CD' = \zeta$, $C''D' = \zeta''$ und der Winkel $D' = q'$ bekannt; man setze $D'C''C = u''$, $D'CC'' = u$, so hat man

$$26)\ \mathrm{Sin}\, f'.\mathrm{Sin}\,\tfrac{1}{2}(u''+u) = \mathrm{Sin}\,\tfrac{1}{2}\varepsilon'.\mathrm{Sin}\,\tfrac{1}{2}(\zeta+\zeta'').$$

$$27)\ \mathrm{Sin}\, f'.\mathrm{Cos}\,\tfrac{1}{2}(u''+u) = \mathrm{Cos}\,\tfrac{1}{2}\varepsilon'.\mathrm{Sin}\,\tfrac{1}{2}(\zeta-\zeta'').$$

$$28)\ \mathrm{Cos}\, f'.\mathrm{Sin}\,\tfrac{1}{2}(u''-u) = \mathrm{Sin}\,\tfrac{1}{2}\varepsilon'.\mathrm{Cos}\,\tfrac{1}{2}(\zeta+\zeta'').$$

$$29)\ \mathrm{Cos}\, f'.\mathrm{Cos}\,\tfrac{1}{2}(u''-u) = \mathrm{Cos}\,\tfrac{1}{2}\varepsilon'.\mathrm{Cos}\,\tfrac{1}{2}(\zeta-\zeta'').$$

Aus den Gleichungen 26. und 27. erhält man $\frac{1}{2}(u''+u)$ und Sin f', aus 28. und 29. ebenso $\frac{1}{2}(u''-u)$ und Cos f'; daraus u'', u und f'. Dann finden sich die beiden andern Bögen $2f$, $2f''$ durch die Formeln:

$$30)\ \mathrm{Sin}\, 2f = r.\mathrm{Sin}\, 2f'.\frac{n}{n'r'}.$$

$$31)\ \mathrm{Sin}\, 2f'' = r''.\mathrm{Sin}\, 2f'.\frac{n''}{n'r'}.$$

Die Grössen $\frac{n}{n'r'}$ und $\frac{n''}{n'r'}$ sind schon vorher bestimmt.

§. 73. Nachdem auf solche Weise die Rechnungen nach den gegebenen Formeln durchgeführt, hat man aus den drei Beobachtungen sehr nahe die Werthe der Bögen $C'C''$, CC', CC'' und die zugehörigen Entfernungen gefunden. Die Winkel u'', u werden wir in der Folge gebrauchen.

Alles Bisherige kann man nur als eine *Erste Hypothese* betrachten, die noch durch andere berichtigt und verbessert werden muſs. Ehe man indessen zu diesen übergeht, muſs man die Zeiten t, t'' von der Wirkung der Aberrazion des Lichts befreien, indem man die Entfernungen des Planeten von der Erde für alle drei Beobachtungen berechnet, dieselben mit 493″, als der Zeit welche das Licht gebraucht von der Sonne zu uns zu gelangen, multiplizirt, und die Produkte von den Zeiten der drei Beobachtungen subtrahirt. Wir übergehen die Formeln, welche Gauss zu diesem Endzwecke mittheilt.

Zweite Hypothese.

§. 74. Weil die Fehler der ersten Hypothese nur von den blos genäherten Werthen von P und Q herrühren können, so handelt es sich nun darum diese Werthe zu verbessern. Man suche also mit Hülfe der XI. Aufgabe aus f, r', r'', θ die dort mit y bezeichnete Grösse, die wir hier η nennen wollen; dasselbe thue man mit den Werthen f'', r, r', θ'' und es sei $y'' = \eta''$. Dann sind die neuen Werthe von P und Q, die durch P' und Q' bezeichnet werden sollen,

$$32)\ P' = \frac{\theta''\eta}{\theta\eta''}.$$

$$33)\ Q' = \frac{r'r'\ \theta\theta''}{rr''\eta\eta''.\operatorname{Cos} f.\operatorname{Cos} f'\operatorname{Cos} f''}.$$

Waren die Werthe von P und Q, die man in der ersten Hypothese gebraucht hatte, genau gewesen, so wird man $P' = P$, $Q' = Q$ finden; war jenes aber nicht der Fall, so erhält man $P - P' = X$, $Q - Q' = Y$. Man beginne also die Rechnung mit P' und Q' welches jedoch nur von n°. V. an zu geschehen braucht, so wird man durch diese zweite Hypothese neue, genauere Werthe der Grössen r, r', r''; f, f', f''; η, η'' erhalten. Mit diesen berechne man die Gleichungen 32. und 33, wodurch man P'' und Q'' findet: sind nun nicht $P' - P''$, $Q' - Q''$ verschwindende Grössen, so mufs man zu einer dritten Hypothese übergehen, und dies fortsetzen bis $P' - P'' = 0$ und $Q' - Q'' = 0$. Wenn wir bis hieher gelangt sind, so können wir sicher sein, dafs die Grössen, welche von den letzten Werthen von P und Q abhängen, alle Genauigkeit haben, welche die Beobachtungen erlauben. Dann wird man aus r, r'', $2f'$ und θ' mit Hülfe der XI. Aufgabe die beiden halben Axen, den Parameter, die Ekzentrizität, die mittlere Anomalie, das Perihelium, und die mittlere Bewegung herleiten.

§. 75. Um alle Elemente vollständig zu haben, ist jetzt weiter nichts mehr nöthig, als die Neigung der Bahn zur Ekliptik, den Knoten und den Abstand desselben vom Perihelium zu suchen. Es sei ☊ der aufsteigende Knoten, so ist ☊C das Argument der Breite in der Bahn, und der Winkel I die Neigung zur Ekliptik. Im Dreiecke ☊CA sind also die Winkel $C = u$, $A = 180° - \gamma$ und die Seite $AC = AD' - CD' = AD' - \zeta$ bekannt: daraus findet man $A☊ = h = l - ☊$, ☊$C = g$ und den Winkel I durch die Formeln

34) $\text{Sin}\,\frac{1}{2}I \,.\, \text{Sin}\,\frac{1}{2}(g+h) = \text{Sin}\,\frac{1}{2}(AD' - \zeta) \,.\, \text{Sin}\,\frac{1}{2}(\gamma+u)$.

35) $\text{Sin}\,\frac{1}{2}I \,.\, \text{Cos}\,\frac{1}{2}(g+h) = \text{Cos}\,\frac{1}{2}(AD' - \zeta) \,.\, \text{Sin}\,\frac{1}{2}(\gamma-u)$.

36) $\text{Cos}\,\frac{1}{2}I \,.\, \text{Sin}\,\frac{1}{2}(g-h) = \text{Sin}\,\frac{1}{2}(AD' - \zeta) \,.\, \text{Cos}\,\frac{1}{2}(\gamma+u)$.

37) $\text{Cos}\,\frac{1}{2}I \,.\, \text{Cos}\,\frac{1}{2}(g-h) = \text{Cos}\,\frac{1}{2}(AD' - \zeta) \,.\, \text{Cos}\,\frac{1}{2}(\gamma-u)$.

Aus 34. und 35. erhält man $\frac{1}{2}(g + h)$ und Sin I, aus 36. und 37. ebenso $\frac{1}{2}(g - h)$ und Cos I; daraus h, g und I. Zieht man h von der Länge des Punkts I ab, so erhält man die Länge des Knotens, und aus der Kombinazion von g, dem Argumente der Breite, mit der wahren Anomalie, welche die vorhergehenden Rechnungen geben, findet sich der Abstand des Periheliums vom Knoten.

Es ist nun noch übrig einige Anweisung zu geben, wie man in allen Fällen die Rechnung mit Sicherheit durchführen, und unter den verschiedenen vorhandenen Beobachtungen die passendsten aussuchen könne.

1) Man thut wohl daran eine Figur zu entwerfen, durch welche die Beobachtungen gehörig dargestellt werden; dies ist sehr leicht, wenn man eine Himmelskugel zur Hand hat. Auf diese werden nämlich die drei heliozentrischen Oerter der Erde und die drei geozentrischen des Planeten, erstere durch die Längen, letztere durch die Längen und Breiten, bemerkt, und dann der erste heliozentrische Ort der Erde mit dem ersten geozentri-

schen des Planeten, der zweite mit dem zweiten und der dritte mit dem dritten, durch Bögen gröfster Kreise verbunden: diese Bögen verlängert man hierauf bis der erste den zweiten und dritten, und der zweite den dritten trifft. Auf solche Weise erhält man die gehörige Figur, mit deren Hülfe ohne Schwierigkeit alle Rechnungen des §. 67. durchgeführt werden können.

2) Weil zwei gröfste Kreise sich in zwei Punkten durchschneiden, so wird die Formel n° 7. zwei Werthe der Tangente von $(\delta - \sigma)$ geben.

Hiebei hat man immer denjenigen zu nehmen, der den kleinsten Abstand zwischen B^* und B' giebt, wie man leicht einsieht, wenn man die Lage der Punkte B und B' auf der Himmelskugel betrachtet; zugleich erkennt man hiedurch, ob B' oberhalb oder unterhab BB'' liegt. Es giebt jedoch zwei Fälle, in welchen die Lage des Punktes B^* unbestimmt bleibt; einmal, wenn die vier Punkte A, B, B' B'' in demselben gröfsten Kreise liegen, und dann, wenn die Punkte B, B'' zusammenfielen. Solche Fälle kommen aber äusserst selten vor, und wenn sie sich einmal zeigen, so mufs man andere Beobachtungen wählen: dies wird auch schon geschehen müssen, wenn die Richtung der besagten vier Punkte sich derjenigen eines gröfsten Kreises nähert. In diesem Falle würde ein sehr kleiner Fehler bei den Beobachtungen, einen sehr grofsen bei den Resultaten verursachen können; defshalb mufs man auch vermeiden, dafs die Punkte B, B'' nicht gar zu nahe bei einander liegen. Der Punkt B^* kann auf verschiedene Weise gefunden werden: Gauss giebt folgende Hülfsgleichungen für die Berechnung der Formel n°. 7.

38) $\text{Tang}\,\beta.\,\text{Sin}(\alpha''-l') - \text{Tang}\,\beta''.\,\text{Sin}(\alpha-l') = S.$

39) $\text{Tang}\,\beta.\,\text{Cos}(\alpha''-l') - \text{Tang}\,\beta''.\,\text{Cos}(\alpha-l') = T.\,\text{Sin}\,t$

40) $\text{Sin}(\alpha''-\alpha) = T.\,\text{Cos}\,t.$

$$41)\ \mathrm{Tang}\,(\delta' - \sigma) = \frac{S}{T\ \mathrm{Sin}\,(t + \gamma')}$$

3) Der Bogen ☊$CC'C''$, der die Projekzion der Planetenbahn auf der Himmelskugel darstellen soll, wird immer vom aufsteigenden Knoten an gerechnet, und liegt immer zwischen den drei heliozentrischen Oertern der Erde, und den drei geozentrischen des Planeten, dieser mag ein oberer oder ein unterer sein. Dies läſst sich leicht einsehen. Bei den obern Planeten ist um die Zeit der Opposizion die Entfernung von der Erde kleiner als die von der Sonne, also dadurch die Sache schon klar: um die Zeit der Konjunkzion wird aber ebenfalls, wenn auch die Erde entfernter vom Planeten, als dieser von der Sonne, jene Lage richtig sein, weil die Projekzionen auf entgegengesetzten Seiten der Himmelskugel liegen. Wenn die untern Planeten in der obern Konjunkzion sind, so liegt der heliozentrische Ort unterhalb des geozentrischen, und also zwischen dem heliozentrischen der Erde und dem geozentrischen des Planeten; wenn sie in der untern Konjunkzion sind, so liegen der heliozentrische und der geozentrische Ort nach entgegengesetzten Richtungen, und also befindet sich auch in diesem Falle der heliozentrische Ort des Planeten zwischen dem heliozentrischen der Erde und dem geozentrischen des Planeten. Man sehe übrigens Fig. 59. und 60.

4) Die Formel 18. kann, weil sie vom vierten Grade ist, vier reelle und ungleiche Werthe von z geben; dies macht indessen keine Schwierigkeit in Hinsicht auf die Auswahl desjenigen, der für die Auflösung der Hauptaufgabe gehört. Denn 1) müssen die negativen Werthe ausgeschlossen werden, weil diese in der Formel 19. den Radiusvektor r negativ geben würden, welches doch nicht sein darf: 2) $\delta - z$ muſs eine positive Grösse sein, wie

es die Figur zeigt; endlich 3) zeigt die Lage der Punkte B^* und B' auf der Kugel welchen der positiven Werthe man anwenden müsse.

Gauss nimmt noch auf verschiedene Fälle Rücksicht, in welchen man entweder die Formel in etwas ändern, oder gar andere Beobachtungen auswählen muſs. Aber diese Fälle werden sehr selten eintreffen, und dann wird es immer leicht sein, wenn man nur die Beobachtungen gehörig auf der Himmelskugel verzeichnet, zu sehen, ob sie etwanigen Schwierigkeiten unterworfen sind, und ob man diese beseitigen könne, oder ob es besser sei, neue Beobachtungen zu wählen. Nur muſs man immer darauf sehen, daſs dieselben weder zu nahe, noch zu entfernt von einander liegen, weil in beiden Fällen die kleinen, ihnen immer anhängenden Beobachtungsfehler die Resultate wenig zuverlässig machen werden. Gauss wendet in den von ihm gegebenen Beispielen Beobachtungen an, die nicht unter 22 Tage, aber bis zu 240 Tage von einander entfernt sind.

§. 77. Die so eben auseinandergesetzte Methode muſs sowohl wegen der Leichtigkeit, als auch wegen der Sicherheit, mit welcher man blos aus drei Beobachtungen genäherte Elemente erhalten kann, als eine der sinnreichsten und nützlichsten Erfindungen der neuern Astronomie betrachtet werden. Die glückliche Anwendung welche ihr Erfinder von ihr gemacht, läſst über ihre Brauchbarkeit keinen Zweifel mehr zu, indem es blos durch sie gelungen ist, den Astronomen die Kenntniſs von vier neuentdeckten Planeten zu sichern. Es war also nicht erlaubt sie in diesem Werke, ob es gleich nur für Anfänger bestimmt ist, zu übergehen; doch haben wir nur soviel mitgetheilt, als durchaus nöthig war, um sich ihrer ohne Furcht, Fehler zu begehen, zu bedienen. Wie groſs aber auch ihr Verdienst ist, so dürfen wir uns nicht schmeicheln, daſs sie allein hinlänglich sei, ihre Resultate zur Vollkommenheit zu bringen. Dazu ist nöthig, daſs jedes Element für sich betrachtet und untersucht werde; dies kann aber nicht anders geschehen, als indem man den Planeten immer in seinen Opposizionen beobachtet, und diese zur Berichtigung des Elements anwendet, auf welches grade die unvermeidlichen Fehler der Beobachtung am wenigsten Einfluſs haben. Wenn auf solche Weise alle Elemente zu einigem Grade von Genauigkeit gebracht worden, und man eine groſse Menge von Beobachtungen besitzt, so kann man die letzte Verbesserung durch die Methode der Bedingungsgleichungen anwenden, die wir im folgenden Buche auseinandersetzen werden.

Fünfter Abschnitt.

Von dem Grundgesetzte der allgemeinen Schwere.

§. 78. Das System der Sonne, ja sogar das der ganzen Welt beruht auf dem einzigen Grundgesetzte der allgemeinen Schwere. Aus den scheinbaren Bewegungen der Erde und der Planeten erhält man die wahren, aus diesen die Gesetze, welchen sie folgen, und diese Gesetzte lassen sich sämmtlich aus der allgemeinen Gravitazion oder Schwere herleiten. Dies Grundgesetz, welches den Vortheil hat der Rechnung unterworfen zu sein, stellt in den uns ihm abzuleitenden Folgerungen, die sicherste Probe seiner Existenz dar. Alle Erscheinungen am Himmel nehmen ihren Ursprung aus ihm her, und keine der vielen Ungleichheiten die man dort findet, entzieht sich demselben; ja sogar einige, die man entweder bloſs gemuthmaſst hatte, oder' die zu sehr verwickelt oder zu langsam waren um sich zu zeigen, und welche man entweder gar nicht, oder erst nach einer langen Reihe von Jahrhunderten würde erkannt haben, verdankt man ihm ganz und gar. Hievon haben wir schon mehrere Proben in den vorhergehenden Büchern, vorzüglich im dritten gegeben, wo die Erscheinungen der Präzession und Nutazion auseinander gesetzt wurden, die ohne dies Grundgesetz noch unerklärliche Geheimnisse sein würden. Von allem diesem, was bisher nur vorausgesetzt wurde, sind wir jetzt im Stande den Beweis zu geben, und zwar glauben wir am besten zu thun, den einfachen und wohlgeordneten zu wählen, den Laplace in seiner *Exposition du Système du Monde* aufstellt. Hier wird zuerst die elliptische Bewegung der Planeten in zwei Kräfte, eine *veränderliche* und eine *konstante* zerlegt; dann wird die veränderliche Kraft 1) in der Sonne, 2) in den Hauptplaneten, 3) in der Materie überhaupt betrachtet, und das Gesetz hergeleitet, dem sie unterliegt; nun werden die Störungen, welche die Wirkungen der Planeten auf einander in ihren Bewegungen hervorbringen, im Allgemeinen untersucht; endlich wird angedeutet, wie man mit Hülfe der Attrakzion zu dem allgemeinen Ausdrucke der Massen der Planeten, im Verhältnisse zu der der Sonne ausgedrückt, gelangen könne. Diesem Gange wollen wir folgen.

I.

Zerlegung der Kräfte, welche die Planeten in ihren Bahnen erhalten.

§. 79. Aus der Mechanik ist bekannt, 1) daſs ein Körper eine Ellipse nur durch die Wirkung zweier verschiedener Kräfte beschreiben kann, von denen die eine gleichförmig ist und die Kurve in dem Punkte berührt, in welchem sich grade der

Körper befindet, also immer dahin strebt, ihn von der Kurve zu entfernen, die andere aber veränderlich ist und in der Richtung des Radius wirkt, der vom Körper zu einem der beiden Brennpunkte gezogen wird, und zwar im umgekehrten Verhältnisse des Quadrats dieses Radius. Die Kraft also, welche die Erde in ihrer Bahn erhält, ist die Resultante zweier anderer, die derselben zugleich mitgetheilt worden. Wenn blos die erste wirkte, so würde die Erde beständig in derselben graden Linie und mit derselben Geschwindigkeit sich im Raume fortbewegen; wenn blos die zweite thätig wäre, so würde die Erde sehr bald auf die Sonne fallen. Durch beide zusammen wird sie immerfort, sowohl an dem Fortgehen längs der Tangente, als an dem in die Sonne Fallen verhindert. Diese beiden Kräfte wirken wechselweise eine auf die andere, indem bald die Tangenzialkraft die Zentralkraft vergrössert, und bald durch diese jene verringert wird, jenachdem der Winkel ist, welchen sie mit einander machen. Hieraus erhellt, dafs die Tangenzialkraft zwar gleichförmig in jedem Punkte, aber nicht immer dieselbe ist; dafs wenn also in irgend einem Punkte die Zentralkraft aufhörte, die Erde sich nach der Tangente entfernen würde, und zwar mit derselben Geschwindigkeit, die sie in jenem Punkte hatte.

§. 80. Das was von der Erde gesagt ist, gilt auf gleiche Weise auch für die übrigen Planeten, für ihre Trabanten und für die Kometen. Alle diese Körper werden also durch die beiden erwähnten Kräfte in ihren Bahnen erhalten, und alle beschreiben Ellipsen um die Sonne, als den gemeinschaftlichen Brennpunkt aller.

§. 81. In der Mechanik wird ebenfalls bewiesen, dafs wenn mehrere Körper Ellipsen um einen gemeinschaftlichen Brennpunkt beschreiben, die

Zeiten ihrer periodischen Umläufe im Verhältnisse der Quadratwurzeln aus den Würfeln ihrer grossen Axen stehen; also werden sich die Quadrate der periodischen Umlaufszeiten wie die Würfel der grofsen Axen der Ellipsen verhalten.

Dies Gesetz, das dritte Keplersche, wird durch alle Beobachtungen bestätigt, wie man sehen kann, wenn man die Würfel der mittlern Entfernungen jedes Planeten, mit den Quadraten der zugehörigen Umlaufszeiten vergleicht.

§. 82. Nennt man D, d die grofsen Axen zweier Ellipsen, T, t die Zeiten welche zwei Planeten brauchen sie zu beschreiben, so hat man $T^2 : t^2 = D^3 : d^3$, und weil in den Entfernungen D, d, die Ausdrücke für die Kräfte $F = \frac{1}{D^2}$, $f = \frac{1}{d^2}$ sind, so ist auch $D^3 : d^3 = \frac{1}{\sqrt{F^3}} : \frac{1}{\sqrt{f^3}}$; wird also $D = d$ gesetzt, so wird auch $F = f$. Wenn man daher die Planeten in Ruhe und in gleichen Entfernungen von der Sonne annimmt, so werden sie auf dieselbe in gleichen Zeiten fallen; ebenso wie schwere Körper im leeren Raume von gleichen Höhen immer in gleichen Zeiten fallen. Also ist die Kraft, mit welcher jeder Planet gegen die Sonne getrieben wird, der Masse des Planeten proporzional.

II.

Veränderliche Kraft bei der Sonne betrachtet.

§. 83. Die Sonne treibt mit gleicher Kraft gegen ihren Mittelpunkt nicht blofs die Hauptplaneten und die Kometen, sondern auch die Nebenplaneten, obgleich sie weit ausserhalb der Bahnen derselben liegt; denn wenn die Nebenplaneten nicht gegen die Sonne gravitiren, so würden ihre Bewegungen sehr verschieden von denen sein, die man an ihnen beobachtet. Sie bewegen sich nämlich um ihre Hauptplaneten, während diese um die Sonne laufen, ganz so, als wenn der Planet in Ruhe wäre: was nicht statt finden könnte, wenn nicht das ganze System gegen die Sonne getrieben würde.

Die Hauptplaneten, also auch die Nebenplaneten, die Kometen, und im Allgemeinen alle Körper, die auf irgend eine Weise einen Theil unseres Systems ausmachen, bewegen sich um die Sonne, und werden in ihren Bahnen durch eine einzige fortwährende Kraft erhalten, die zwar an sich immer dieselbe ist, aber tausend verschiedene Gestalten annimmt, jenachdem die Entfernungen sind, in welchen sich die, ihrer Wirkung unterworfenen Körper befinden. Man kann also die Sonne als den Mittelpunkt dieser Kraft betrachten, die sich ohne Ende in den Raum ausdehnt, und auf Alles einwirkt, was innerhalb der Sphäre ihrer Wirksamkeit liegt. Ihre Eigenschaften lassen sich ganz klar aus den drei Keplerschen Gesetzen herleiten, indem diese durch die Erfahrung gegeben, und mit den Grundlehren der Mechanik verglichen, keinen Zweifel über ihre Natur übrig lassen. Aus dem ersten Gesetze, daſs die Flächenräume den Zeiten proporzional sind, folgt, daſs die Kraft beständig gegen die Sonne gerichtet ist; aus dem zweiten, welches die elliptische Gestalt der Bahnen darthut, daſs sie im umgekehrten Verhältnisse mit dem Quadrate der Entfernung steht; aus dem dritten von der Proporzionalität zwischen den Quadraten der periodischen Umlaufszeiten und den Würfeln der groſsen Axen, daſs sie allenthalben dieselbe ist, und also überhaupt im graden Verhältnisse der Massen und im umgekehrten der Quadrate der Entfernungen steht.

§. 84. Diese Kraft kann bei der Sonne betrachtet, *Anziehung der Sonne*, bei den Körpern aber, die ihrer Wirkung unterworfen sind, *Gravitazion* genannt werden. Ob sie aber wirklich in der Sonne selbst ist, und diese also auf eine uns unbegreifliche Weise, die Planeten und Kometen an sich zieht, oder ob sie von einem äussern Anstoſse gegen die Körper herrühre: das ist bis jetzt noch nicht ergründet, und wird auch wohl nie ergründet werden. Wir haben nur eine deutliche Vorstellung von dem gegenseitigen Stoſse der Körper, und auch hiebei ist es uns ein Geheimniſs, wie die Bewegung von einem Körper auf den andern übergeht. Wenn wir aber auch gänzlich unwissend sind, sowohl über die Natur der Kräfte im Allgemeinen, als über die Natur dieser ins Besondere, so ist doch die Thatsache selbst so sicher und gewiſs als irgend eine andere physische Wahrheit.

§. 85. Eine einzige Schwierigkeit kann man gegen die Kraft machen, in Hinsicht auf das Gesetz ihrer Abnahme nach dem Quadrate der Entfernung. Dies setzt genau elliptische Bahnen voraus, und wir haben wirklich noch nicht so sichere und bestimmte Beobachtungen, daſs wir ganz gewiſs sein könnten, es wären hier nicht vielleicht äusserst kleine Abweichungen vorhanden; um so mehr da die elliptische Bewegung Aenderungen und Störungen von der gegenseitigen Wirkung der Planeten auf einander erleidet, wie in der Folge gezeigt werden soll. Es mag deſshalb dies Gesetz nicht in aller Strenge richtig sein; aber wenn die Natur sich von demselben entfernt, so muſs der Unterschied so unbedeutend sein, daſs seine Vernachlässigung nie einen merklichen Irrthum bei den Resultaten hervorbringen kann. Denn nach Laplace's Rechnungen würde, wenn man blos um ein Zehntausendtheil die Potenz der Entfernung, welcher die Kraft umgekehrt proporzional ist, vergrösserte, die Bewegung des Apogäums der Sonne ungefähr viermal grösser sein, als sie jetzt beobachtet wird. Mancher hat aus der Einfachheit dieses Gesetzes eine Art von Beweis für seine Richtigkeit herleiten wollen, der aber wohl auf demselben Grundsatze beruht, nach welchem die Alten nur gleichförmige und Kreisbewegungen in der Natur annahmen. Aber ohne zu solchen unsichern und trügerischen Muthmassungen unsere Zuflucht zu nehmen, können wir lieber, gestützt auf Thatsachen, die immer die einzige Grundlage unserer Schlüsse sein müssen, dies Gesetz wenigstens für der Wahrheit sehr nahe halten, und uns desselben, bis nicht Beobachtungen offenbar das Gegentheil zeigen, bedienen, als wenn es durchaus genau wäre.

III.

Veränderliche Kraft bei den Hauptplaneten betrachtet.

§. 86. Nachdem die Wirkung der Sonne auf die Planeten bewiesen worden, bleibt noch übrig zu untersuchen, ob die Planeten selbst nicht eine ähnliche Kraft besitzen, und ob dieselbe nicht auf gleiche Weise wirkt. Das grofse Grundgesetz von der Gegenwirkung, die immer der Wirkung gleich und entgegengesetzt sein mufs, zeigt zur Genüge, dafs alle Körper unseres Systems, da sie von der Sonne angezogen werden, dieselbe auch wiederum anziehen müssen, und dafs also auch bei ihnen eine Kraft vorhanden sein mufs, durch welche sie auf dieselbe Art auf die Sonne einwirken, wie diese auf sie. Ob aber diese Kraft in jedem derselben wirklich, wie in der Sonne, vorhanden sei, läfst sich leicht zeigen. In Betracht derer, welche von mehreren Trabanten begleitet sind, wie Jupiter.

Saturn und Uranus, ist die Sache klar; denn wenn auch die Gestalt der Bahnen ihrer Trabanten nicht genau elliptisch ist, so sind dessenungeachtet die Quadrate der periodischen Umlaufszeiten den Würfeln der grofsen Axen proporzional, und es ist also nothwendig, dafs Jupiter, Saturn und Uranus ihre Trabanten dem angegebenen Gesetze von dem umgekehrten Verhältnisse des Quadrats der Entfernungen, gemäfs anziehen. Es ist also hiedurch bewiesen, dafs auf dieselbe Art, wie die Hauptplaneten gegen die Sonne gravitiren, auch die Nebenplaneten des Jupiter, Saturn und Uranus gegen ihre Hauptplaneten gravitiren; dafs also diese drei Körper mit einer Kraft von derselben Art wie die der Sonne, begabt sind.

§. 87. Es ist nicht schwer, dasselbe in Beziehung auf die Erde zu beweisen. Sie hat zwar nur einen Trabanten, und defshalb können wir uns nicht des dritten Keplerschen Gesetzes bedienen, ebensowenig aber auch das zweite anwenden, da die Gestalt der Mondbahn sehr wenig vom Kreise abweicht; aber es giebt ein anderes Mittel, welches darin besteht, dafs wir unsere schweren Körper in den Mond übertragen, und ihren Fall gegen die Erde mit der Bewegung des Mondes in seiner Bahn vergleichen. Ein Körper der von einer grofsen Höhe mit bedeutender Kraft horizontal fortgeschleudert wird, beschreibt im leeren Raume eine Parabel. Wenn man die Wurfkraft vergrössert, so wird auch die Weite, in welcher der Körper fällt, grösser und nimmt man jene so grofs an, dafs der Körper, wenn kein Widerstand der Luft wäre, in einer Sekunde 21584 pariser Fufse durchliefe, so würde er nicht mehr auf die Erde zurückfallen, sondern um dieselbe, wie ein Trabant laufen. Um also einen so geworfenen Körper in den Mond zu verwandeln, ist es hinlänglich ihn bis auf den Abstand dieses Himmelskörpers von der Erde zu entfernen, und ihm die Geschwindigkeit desselben mitzutheilen; dann wird der horizontal fortgeschleuderte Körper einen Kegelschnitt beschreiben, weil zu der Projekzionskraft noch die ihm eigenthümliche Schwere hinzukommt, die ihn in jedem Augenblicke gegen die Erde treibt. Diese bleibt nämlich, auf den höchsten Bergen sehr nahe dieselbe, wie auf die Oberfläche der Erde, und es ist also ganz natürlich zu denken, dafs sie nicht aufhören werde, selbst wenn man einen Körper noch viel weiter, sogar bis in die Region des Mondes entfernte. Also wird auch der Mond gegen die Erde gravitiren, und diese Gravitazion, verbunden mit der ihm anfänglich mitgetheilten Seitenbewegung, wird ihn in seiner Bahn um die Erde erhalten, ganz wie dies bei den Planeten in Hinsicht auf die Sonne der Fall ist. Beide Kräfte, die welche jeden Planeten, und die welche den Mond in seiner Bahn erhält, sind also von derselben Beschaffenheit; sie durchdringen alle Theile der Materie und theilen ihnen dieselbe Geschwindigkeit mit.

§. 88. Was aber eine vollendete Ueberzeugung von der Identität der beiden erwähnten Kräfte giebt ist dies, dafs man nur nöthig hat die Schwerkraft der Erde auf ihrer Oberfläche im Verhältnisse der Entfernung des Mondes vom Mittelpunkte derselben zu vermindern, um zu bewirken, dafs die Bewegung des Mondes in seiner Bahn dieselben Erscheinungen zeige, als ein irdischer Körper thun würde, wenn er dem Monde an Masse gleich, und in derselbeu Entfernung wäre. Man beweist dies, indem man den Fall des Mondes gegen die Erde in 1″ sucht, oder bestimmt um wieviel er sich in 1″ von der Tangente entfernt, nach deren Richtung er sich bewegen würde, wenn ihn die Zentralkraft nicht hielte, und diesen Raum mit dem vergleicht, welchen auf der Erde ein freifallender schwerer Körper in derselben Zeit durchläuft.

§. 89. Der Fall des Mondes in 1″ ist dem Sinusversus des Bogens gleich, der in dieser Zeit beschrieben wird; man muſs also die Entfernung des Mondes von der Erde kennen, um diesen Raum bestimmen zu können. Diese Entfernung hängt aber von der Parallaxe ab, welche für die verschiedenen Parallelkreise verschieden ist. Um die Rechnung möglichst zu vereinfachen wollen wir den Parallel für 35° 16′ Breite nehmen, weil für einen Punkt desselben, ebenso wie für den Mond, die Anziehungskraft der Erde im Verhältniſs der Masse der Erde dividirt durch das Quadrat der Entfernnng vom Schwerpunkte der Erde selbst, steht. Nun ist die mittlere Parallaxe für 35° 16′ Breite, nachdem alle Verbesserungen angebracht worden, 56′ 55″,28, und der Radius, der von einem Punkte dieses Parallels zum Schwerpunkt der Erde gezogen wird, hat, in Linien des pariser Fusses ausgedrückt, zum Logarithmen die Zahl 9,4507906; hieraus folgt der Logarithme der Entfernung des Mondes vom Schwerpunkte der Erde = 11,231803. Weil aber der Sinusversus eines Bogens dem doppelten Quadrate des Sinus der Hälfte des Bogens gleich ist, und der vom Monde in 1″ beschriebene Bogen 0″,5490165 beträgt (nach dem Verhältniſs von 13° 10′ 35′ in 24st m. Z.), so ist der gesuchte Sinusversus = 0,604088 einer Linie. Diese Grösse muſs jedoch noch mehrmals verbessert werden, wenn man die reine Wirkung der Anziehungskraft der Erde haben will.

Erste Verbesserung. Die Wirkung der Sonne auf den Mond vermindert die Schwerkraft desselben gegen die Erde, und diese Verminderung beträgt im mittlern Werthe für einen Monat, wie man in der Folge sehen wird, $\frac{1}{358}$ des Ganzen. Addirt man also $\frac{1}{358}$ von 0,604088 oder 0,001687 zu dieser Zahl so hat man o^{lin}, 005775.

Zweite Verbesserung. Der Mond wird gegen die Erde von der Summe der Kräfte, mit welchen die Erde auf den Mond, und dieser auf jene wirkt, getrieben; deſshalb wird der von der Wirkung der Erde allein herrührende Fall etwas kleiner und genau im Verhältnisse der Masse der Erde zu der Summe der Massen der Erde und des Mondes sein, indem die Bewegungen, welche zwei verschiedene Massen von derselben Kraft erhalten, im umgekehrten Verhältnisse der Massen stehen. Nun ist aber die Masse des Mondes $\frac{1}{58,7}$ von derjenigen der Erde; der gefundene Raum muſs also im Verhältnisse von $\frac{58,7}{59,7}$ vermindert werden; also ist der durch die Wirkung der Erde allein hervorgebrachte Fall des Mondes = o^{lin}, 595630.

§. 90. Man suche nun den Fall der Körper auf der Oberfläche der Erde bei 35° 16′ Breite. Aus der Länge des Pendels erhält man denselben zu 15″,0812 für die erste Sekunde; indessen würde diese Fallhöhe grösser sein, wenn die Erde nicht um die eigene Axe rotirte. Man muſs sie also um soviel, als sie hiedurch verliert vergrössern.

Unterm Aequator fällt ein Körper in 1″ m. Z. 15*fuſs*, 0515 und die Erde beschreibt in derselben Zeit einen Bogen von 15″,0411 dessen Sinusversus 0,052164 ist; ohne die Zentrifugalkraft würde also die Fallhöhe 15 *fuſs*, 1037 betragen: sie ist folglich um $\frac{1}{280}$ vermindert. Aber unter verschiedenen Breiten nimmt die Zentrifugalkraft gegen den Pol hin, im Parallel wie der Cosinus der Breite, in der Richtung zum Mittelpunkt aber wie das Quadrat desselben ab. Deſshalb muſs die Fallhöhe von 15 *fuſs*, 0812 bei 35° 16′ Breite im Verhältnisse des Quadrats des Cosinus von 35° 16′ vermehrt werden; dies beträgt $\frac{2}{3}$ von $\frac{1}{289}$ der ganzen Gravitazion, oder $\frac{1}{433}$ von 15 *fuſs*, 0812, also 0,0371. Die Fallhöhe bei 35° 16′ Breite beträgt also, wenn blos die Anziehung der Erde berücksichtigt wird, 15 *fuſs*, 1183. Man setze nun, wie sich das Quadrat der Entfernung des Schwerpunkts der Erde von dem Monde, oder das Quadrat des Halbmessers der Erde dividirt durch das Quadrat des Sinus der Mondparallaxe, zum Quadrate des Erdhalbmessers verhält, so verhält sich 15 *fuſs*, 1183 zum vierten Satze, welches die Fallhöhe eines schweren Körpers in einer Sekunde bei der Entfernung des Mondes von der Erde sein würde. Man erhält für diese Höhe 0 *lin*, 5967; die frühere Rechnung aber nach der Parallaxe selbst, gab 0 *lin*, 5956, sodaſs der Unterschied nicht mehr als 0,0011 Linien beträgt, welche man sicher den unvermeidlichen Fehlern der Beobachtungen zuschreiben kann.

Es ist also klar, daſs der Mond durch die Gravitazion oder Anziehung der Erde in seiner Bahn erhalten wird, und daſs diese Kraft im umgekehrten Verhältnisse des Quadrats der Entfernungen vom Mittelpunkte der Erde wirkt.

§. 91. Ein ähnlicher Beweis fehlt zwar für die Planeten, welche keine Trabanten haben; aber die Aehnlichkeit zwischen ihnen und den andern ist so groſs, daſs sie wohl als Beweis gelten kann. Sie sind alle von sphärischer Figur, was deutlich zeigt, daſs alle Theilchen der Materie, aus welcher sie bestehen, sich um einen gemeinschaftlichen Schwerpunkt gesammelt haben, und von diesem in gleichen Entfernungen auf gleiche Weise angezogen sind. Wenn also jeder Planet die Theilchen, aus welchen er besteht, gegen seinen Mittelpunkt zieht, und diese Anziehung, wenn sie sich ausserhalb des Planeten zeigen kann, wie bei denen welche Trabanten haben, im umgekehrten Verhältnisse des Quadrats der Entfernung wirkt, so kann man wohl annehmen, dafs sie bei allen auf gleiche Weise wirkt, sie mögen nun Trabanten haben, oder nicht, da sie sich in allem übrigen gleich sind.

Die Sonne also und die Planeten besitzen eine Anziehungskraft, welche immer dem Quadrate der Entfernung umgekehrt proporzional ist. Diese Kraft macht die Hauptplaneten gegen die Sonne, die Nebenplaneten gegen ihre Hauptplaneten, und die Theile eines jeden dieser Körper gegen seinen Schwerpunkt graviтiren. Und weil die Gegenwirkung immer der Wirkung gleich ist, so müssen die Nebenplaneten die Hauptplaneten, beide die Sonne, und alle insgesammt dasjenige, was innerhalb der Sphären ihrer Wirksamkeit ist, anziehen.

IV.

Veränderliche Kraft die aller Materie eigenthümlich ist, und ihre Gesetze.

§. 92. Die Zentralkraft die alle Himmelskörper besitzen, entspringt nicht aus den verschiedenen Theilen aus welchen jeder zusammengesetzt ist, noch hängt sie von ihrer Gestalt ab, sondern ist der ganzen Masse und jedem Theilchen derselben eigen. Die Massen wirken auf einander, und dies Einwirken läfst sich nicht von dem der ganzen Masse auf die Theile, der einzelnen Theile auf die ganze Masse u. s. w. trennen. Wenn die Sonne nur auf den Mittelpunkt der Erde wirkte, ohne zugleich jeden einzelnen Theil derselben anzuziehen, so würden die Schwankungen oder Bewegungen der Gewässer des Meers sehr grofs und bedeutend verschieden von denen sein, welche man jetzt beobachtet. Auf gleiche Weise würde, wenn alle Körper auf der Oberfläche der Erde nicht ebenso wie sie vom Mittelpunkte angezogen werden, auch diesen Mittelpunkt wieder anzögen, ja wenn nicht jeder Theil auf den andern wirkte wie von diesem auf ihn gewirkt wird, die Erde keinen Schwerpunkt haben, und durch das Gewicht der auf ihr befindlichen Körper im Raume fortgetrieben werden; was gegen die ersten Grundsätze der Mechanik ist. Man folgert also aus den Erscheinungen unseres Systems, verbunden mit den Gesetzen der Bewegung, das große Gesetz der Natur, daſs *die Theilchen der Materie sich gegenseitig im graden Verhältnisse der Massen und im umgekehrten des Quadrats der Entfernungen anziehen.*

§. 93. Mehrere Fragen lassen sich hier aufstellen: Ist dies Gesetz ein Grundgesetz der Natur, oder die Wirkung einer uns noch unbekannten Ursache? Pflanzt sich diese Kraft augenblicklich oder in merklicher Zeit fort? Sind in den Himmelskörpern noch andere Kräfte ausser der Anziehung? Können alle Erscheinungen aus der Anziehung erklärt werden? Um auf alle diese Fragen zu antworten, müſsten wir die verborgensten Eigenschaften der Materie kennen; ohne dies, was aber durchaus ausserhalb der Gränzen unserer Kräfte liegt, werden wir nie etwas vernünftiges und begründetes aufstellen können. Wir wollen also von der Gravitazion nur dasjenige betrachten, was uns die davon abhängenden Erscheinungen erklärt, und deſshalb mit den Geometern voraussetzen, 1) daſs sie den kleinsten Theilen der Materie eigenthümlich sei, 2) daſs sie der Masse proporzional sei, 3) daſs sie im umgekehrten Verhältnisse des Quadrats der Entfernung wirke, 4) daſs sie augenblicklich wirke, 5) daſs ihre Einwirkung einerlei sei auf die Körper in Ruhe und auf diejenigen in Bewegung.

V.

Störungen der elliptischen Bewegung der Planeten.

§. 94. Wenn man nur die gegenseitige Einwirkung zweier Himmelskörper betrachtet, von denen der eine um den andern läuft, so wird die elliptische Bewegung nicht gestört werden; denn wenn man auch einem System von Körpern eine gemeinschaftliche Geschwindigkeit mittheilt, so bleiben doch die relativen Bewegungen dieselben. Die Anziehung also, welche die Sonne auf einen Planeten und dieser auf die Sonne ausübt, stört keineswegs die elliptische Bewegung des Planeten um die Sonne. Wirklich, wenn man die Sonne um soviel vom Planeten weiter fortrückt, als sie sich durch seine Einwirkung ihm genähert hat, und zugleich die Masse der Planeten in die Sonne überträgt, so wird man dieselben Bewegungen erhalten als wenn die Sonne in Ruhe wäre, und auf den Planeten, nicht aber jener auf sie einwirkte; und dies wird noch statt finden, wenn auch die Sonne und der Planet eine gemeinschaftliche Bewegung im Raume hätten.

§. 95. Die gegenseitige Wirkung der Sonne und eines Planeten wird aber immer mehr oder weniger durch die Einwirkung der übrigen Planeten gestört, und deswegen können die elliptischen Bewegungen nicht so bleiben als sie sich zeigen würden, wenn die Planeten nur der Einwirkung der Sonne gehorchten. Die Planeten und Kometen bewegen sich also nicht in vollkommen elliptischen Bahnen, und auch die Trabanten werden sowohl durch ihre eigne Einwirkung auf einander als durch die der Sonne gestört werden. Die sphärische Gestalt welche die Planeten durch die gegenseitige Anziehung der Theile ihrer Masse erhalten haben würden, ist durch die Umwälzung um ihre Axe in eine sphäroidische verwandelt worden, also geht die Resultante der gegenseitigen Wirkung der Planeten aufeinander nicht durch den Schwerpunkt, und deſshalb werden die ursprünglichen Lagen der Axen ihrer Bahnen, und auch die der gegenseitigen Durchschnitte der Letztern gestört, kurz das ganze System ändert sich fortwährend. Die Bewegungen der Planeten, die man anfänglich betrachtete als rührten sie blos von der Wirkung der Sonne her, müssen also eine groſse Menge von Ungleichheiten zeigen; viele derselben hat die Beobachtung bereits gezeigt, viele andere sind durch die Rechnung bestimmt, aber eine grössere Anzahl ist noch aufzusuchen. Die allgemeine Auflösung einer so zusammengesetzten Aufgabe übersteigt die gegenwärtigen Kräfte der Analysis, die nur erst dahin gelangt ist, diejenigen zu erklären, welche die Beobachtung zeigt, und von der unendlichen Anzahl der übrigen die merklichsten auszuheben und ihren Werth anzugeben. Laplace in seinem Werke über die Mechanik des Himmels hat hierin das Meiste geleistet.

§. 96. Die Einwirkung der störenden Kräfte zertheilt sich im Allgemeinen in zwei, von denen die eine sich auf die Elemente der von den Planeten beschriebenen Ellipsen, die andere auf die gegenseitigen Lagen der Planetenbahnen, sowohl in Hinsicht auf einander, als auch auf die Knotenlinie und die Aphelien, bezieht. Jene wirkt nur sehr langsam, und die Aenderungen welche sie hervorbringt, die *Sekularänderungen,* sind sehr nahe den Zeiten proporzional. Diese wächst, nimmt ab und erlangt ihren vorigen Werth wieder, wenn der gegenseitige Stand des Himmelskörpers wieder derselbe ist; die hervorgebrachten Aenderungen heissen *periodische.* Die Sekularänderungen haben zwar auch ihre Periode, die aber sehr lang ist, nicht von den gegenseitigen Stellungen abhängt, und weder durch die Beobachtungen noch durch die Rechnungen besonders genau bekannt ist.

Durch diese Theilung erhält man ein leichtes Mittel, die Sekularungleichheiten sowohl als die periodischen darzustellen. Man nehme einen Planeten an, der eine Ellipse beschreibt, deren Elemente sich fortwährend, aber nach äusserst kleinen Differenzen ändern; und man setze zugleich voraus, dafs der Planet um seinen elliptischen Ort in einer kleinen Bahn sich bewege, deren Eigenthümlichkeiten durch die periodischen Ungleichheiten bestimmt werden: dann stellt die veränderliche Ellipse die Sekularungleichheiten, der kleine Kreis die periodischen dar. Ein Beispiel hievon sind die beiden Bewegungen des Pols des Aequators, welche dazu bestimmt sind die mittlere Präzession und die Nutazion zu erklären.

§. 97. Durch eine solche Trennung der störenden Kräfte sind Laplace und Lagrange dahin gelangt zu zeigen, dafs nicht alle Elemente der Planetenbahnen veränderlich sind, sondern dafs die mittlern Bewegungen und die grofsen Axen immer denselben Werth behalten. Die Ellipsen entfernen und nähern sich fast unmerklich dem Kreise, ihre Neigungen zu einer festen Ebene wachsen bald, bald nehmen sie ab; die Aphelien rücken vor, und die Knoten zurück; und zwar geschehen alle diese Aenderungen so langsam, dafs sie mehrere Jahrhunderte hindurch als den Zeiten proporzional betrachtet werden können, wenn sie auch wirklich eine Periode haben. Diese aufzusuchen sind die alten Beobachtungen die hier allein helfen könnten, zu unvollkommen, und die Theorie ungenügend, da man nicht die Massen aller Planeten sondern nur derjenigen, welche Trabanten haben, kennt.

§. 98. Weil wir nun aber aus der Theorie nicht die Periode der wenigen Sekularänderungen welche die Beobachtung giebt, herleiten können, und die meisten der übrigen, ihrer Kleinheit wegen, uns noch ganz unbekannt sind, so kann man wohl fragen, ob unser jetziges System immer nahe dasselbe gewesen, oder ob es in diesen Zustand nur durch die vereinte Wirkung sovieler verschiedener Anziehungen gekommen sei, deren Wirkungen ihrer Kleinheit wegen, sich der Rechnung zu entziehen scheinen. Laplace beweist aber in Hinsicht der Bahnen, dafs dieselben immer sehr nahe kreisförmig gewesen sind und bleiben werden, weil sie nur wenig gegen einander geneigt sind und alle Bewegungen in derselben Richtung von Westen nach Osten geschehen. Also sind die Planeten, wenn man blos die gegenseitige Einwirkung betrachtet, niemals Kometen gewesen, und ihre Ungleichheiten sind in gewisse Gränzen eingeschlossen, welche sie nicht übersteigen dürfen; sodafs also unser System um ein mittleres schwankt, von welchem es sich nur um sehr wenig entfernt. So ist z. B. die Ekliptik nie mit dem Aequator zusammengefallen und wird auch nie mit ihm zusammenfallen, da der gröfste Werth der Aenderung ihrer Schiefe nur 2°45′ beträge.

VI.

Massen der Planeten.

§. 99. Sehr leicht bestimmt man durch die allgemeine Anziehung die Masse der Planeten in Verhältnifs zu der der Sonne. Man nenne T, t die siderischen Umlaufszeiten zweier Planeten, R, r

die grofsen Axen ihrer Bahnen, so ist nach dem dritten Keplerschen Gesetze $T^2 : t^2 = R^3 : r^3$ und weil $F = \frac{1}{R^2}$, $f = \frac{1}{r^2}$, auch $F : f = \frac{R}{T^2} : \frac{r}{t^2}$. Im Allgemeinen kann also die Kraft mit welcher ein Planet von der Sonne angezogen wird durch die grofse Axe der Planetenbahn dividirt durch das Quadrat seiner siderischen Umlaufszeit ausgedrückt werden. Dieselbe Kraft in der Entfernung = 1 sei f', r' die grofse Axe, t' die Zeit; dann ist $f' = \frac{r'^3}{t'^2}$. weil $\frac{1}{r'^2} : 1 = \frac{r'}{t'^2} : f'$. Ebenso beweist man, dafs die Kraft mit welcher ein Trabant von seinem Hauptplaneten angezogen wird, in der Entfernung R den Werth $\frac{R}{T^2}$, in der Entfernung 1 den Werth $\frac{R^3}{T^2}$ hat. Nimmt man also einen Trabanten soweit vom Hauptplaneten als diesen von der Sonne entfernt an, so verhält sich die Kraft mit welcher der Planet den Trabanten anzieht, zu der mit welcher die Sonne den Planeten anzieht, wie $\frac{R^3}{T^2} : \frac{r^3}{t^2}$. Aber in gleichen Entfernungen verhalten sich Kräfte wie die Massen, also ist, wenn man die Masse der Sonne = 1, die des Planeten = M setzt, $M : 1 = \frac{R^3}{T^2} : \frac{r^3}{T^2}$, also $M = \frac{R^3 t^2}{r^3 T^2}$.

§. 100. Daher 1) weil $F : f = \frac{R}{T^2} : \frac{r}{t^2}$, so ist auch $T^2 : t^2 = Rf : rF$ und wenn $R = r$ gemacht worden, $T^2 : t^2 = f : F$. Wenn also die Kräfte zunehmen, so nehmen die Zeiten der periodischen Umläufe ab, und die Geschwindigkeiten der Planeten zu. Nun ist aber die Kraft welche den Planeten in seiner Bahn erhält der Summe der Massen der Sonne und des Planeten gleich, also hängt die periodische Umlaufszeit von der Masse des Planeten ab. Weil jedoch das Verhältniſs zwischen den Würfeln der Entfernungen und den Quadraten der Umlaufszeiten sehr nahe dasselbe für alle Planeten ist, so folgt daſs die Masse der Planeten in Verhältniſs zu der der Sonne eine sehr geringe Grösse ist.

§. 101. Die Massen der Planeten, welche keine Trabanten haben, können nur mit Hülfe von Voraussetzungen, Annahmen und Näherungen bestimmt werden, die aus den Sekularänderungen unseres Systems verglichen mit denen welche die schon bekannten Massen verursachen müssen, hergeleitet worden. So hat Laplace aus der Sekularabnahme der Schiefe und der Beschleunigung der mittlern Bewegung des Mondes die Massen der Venus und des Mars bestimmt; für die des Merkurs aber hat er dessen Volumen mit einer hypothetischen Dichtigkeit die sich zu der der Erde umgekehrt wie die mittlern Entfernungen der Planeten von der Sonne verhält, verglichen und hieraus die Masse hergeleitet.

§. 102. Da die Dichtigkeit eines Körpers der Masse dividirt durch das Volumen proporzional ist, so erhält man die verhältniſsmäſsigen Dichtigkeiten der Planeten, wenn man ihre Masse durch die Würfel ihrer Halbmesser (da ihre Gestalt sehr nahe sphärisch ist) dividirt. Die Resultate werden um so genauer sein, jemehr Sorgfalt auf die Bestimmung und Verbesserung der wahren Durchmesser der Planeten und auf die Auswahl des gehörigen Halbmessers verwendet worden: hievon soll weiter unten noch die Rede sein.

§. 103. Wenn man von einem Planeten aus die mittlern Parallaxen eines seiner Trabanten und der Sonne beobachtet, so werden dieselben sich umgekehrt verhalten wie die mittlern Entfernungen. Nennt man also P die mittlere Parallaxe des Trabanten, p die der Sonne, R und r die zugehörigen Entfernungen, so ist $P : p = r : R$ oder $\frac{p}{P} = \frac{R}{r}$; also wird $M = \frac{p^3\, t^2}{P^3\, T^2} = \frac{p^3}{P^3} : \frac{T^2}{t^2}$.

§. 104. Da die mittlere Parallaxe der Sonne von der Erde aus $= 8'',8 = p$, die des Mondes $= P = 57'\ 1''$, die siderische Umlaufszeit der Erde $= 365^t, 256414 = t$, die des Mondes $= 27^t\ 7^{st}\ 43'\ 11'' = 27^t, 321655 = T$, so verhält sich die Masse der Erde zu der der Sonne wie $\left(\frac{8'',8}{3421''}\right)^3$ zu $\left(\frac{27^t, 321655}{365^t, 256414}\right)^2$, oder sie ist $= \frac{1}{328725}$ derselben. Weil aber die Kraft welche die Erde in ihrer Bahn erhält gleich der Summe der Massen der Erde und der Sonne ist, so kann man der grössern Genauigkeit wegen, den Nenner um eine Einheit vermehren, also $\frac{1}{328726}$ setzen. LAPLACE findet aus dem Fall der Körper auf der Oberfläche der Erde $\frac{1}{329630}$. Sehr nahe denselben Werth, nämlich $\frac{1}{329848}$ erhält man, wenn man die Sonnenparallaxe zu $8'',79$ annimmt; doch sind die Beobachtungen nicht genau genug, um die Hundertheile bei dieser Grösse zu verbürgen.

§. 105. Nimmt man das Gewicht eines Körpers am Aequator der Erde $= 1$ an, so kann man bestimmen, wieviel derselbe Körper am Aequator jedes andern Planeten wiegen muss. Denn wenn man die Durchmesser der Erde und des Planeten in der mittlern Entfernung der Erde von der Sonne bestimmt hat, so braucht man nur zu setzen, wie sich die Masse der Erde durch das Quadrat ihres Durchmessers dividirt, zu der Masse des Planeten dividirt durch das Quadrat eines Durchmessers verhält, so verhält sich 1 zum vierten Satze, der das Gewicht des Körpers am Aequator des Planeten geben wird. Setzt man in dieser Proporzion statt des Gewichts den Raum durch welchen ein Körper am Aequator der Erde in der ersten Sekunde fällt, so erhält man den Fallraum für den Aequator der Planeten. In beiden Fällen muſs man aber die Verringerung welche diese Grössen durch die Umwälzung des Planeten erleiden, in Anschlag bringen. Auf der Sonne ist sowohl das Gewicht als der Fallraum 27 mal grösser als auf der Erde.

Fünftes Buch.

Das Sonnensystem.

§. 1. Nachdem wir im vorigen Buche die Bewegungen der Planeten im Allgemeinen untersucht, und die Methoden erklärt haben, durch welche man die verschiedenen Elemente ihrer Bahnen bestimmt, wollen wir in dem gegenwärtigen jeden derselben besonders durchnehmen, und mit der Sonne, dem gemeinschaftlichen Mittelpunkte. beginnen.

Die Sonne und die Hauptplaneten.

Erster Abschnitt.

Die Sonne.

§. 2. Die Untersuchungen bei der Sonne betreffen ihre Umwälzung um ihre eigne Axe und ihre Bewegung im Raume; die Atmosphäre, welche sie umgiebt, und die von derselben herrührenden Erscheinungen; die Hypothese, daſs die Planeten nur Ausflüsse von ihr, oder abgerissene Stücke ihres Körpers wären; endlich ihre Grösse, ihre Masse und ihre Entfernung von uns. Die Grösse und die Entfernung hängen von den beiderseitigen Durchmessern der Sonne und der Erde ab, wie der eine von dem andern Körper aus erscheint: den erstern erhält man durch die unmittelbare Messung, den zweiten aus den Vorübergängen der Venus vor der Sonnenscheibe, die weiterhin erklärt werden sollen. Mit diesen gegebenen Grössen bestimmt man die Masse, wie schon am Ende des vorigen Buches gezeigt worden; deſshalb wird hier nur nöthig sein von den beiden Bewegungen und von den Hypothesen über den Ursprung der Planeten zu reden.

Umwälzung.

§ 3. Selten trifft es sich, daſs nicht, wenn man die Sonne auch nur mit mittelmässigen Fernröhren beobachtet, Flecken auf ihrer Scheibe sichtbar sind. Wenn man dieselben aufmerksam betrachtet, so bieten sie folgende Erscheinungen dar. 1) Ihre Gestalt ist unregelmässig, Ort und Grösse veränderlich; die Letztere bisweilen viel bedeutender als diejenige, in welcher die Erde von der Sonne aus erscheint. 2) Etwas entfernt von den Rändern der Sonne erscheinen sie mit einer Art von Halbschatten umgeben, der bisweilen in ein sehr lebhaftes Licht, das heller als der übrige Theil der Sonnenscheibe, eingehüllt ist; wenn sie an den Rändern selbst oder ihnen sehr nahe sind, so zeigen sie sich wie schmale Striche in glänzenden Wölkchen; sie nehmen zu, sowie sie auf der Scheibe fortrücken, dann wieder ab, und verschwinden endlich. 3) Sie erscheinen meistens an dem einen Rande der Sonne, rücken nach und nach auf der Sonnenscheibe fort und verschwinden endlich am entgegengesetzten Rande, wenn sie nicht vielleicht schon auf der Scheibe zergangen sind. Bisweilen zeigt sich ein solcher Fleck nach einiger Zeit von neuem an dem Rande, wo er zuerst erschien, um zum zweitenmal und öfter über die Scheibe zu rücken. 4) Sie dauern nicht lange, sondern wenn sie sich einige Zeit gezeigt und ihren Ort gehörig verändert haben, verschwinden sie gänzlich, und machen andern neuentstandenen, Raum. 5) Ihre scheinbare Bewegung geschieht immer von der Linken zur Rechten, oder von Osten gegen Westen; am Ende des November und im Anfange des Dezember und ebenso von der Mitte bis zum Ende des Julius in grader Linie; im Februar und März in einem Bogen, dessen Krümmung gegen Norden, im August und September in einem dessen Krümmung gegen Süden gerichtet ist. Man sehe Fig. 67. 68 69. 70, wo diese Erscheinungen dargestellt sind. 6) Alles dies zeigt sich in jedem Jahre ganz auf gleiche Weise. 7) Sie brauchen 27 Tage um sich wieder an der Stelle zu zeigen, wo sie zuerst erschienen, oder um einen ganzen Umlauf um die Sonne zu machen.

§. 4. Es sind verschiedene Hypothesen über die Natur dieser Flecken erdacht. HERSCHEL hält sie für kleine Theile des innern Kerns der Sonne, den er fest und dunkel annimmt; diese Theile werden uns von Zeit zu Zeit durch zufallige Risse in den leuchtenden Wolken sichtbar, welche immer in der Sonnenatmosphäre schwimmen. LAPLACE der im Gegentheil für wahrscheinlicher hält, daſs die Sonne ein brennender Körper sei, glaubt daſs die Flecken durch die fortwährenden Auswürfe aus den ungeheuern Kratern derselben hervorgebracht werden. Noch Andere halten sie für dunkle Wolken, welche sich von Zeit zu Zeit in der Sonnenatmosphäre bilden und wieder zertheilen. Wie aber auch immer der Ursprung dieser Flecken, den keine Hypothese gehörig erklärt, beschaffen sein mag, so muſs man sie als dem Körper der Sonne angehörig betrachten, denn sonst läſst sich nicht deutlich machen, wie sie immer nach 27 Tagen wieder an denselben Ort, wo sie zuerst gesehen wurden, zurückkehren, und wie sie zur nämlichen Jahrszeit immer die nämlichen Erscheinungen und

Richtungen ihrer Bewegung zeigen können. Diefs alles mufs nothwendig von einer einzigen Ursache, und zwar von einer Axendrehung der Sonne herrühren.

§. 5. Aus der Optik ist bekannt, dafs wenn das Auge ausserhalb der Ebene und der Axe eines Kreises sich befindet, es diesen immer in der Gestalt einer Ellipse sieht, die mehr oder minder offen, jenachdem der Winkel der Gesichtslinie mit der Axe kleiner oder grösser ist: beträgt er 90°, oder befindet sich das Auge in der Ebene des Kreises, so erscheint dieser als eine grade Linie, an Länge dem Durchmesser gleich; beträgt derselbe 0°, oder befindet sich das Auge in der Axe selbst, so erscheint der Kreis auch als ein solcher.

Nun befindet sich die Sonne in der Mitte der Erdbahn, und wird von dieser Ebene in zwei gleiche Halbkugeln getheilt. Das Auge, das sich in dieser Ebene befindet, wird also den Kreis, der die obere Halbkugel von der untern trennt, als eine grade Linie, dem scheinbaren Durchmesser der Sonne gleich, und diese selbst in der Gestalt eines zur Theilungsebene senkrechten Kreises erblicken. Befände sich nun die Axe, um welche die Sonne sich dreht, in der Ebene der Ekliptik, oder senkrecht zu derselben, so würde im ersten Falle die Projekzion der Bahn der Flecken kreisförmig, im zweiten gradelinig und immer parallel zur Ekliptik sein. Beides wird aber nie beobachtet; also ist die Umwälzungsaxe der Sonne schief gegen die Ebene der Ekliptik geneigt.

§. 6. Defshalb 1) wird blos der Aequator der Sonne von der Ebene der Ekliptik in gleiche Theile getheilt, alle Parallelkreise aber in ungleiche Theile. 2) Wenn das Auge sich in der zur Ekliptik senkrechten Ebene befindet, die durch die Axe geht, und zwar in dem Theile derselben gegen welchen die Axe geneigt ist, so sieht es blos den untern Theil sowohl des Aequators als seiner Parallelkreise, unter der Gestalt von halben Ellipsen, mit der Krümmung gegen Süden; das umgekehrte findet im entgegengesetzten Punkte statt. 3) Wenn das Auge sich in der Ebene des Aequators befindet, so erscheinen dieser und seine Parallelen wie ebensoviele grade Linien, und zwar sowohl von einer Seite als von der entgegengesetzten, nur in entgegengesetzten Richtungen. Diefs alles wird aber bei der scheinbaren Bewegung der Flecken beobachtet, wie die schon oben erwähnten Figuren zeigen.

§. 7. Wir sind also im Dezember und Junius in der Ebene des Sonnenäquators; im März und September aber in der durch die Axe senkrecht zur Ekliptik gelegten Ebene. Da die Krümmung der halben Ellipsen im März nach oben, im September nach unten hin sich zeigt, so neigt sich die Axe gegen den Widder. Weil aber das Auge sich um die Sonne und diese sich um ihre Axe bewegt, so werden die Projekzionen der Bahnen der Flecken nie genau weder halbe Ellipsen noch grade Linien sein. Der Eintritt der Flecken auf die Scheibe geschieht immer auf der östlichen, der Antritt auf der westlichen Seite, also wälzt sich die Sonne von Westen gegen Osten um ihre Axe, in derselben Richtung wie alle übrigen Planeten sich bewegen; denn bei der Umwälzung eines Körpers um seine Axe ist die wahre Richtung der Bewegung immer der scheinbaren entgegengesetzt.

Die blofse Ansicht der Projekzion und des Ganges der Flecken kann nur beiläufig die Elemente der Rotazion der Sonne geben, weil die Bestimmung der Rückkehr desselben Fleckens zu demselben Punkte, in welchem er zuerst gesehen wurde immer unsicher ist, da hier die Umwälzung der Sonne und unsere Bewegung um dieselbe zusammenwirken; auch ist es schwierig die Oeffnung der Ellipse, durch welche die Neigung der Axe bestimmt wird, nur einigermafsen genau zu erhalten. Das einzige Mittel von welchem wir uns hinlängliche Genauigkeit versprechen können, besteht darin, mit der gröfsten Genauigkeit drei verschiedene Oerter eines und desselben Fleckens auf der Sonnenscheibe zu beobachten und hieraus den Kreis zu bestimmen, der auf der Kugel der Sonne durch sie hindurch geht; dann erhält man aus der Lage desselben in Beziehung auf den Pol der Ekliptik, und aus der Zeit die zwischen den drei Beobachtungen verflossen ist, die drei Elemente welche man sucht. Wir werden diese eben nicht ganz leichte und einfache Aufgabe, um sie zu erleichtern, in mehrere Theile zerlegen.

I. Aufgabe.

Für eine gegebene Zeit auf der Sonnenscheibe den Ort eines Fleckens zu beobachten und zu bestimmen.

§. 8. Man kennt den Ort eines Fleckens auf der Sonnenscheibe, sobald man den Unterschied sowohl in Rektaszension als in Deklinazion zwischen dem Flecken und dem Mittelpunkte der Sonne weifs; dieser Unterschied mufs also gefunden werden. Darum 1) mache man die Beobachtungen im Junius oder im Dezember, in welchen Monaten die Bewegung der Flecken am schnellsten und fast gradelinig ist, sich also am leichtesten beobachten läfst, vorzüglich wenn der Flecken gut begränzt ist. 2) Wenn die Sonne in den Meridian kommt, so beobachte man den Unterschied zwischen dem Durchgange des Fleckens und des nächsten Sonnenrandes, und verwandele diesen in Zeit erhaltenen Unterschied in Minuten und Sekunden des Aequators, indem man ihn mit 15 multiplizirt. 3) Ebenso beobachte man auch die Zenithdistanz des Fleckens und des nächsten nördlichen oder südlichen Randes. 4) Man messe den Durchmesser der Sonne, wenn man ihn nicht aus den Tafeln entlehnen will. 5) Vom Halbmesser der Sonne ziehe man den im Bogen ausgedrückten Unterschied zwischen dem Durchgange des Fleckens und des nächsten Sonnenrandes ab, und multiplizire ihn hierauf mit dem Cosinus der Deklinazion der Sonne. Das Produkt ist der Unterschied in der Rektaszension zwischen dem Mittelpunkte der Sonne und dem Flecken. Wenn der Unterschied der Durchgänge mit dem westlichen Rande genommen, so ist die Rektaszension des Fleckens kleiner als die der Sonne; im entgegengesetzten Falle grösser. 6) Von der grössern Zenithdistanz ziehe man die kleinere ab, dann erhält man den Abstand des Fleckens vom nördlichen oder südlichen Rande, jenachdem die Zenithdistanz des Randes kleiner oder grösser als die des Fleckens ist; der Unterschied zwischen dem Abstand des Fleckens von einem der beiden Ränder der Sonne, und dem Halbmesser derselben, giebt dann den Abstand des Fleckens vom Mittelpunkte der Sonne.

II. Aufgabe.

Der Unterschied in der Rektaszension und der Deklinazion zwischen einem Flecken und dem Mittelpunkte der Sonne ist gegeben; man soll 1) *den Winkel finden, welchen die grade Linie vom Mittelpunkte der Sonne zum Flecken mit dem Parallel des Aequators macht;* 2) *die Grösse dieser graden Linie,* 3) *den Winkel am Mittelpunkte der Sonne, dessen Sehne sie ist.*

§. 9. Es sei (Fig. 71.) S der Mittelpunkt der scheinbaren Scheibe $KAEB$ der Sonne; M der Ort des Fleckens; KE ein dem Beobachtungsmomente entsprechender Parallel des Aequators der Himmelskugel; SL der gegebene Unterschied in der Rektaszension, LM der in der Deklinazion. Dann ist $SL : LM = 1 : \text{Tang } LSM$ und $\text{Sin } S : 1 = LM : SM$ also 1) $\text{Tang } LSM = \frac{LM}{SL}$ und 2) $SM = \frac{LM}{\text{Sin } S}$.

§. 10. 3) Man nenne α den Sonnenhalbmesser der Tafeln, der wegen der Irradazion um 4″ zu vermindern ist; dann hat man, weil SM auf der Sonnenscheibe genommen der Sinus eines Bogens der Sonnenkugel ist, diesen Bogen, indem man setzt: $\alpha - 4$ zu 1 wie SM zum vierten Satze $= \frac{SM}{\alpha - 4''}$, dem Sinus des Winkels unter welchem ein Beobachter im Mittelpunkte der Sonne den Flecken vom Parallel des Aequators entfernt sehen würde.

§. 11. Da die Seite SM durch zwei Radien bestimmt worden die von der Erde zum Mittelpunkte der Sonne und des Fleckens gehen, so wird der gefundene Bogen ein wenig grösser sein als der wahre Winkel am Mittelpunkte der Sonne. Der Ueberschufs ist indessen sehr klein, und nahe dem Winkel gleich, den dieselben Radien an der Erde machen; also kann SM als die Tangente desselben betrachtet werden, die im Bogen ausgedrückt ihn misst. Man mufs deshalb vom Winkel dessen Sinus $= \frac{SM}{\alpha - 4''}$ soviele Minuten und Sekunden abziehen, als SM enthält; der Rest ist der Winkel unter welchem man den Flecken vom Mittelpunkte der Sonne aus in Beziehung auf die Sphäre des Beobachters sieht.

III. Aufgabe.

Wenn der Bogen unter welchem von der Sonne aus der Abstand des Fleckens vom Parallel erscheint, und der Winkel den dieser Bogen mit dem Parallel macht, bekannt sind, die heliozentrische Länge und Breite des Fleckens zu finden.

§. 12. Es sei *S* (Fig. 72.) der Mittelpunkt der Sonne, *PQGE* ihre Kugel, auf welcher *P* dem Pole der Ekliptik entspricht; *D* aber sei der Pol des Aequators, *HI* ein Stück der Ekliptik, *QE* ein solches vom Parallel des Aequators der Himmelskugel, *T* der Ort des Fleckens, *TS* der gegebene Bogen, *QST* der gegebene Winkel, und *TP* ein durch die Flecken gehender Breitenkreis.

§. 13. 1) Wenn man vom Winkel *TSG*, dem Komplemente des Winkels *AST*, den Posizionswinkel *DSP* abzieht, so ist der Rest *TSL* das Komplement des Winkels *KST*. Daher kennt man im Dreiecke *KST* den Winkel bei *S*, die Seite *TS* und den rechten Winkel bei *K*, also ist Sin *TK* = Sin *TS* . Sin *KST* und Tang *KS* = Tang *TS* . Cos *KST*.

§. 14. 2) Nachdem *KS* und *TK* bekannt geworden, ziehe man die letztere Grösse von 90° ab, oder addire sie zu 90°, so giebt der Unterschied oder die Summe den heliozentrischen Abstand des Fleckens vom Pol *P*; und wenn man zu der um 180° vermehrten Länge der Sonne *KS* addirt, oder von derselben abzieht, so erhält man die heliozentrische Länge des Fleckens.

§. 15. 3) Man addire *KS* zur Länge der Erde wenn der Flecken westlich, subtrahire es wenn derselbe östlich vom Mittelpunkte der Sonne für den Beobachter steht. Schwer ist es immer genau zu wissen, ob man den Posizionswinkel von *TSG* abziehen oder zu diesem addiren muſs: daher thut man am besten, für jeden Fall eine besondere Figur zu entwerfen.

IV. Aufgabe.

Aus den heliozentrischen Längen und Breiten dreier Oerter desselben Fleckens den Pol des Sonnenäquators, seinen Abstand vom Flecken und den Ort des Knotens zu finden.

§. 16. Es sei *E* (Fig 73.) der Punkt der Sonnenkugel welchem der Pol der Ekliptik entspricht, *P* der Pol der Rotazion, *M, A, C* die drei beobachteten Oerter des Fleckens, die man durch Bögen gröſster Kreise unter sich und mit den beiden Polen verbunden hat. Bekannt sind die Seiten $EM = a$, $EA = b$, $EC = c$ und die Winkel $MEA = p$, $AEC = q$; ausserdem ist $MP = AP = CP$; man sucht *CEP* oder die Länge des Pols, *EP* das Mass der Neigung des Sonnenäquators gegen die Ekliptik, und *PC* den Abstand des Fleckens vom Pol *P*.

§. 17. Man setze $MEC = r$, $PEC = s$, $EMP = M$, $EAP = A$, $ECP = C$ dann ist, weil $MAE + A = AME - M$, also $AME - MAE = A + M$,

$$\text{I. Tang}\,\tfrac{1}{2}(M+A) = \frac{\text{Sin}\,\tfrac{1}{2}(a-b)\,.\,\text{Cotg}\,\tfrac{1}{2}p}{\text{Sin}\,\tfrac{1}{2}(a+b)} = \text{Tg}\,g$$

und ebenso

$$\text{II. Tang}\,\tfrac{1}{2}(M+C) = \frac{\text{Sin}\,\tfrac{1}{2}(a-c)\,.\,\text{Cotg}\,\tfrac{1}{2}r}{\text{Sin}\,\tfrac{1}{2}(a+c)} = \text{Tg}\,h$$

$$\text{III. Tang}\,\tfrac{1}{2}(A+C) = \frac{\text{Sin}\,\tfrac{1}{2}(b-c)\,.\,\text{Cotg}\,\tfrac{1}{2}q}{\text{Sin}\,\tfrac{1}{2}(b+c)} = \text{Tg}\,k$$

$$\text{IV. Tang}\,(s+\tfrac{1}{2}q) = \frac{\text{Tang}\,\tfrac{1}{2}(A+C)\,.\,\text{Tg}\,\tfrac{1}{2}q}{\text{Tang}\,\tfrac{1}{2}(A-C)} = \text{Tg}\,\alpha$$

§. 18. Nun hat man $\frac{1}{2}(A+C)=k, \frac{1}{2}(A-C)=g-h$, also $\text{Tang}(s+\frac{1}{2}q)=\text{Tang}\,k\,.\,\text{Cotg}(g-h)$. $\text{Tang}\,\frac{1}{2}q=\text{Tang}\,\alpha$, folglich $s+\frac{1}{2}q=\alpha$. Es ist aber $\frac{1}{2}q$ gleich der Hälfte des Unterschiedes zwischen der dritten und zweiten heliozentrischen Länge des Fleckens $=\frac{1}{2}(z'''-z'')$, also $s=\alpha-\frac{1}{2}(z'''-z'')$; wenn man hiezu die dritte Länge oder z''' addirt, so erhält man die Länge des Pols der Sonne $=\alpha+\frac{1}{2}(z''+z''')$. Diese Länge $+\,90^\circ$ giebt die Länge des Knotens des Sonnenäquators mit der Ekliptik.

§. 19. Im Dreiecke PEC sind die Winkel $PEC=s$, PCE und die zwischenliegende Seite EC bekannt. Man hat $PCE=\frac{1}{2}(M+C)+\frac{1}{2}(A+C)-\frac{1}{2}(M+A)=k+h-g+v$, und setze $\frac{1}{2}(s+v)=\mu$, $\frac{1}{2}(s-v)=\rho$, und $EC=c$, so ist

$$\text{Tang}\,\tfrac{1}{2}(PC-PE)=\frac{\text{Tang}\,\frac{1}{2}c\,.\,\text{Sin}\,\rho}{\text{Sin}\,\mu}=\text{Tang}\,x;$$

$$\text{Tang}\,\tfrac{1}{2}(PC+PE)=\frac{\text{Tang}\,\frac{1}{2}c\,.\,\text{Cos}\,\rho}{\text{Cos}\,\mu}=\text{Tang}\,y$$

und hieraus $PE=y-x$, $PC=y+x$.

Es versteht sich von selbst, daſs bei der Anwendung dieser Formeln gehörige Sorge für die Zeichen zu tragen ist.

V. Aufgabe.

Aus der heliozentrischen Länge und Breite eines Fleckens, seinem Abstande vom Aequator der Sonne und dem Orte des Knotens die Rektaszension des Fleckens in Beziehung auf den Aequator der Sonne zu finden.

§. 20. Es sei EC (Fig. 74.) ein Stück der Ekliptik, AE ein Stück des Sonnenäquators, E der Ort des ☊, S der des Fleckens, also SB seine heliozentrische Breite, EB die Länge vom Knoten gezählt, und SA die Deklinazion oder der Abstand des Fleckens vom Sonnenäquator; man sucht die Rektaszension AE. Im Dreiecke SBE ist $\text{Cos}\, SE = \text{Cos}\, SB \,.\, \text{Cos}\, BE$ und im Dreiecke SAE ebenso $\text{Cos}\, SE = \text{Cos}\, SA \,.\, \text{Cos}\, AE$, also $\text{Cos}\, AE = \dfrac{\text{Cos}\, SB \,.\, \text{Cos}\, BE}{\text{Cos}\, SA}$.

§. 21. Man kann auch die Rektaszension des Fleckens finden, wenn man statt der Deklinazion den Neigungswinkel des Aequators mit der Ekliptik nimmt; in diesem Falle ist die Rechnung ganz dieselbe als wenn man aus der Länge und Breite eines Himmelskörpers dessen Rektaszensionen finden will.

§. 22. Aus den gefundenen, den drei Oertern des Fleckens entsprechenden Rektaszensionen A, A', A'' erhält man die Zeit der Umwälzung der Sonne, indem man setzt: wie sich verhält $A' - A$ zu 360°, so verhält sich die Zwischenzeit zwischen der ersten und zweiten Beobachtung zu der Zeit der ganzen Umwälzung. Statt $A' - A$ kann man auch $A'' - A'$ oder $A'' - A$ setzen, wenn man nur zugleich die entsprechende Zeit nimmt.

§. 23. Um die Elemente der Umwälzung der Sonne gut zu bestimmen, sind so genaue Beobachtungen nöthig, daſs sie bei der begränzten Schärfe unserer Sinne und dem gegenwärtigen Zustande der Instrumente, vielleicht gar nicht gehörig zu erhalten sind. Ein Fehler von nur $\frac{1}{4}$ Zeitsekunde bei der Beobachtung des Durchganges des Fleckens, kann einen von einem halben Grade bei der Rektaszension hervorbringen. Hiezu kommt noch, daſs die Flecken selten gut begränzt sind, und oft im Laufe der Beobachtungen ihre Gestalt verändern. Deshalb geben auch die besten Beobachtungen, sorgfältig berechnet, sehr verschiedene Elemente; Cagnoli hat mehr als funfzig derselben genau untersucht, und endlich aus ihnen drei gewählt, die folgende Resultate für 1780 geben: ☊ $= 8^{z}\ 13^{\circ}$, Neigung $= 7^{\circ}\ 50'$, Umwälzung $25^{t}\ 12^{st}\ 12'$.

§. 24. Da die Sonne sich im Mittelpunkte unseres Systems befindet, so möchte es paſslich scheinen, auf ihren Aequator alle Planetenbahnen zu beziehen. Indessen zeigt das, was wir über die Ungewissheit in der Bestimmung dieser Ebene gesagt haben, daſs eine solche Neuerung wohl von der Theorie, aber nicht von der Praxis gebilligt werden könne. Wenn aber auch die Elemente der Rotazion der Sonne in dieser Hinsicht von keinem Nutzen sind, so lassen sich doch aus ihnen Betrachtungen und Folgerungen über die Bildung und Anordnung unseres Systems begründen und herleiten.

Bewegung der Sonne im Raume.

§. 25. Wenn die Sonne sich um eine Axe dreht, wie so eben bewiesen worden, so muſs sie auch eine fortrückende Bewegung im Raume haben, denn nach den Grundsätzen der Mechanik kann ein ruhender Körper nur dann eine Rotazionsbewegung erlangen, wenn die Richtung der Kraft, welche ihn in Bewegung gesetzt hat, beim Schwerpunkte vorbeigeht. Dann kann sie aber in zwei andere zerlegt werden, von denen die eine senkrecht zu einer Axe, die andere aber auf den Schwerpunkt gerichtet ist; die erstere giebt die Rotazionsbewegung, die letztere aber eine fortrückende im Raume, und wenn gleich diese ohne jene bestehen kann, so ist doch der umgekehrte Fall nicht möglich. Da also die Sonne eine Rotazionsbewegung hat, so muſs sie auch eine fortrückende haben, und weil die Planeten mit ihr ein einziges System ausmachen, so wird das ganze System seinen Ort im Raume verändern. Die Rotazionsbewegung der Sonne kennen wir zwar, und könnten also auch die andere erhalten, wenn uns die Grösse und Richtung der anfänglichen Kraft bekannt wäre; diese lässt sich aber auf keine Weise erhalten und also kann man über jene Bewegung nur Muthmassungen nicht Gewissheit geben.

§. 26. Bei den Planeten kennen wir sowohl den Raum, welchen jeder Punkt der Oberfläche bei der Umwälzung beschreibt, als auch den, welchen in derselben Zeit der Planet in seiner Bahn durchläuft. Ein Punkt des Erdäquators durchläuft wegen der Rotazion in 24 Stunden 5400 Meilen, und in derselben Zeit bewegt sich die Erde in ihrer Bahn um 344060 Meilen fort; die Rotazionsbewegung der Erde ist also $\frac{1}{63}$ von der fortrückenden. Wenn ebendies Verhältnifs bei der Sonne statt fände, deren Halbmesser 112 mal so grofs als der der Erde ist, die sich aber erst in 25 Tagen um ihre Axe dreht, so würde dieselbe in diesen 25 Tagen beinahe 39 Millionen Meilen, in einem Jahre aber 562 Millionen Meilen zurücklegen müssen, ein Raum der 28 mal grösser ist als unsere Entfernung von der Sonne. Wäre die jährliche Fortrückung wirklich so grofs, so würde sie sich wohl schon im Laufe der Jahrhunderte an den Sternen merklich gemacht haben, was doch nicht der Fall ist, denn das, was man eigene Bewegung der Sterne nennt, lässt sich hiemit auf keine Weise in Uebereinstimmung bringen, wie wir schon im dritten Buche gezeigt haben. Man mufs also die jährliche Bewegung der Sonne entweder als ganz unmerklich annehmen, oder auch voraussetzen, dafs dieselbe mit der aller übrigen Sterne einen gemeinsamen Ursprung und eine gleiche Grösse habe, oder dafs sämmtliche Sterne sich um einen gemeinschaftlichen Mittelpunkt, mit Beibehaltung ihrer gegenseitigen Entfernungen bewegen.

Muthmassungen über den Ursprung des Sonnensystems.

§. 27. Indem die Bewegungen, Oerter, Grössen und Alles was sonst noch in Beziehung auf Zeit, Raum und Bewegung sowohl alle Körper unseres Systems zusammen, als auch jeder insbesondere darbieten, gehörig erwägt und untersucht worden, sind wir nach einer langen Reihe von Jahrhunderten, und nach unendlichen Anstrengungen endlich dahin gelangt das grofse Grundgesetz dieses bewundernswürdigen Werks aufzustellen. Aus diesem sind dann die Gesetze nach welchem sowohl jeder Theil für sich, als auch alle zusammen wirken müssen, gefolgert; die Methoden, um für irgend einen Zeitpunkt, mag es der jetzige oder ein vergangener oder ein zukünftiger sein, die verschiedenen Oerter der Körper in Beziehung zu einander anzugeben, bestimmt; die aus diesen Beziehungen hervorgehenden Erscheinungen abgeleitet; endlich die Art und Weise mitgetheilt; wie man die wahren Entfernungen, die Massen, die körperlichen Grössen u. s. w. finden kann.

Ein herrlicheres grösseres Denkmahl konnte sich der menschliche Geist nicht errichten; er hat erlangt, was er nie sich schmeicheln durfte zu erlangen. Gehen wir aber jetzt noch tiefer in die Sache ein, streben wir uns in den Moment zurückzuversetzen, in welchem die Natur dies erstaunenswürdige Werk schuf und ordnete; wollen wir die Mittel, deren sie sich hiebei bediente, kennen lernen, und den Weg angeben, den sie ging, so heifst dies im endlosen Möglichen herumschweifen und sich sicher wähnen, immer die Wahrheit zu treffen, was wohl nur Wahnsinn unseres Geistes genannt werden kann. Nichtsdestoweniger haben sowohl die Alten als die Neueren gewagt, sich diesem gränzenlosen Meere zu überlassen.

Unpassend würde es sein, Alles was hierüber das Alterthum geträumt hat, aus dem Dunkel der Vergessenheit hervorzurufen: seine Meinungen sind entweder Paradoxen oder Irrthümer, welche die Kenntnisse der heutigen Philosophie als nichtig dargestellt haben, oder reine Hypothesen ohne allen Grund und ohne irgend eine Wahrscheinlichkeit. Dasselbe würde bei den Vermuthungen der Neuern der Fall sein, wenn nicht grofse Männer, wie Buffon und Laplace ihnen durch ihre vorzüglichen Talente einen starken Anschein von Wahrscheinlichkeit gegeben hätten.

§. 28. Buffon schlofs daraus, dafs die Bewegungen der Planeten alle von Westen gegen Osten, in Ebenen die die Sonne schneiden und wenig gegen einander geneigt sind, geschehen, dafs vielleicht alle diese Körper ihren Ursprung einem Strome glühender Materie verdankten, der aus der Sonne durch den Stofs eines Kometen herausgeschleudert worden. Die Beobachtungen zeigen auch, dafs einige Kometen so nahe bei der Sonne vorbei gegangen sind, dafs sie sie fast gestreift haben, und dafs andere wahrscheinlich in dieselbe gestürzt sind; daher es denn auch nicht unwahrscheinlich ist, dafs wirklich ein Komet Theile des Sonnenkörpers habe abreifsen und auf verschiedene Weiten hinausschleudern können. In diesem Fall hat sich dann in solchen Stücken die Wurfkraft mit der Schwere vereinigt, und sie haben defshalb eine Bewegung um die Sonne, in der Richtung der Rotazion derselben, erhalten müssen. Nach und nach ist das Feuer erloschen, die Wärme hat sich vermindert, und die verschiedenen Theile haben sich durch Axendrehung in Kugeln zusammengeballt, und sind endlich feste und dunkle Körper geworden, wie sich uns jetzt die Haupt- und Nebenplaneten zeigen. Dies ist der Ursprung unseres Systems nach Büffon.

§. 29. Laplace bemerkt daſs unser System fünf verschiedene und sehr merkwürdige Erscheinungen darbiete. 1) Die Bewegungen der Hauptplaneten geschehen alle in wenig verschiedenen Ebenen und in derselben Richtung. 2) Die Bewegungen der Nebenplaneten sind denen der Hauptplaneten ähnlich. 3) Die Rotazionen dieser verschiedenen Körper und der Sonne geschehen in demselben Sinne wie die übrigen Bewegungen. 4) Die Ekzentrizitäten der Planetenbahnen und ihrer Monde sind sehr klein. 5) Die Ekzentrizitäten der Kometenbahnen sind hingegen sehr groſs, und äusserst bedeutend der Unterschied zwischen den Neigungen derselben zum Sonnenäquator. Da nun einundvierzig Körper, denn soviele kennen wir jetzt in unserm Systeme, zwar verschiedene Massen und körperliche Grössen haben, und in sehr verschiedenen Abständen von einander stehen, dennoch aber alle in ihrer fortrückenden und in der rotirenden Bewegung, was die Richtung betrifft, zusammenstimmen, alle in wenig von einander verschiedenen Ebenen sich befinden, und alle sehr nahe Kreise um die Sonne beschreiben, so scheint es doch wahrlich, daſs man sie nicht als durch Zufall und von ungefähr hervorgebracht, ansehen kann. Wenn alle diese Körper ohne bestimmte Ordnung in den Raum ausgestreut wären, so würde die Wahrscheinlichkeit, daſs wenigstens Einer, entweder in der Neigung zum Sonnenäquator, oder in der Ekzentrizität, oder in der Richtung der Bewegung, von den andern gänzlich habe abweichen müssen, $1 - \frac{1}{2^{41}}$ betragen haben, was so gut als eine vollendete Gewiſsheit zu betrachten ist. Wie also auch immer die Elemente unseres Systems willkührlich sein mögen, so sind doch die Beziehungen welche sie darbieten, so absonderlich und bestimmt, daſs man auf keine Weise verkennen kann, daſs sie von einer und derselben Ursache herrühren. Will man also zum Ursprunge unseres Systems zurückgehen, so kann die Annahme, welche man wählt, nie auch nur den geringsten Grad von Wahrscheinlichkeit haben, wenn sie nicht alle erwähnten Erscheinungen erklärt.

§. 30. Wenn man nach dieser Bemerkung die Büffonsche Hypothese prüft, so zeigt sich sehr deutlich, daſs sie nur die gleiche Richtung der Bewegungen und die geringe Neigung der Bahnen gegen einander beweist, die übrigen vier Erscheinungen aber dem Zufall überläſst; wie denn wirklich die Umwälzung der Hauptplaneten in beliebiger Richtung, und ebenso die Bewegungen der Nebenplaneten geschehen, auch diese eine beliebige Neigung haben können, weil hierauf keinesweges die Kraft, welche ein Stück von der Sonne abgerissen hat, einwirkt. Was aber hauptsächlich das Unpassende dieser Hypothese zeigt, ist die Kleinheit der Ekzentrizität der Bahnen. Denn man beweist in der Theorie der Zentralkräfte, daſs wenn ein Körper, der sich in einer geschlossenen krummen Linie bewegt, einmal durch einen gegebenen Punkt geht, er auch immer bei jedem Umlaufe denselben treffen werde: wären also die Planeten Körper die durch irgend eine Kraft von der Sonne abgerissen worden, so müſsten sie bei jedem Umlaufe in geringer Entfernung bei derselben vorbeigehen, weil zwar die anfängliche Wurfkraft das allgemeine Gesetz, nach welchem sie die Sonne streifen müſsten, etwas ändern, aber nicht aufheben kann. Es würden also ihre Bahnen sehr ekzentrisch sein, was doch nicht beobachtet wird.

§. 31. Hiedurch bewogen stellte Laplace statt der Büffonschen folgende Hypothese auf. Wie auch immer die Ursache dieser Erscheinungen gewesen sein mag, so hat dieselbe doch, da von ihr die Bewegungen, deren Richtungen, die Ekzentrizitäten und die Lagen der Bahnen abhängen, innerhalb der Gränzen ihrer Wirksamkeit alle Haupt- und Nebenplaneten umfassen müssen. Diese sind aber in sehr großen Entfernungen von einander, also kann man nicht wohl etwas anderes als ein sehr weit ausgedehntes Fluidum annehmen, welches diesen Körpern verschiedene fast kreisförmige Bewegungen um die Sonne, in derselben Richtung und fast gleichliegend mit dem Sonnenäquator mitgetheilt hat, und welches mithin einstmals die Sonne wie eine ungeheure Atmosphäre umgab. Man kann also voraussetzen, daſs die Sonne durch eine ähnliche Ursache wie die, welche den neuen Stern in der Kassiopeja erscheinen lieſs, einen ausserordentlichen Grad von Wärme erlangt habe; daſs ihre Atmosphäre sich Anfangs weit über alle Planeten hinaus erstreckt habe, dann, als die Stärke des Feuers abgenommen, sich zusammengezogen und nach und nach, indem sie die entferntern Zonen verlassen, sich gegen den Sonnenäquator verdichtet habe. Aus dieser sollen nun, wie Laplace will, die Hauptplaneten, und aus deren Atmosphären nachher die Nebenplaneten hervorgegangen sein; und weil nicht alle Theile des ersten Ausbruchs der Sonne sich in Planeten zusammengezogen haben, sondern viele im Raume zerstreut übrig geblieben sind, so müssen diese sich immer um die Sonne bewegen und uns also die Erscheinung des Zodiakallichts darbieten.

§. 32. Diese Erklärung, welcher der doppelte Ring des Saturns ein neues Gewicht giebt, ist gewiſs sehr sinnreich, und genügt auch den fünf aufgestellten Erscheinungen; es möchte aber doch wohl noch die Frage sein, ob sie uns den wahren Grund der Entstehung unseres Systems angeben kann. Nach Laplace sind die Kometen viel früher als die Planeten: sie streiften lange Zeit im Raume wie Körper, die nach allen Seiten willkührlich vertheilt sind, herum. Als nun die Sonne aufloderte, wurden die Kometen welche die Flammen erreichten, oder deren Bewegungen sie durch dieselben führten, aufgehalten und in die Sonne gezogen, mit welcher sie sich vereinigten, andere, welche entfernter blieben, dauern noch jetzt fort, und werden auch nicht zerstört werden, wenn sie sich nicht zu sehr der brennenden Sonne nähern, weil auch sie dann von den Flammen ergriffen und in die Sonne gestürzt würden. Auf solche Weise werden freilich die Richtungen der Bewegungen der Kometen nach allen Theilen des Himmels, die groſsen Ekzentrizitäten ihrer Bahnen, und endlich die groſsen Unterschiede ihrer Neigungen zum Sonnenäquator recht gut erklärt; aber es fragt sich, ob die Kometen ein eigenes System ausmachen, oder ob sie nicht vielmehr ein Theil des Sonnensystems sind. Die Gesetze der Bewegung der Planeten gelten auch für die Kometen, und diese Gesetze sind das Wesentliche im Systeme, alles übrige aber ist nicht durchaus nothwendig: aus demselben Grundgesetze also, aus welchem man die Aehnlichkeit der Elemente der Planetenbahnen herleitete, sollte man auch die Unähnlichkeit derselben bei den Kometen herleiten. Hier kann eine zweite Hypothese helfen, indem man nämlich annähme, daſs vor dem Sonnenbrande aus welchem die Planeten entstanden, ein anderer vorhergegangen, der ein dem jetzigen ähnlichen System von Körpern hervorgebracht hätte, welches aber bei dem zweiten Ausbruche zerstört worden, und von welchem nur einige unordentlich zerstreute Fragmente übrig geblieben. Dieser Annahme steht auch nichts im Wege, denn es ist deutlich, daſs die Sonne, wenn sie einmal die Kraft gehabt hat, aus ihrem Schosse Planeten hervorzutreiben, sie dies auch wohl zweimal und mehrmal habe thun können. Doch ist bei allen diesen Hypothesen zu bemerken, daſs in der Astronomie Alles dasjenige, was nicht aus Beobachtung und Rechnung hervorgeht, kaum der Erwähnung werth ist, da zwar manches Wahrscheinliche aber nichts Gewisses aufgestellt werden kann.

Zweiter Abschnitt.

Die Bahn der Erde.

§. 33. Von den sieben Elementen, welche die Theorie der Bewegung jedes Planeten darstellen, fallen drei bei der Erde weg. Denn da auf die Ebene ihrer Bahn, die der übrigen bezogen werden, so findet keine Neigung, und kein Knoten statt, und da überdies die groſse Axe der Erdbahn als Maſseinheit für die Axen der übrigen Planetenbahnen dient, so nimmt man sie als bekannt und der Einheit gleich an. Hier braucht man also nur zu suchen: 1) die Umlaufszeit, 2) die Mittelpunktsgleichung, 3) die Lage der Apsidenlinie, 4) die mittlere Länge für eine gegebene Epoche. Mit diesen Elementen würde man immer für eine beliebige gegebene Zeit den Ort der Erde in ihrer Bahn bestimmen können, wenn derselbe nicht durch die Einwirkung der Planeten kleine und langsam sich anhäufende Störungen litte, die man, wenn Alles möglichst genau sein soll, nicht vernachlässigen darf. Deſshalb wollen wir zuerst blos aus den Beobachtungen die vier erwähnten Elemente herleiten, und nachher zu der Untersuchung der Aenderungen übergehen, die hiebei die Anziehung der Planeten verursacht.

Um indessen dies Alles gut zu verstehen ist es nöthig wenigstens einigermafsen sich eine Idee von der Einrichtung der Sonnen - und Planetentafeln zu verschaffen; und zwar wird man hiezu nicht grade die neuesten derselben wählen, die gar zu sehr zusammengesetzt sind, sondern die etwas älteren, wie etwa die Lalandischen. Nun wird zwar bei den Tafeln immer ihre Einrichtung gehörig auseinandergesetzt, und es wäre also hinlänglich hierauf zu verweisen, doch mag das Folgende hier seine Stelle finden. Das Ziel auf welches im Allgemeinen die Tafeln gerichtet sind, ist eine leichte und sichere Weise die mittlern und die wahren oder scheinbaren Oerter der Sonne und des Planeten zu geben. Dazu dient zuerst eine Tafel, welche die Epochen z. B. für die Sonne, oder ihre mittlere Länge zu Anfange eines jeden Jahrs während eines grofsen Zeitraums enthält; andere Tafeln geben die mittlere Bewegung derselben für die Monate, Tage, Stunden u. s. w., sodafs man durch Addizion der gehörigen Werthe die mittlere Länge, oder die Länge in der Kreisbewegung erhalten kann. Eine folgende Tafel verwandelt diese mit Hülfe der Mittelpunktsgleichung in die elliptische, die dann wieder durch andere Tafeln wegen der Planetenstörungen verbessert wird, sodafs am Ende der wahre, oder was hier dasselbe ist, der scheinbare Ort der Sonne für die gegebene Zeit erhalten wird. Im Allgemeinen besteht also die Einrichtung der Tafeln darin, dafs man die einfache Kreisbewegung als Grundlage annimmt, und alle statt findenden Abweichungen von dieser, als Verbesserungen bei derselben anbringt.

VI. Aufgabe.

Die periodische Umlaufszeit der Erde zu bestimmen.

§. 34. Da die scheinbare Bewegung der Sonne dieselbe ist als die wirkliche der Erde, so beobachte man zu irgend einer Zeit in welcher Entfernung sowohl in Rektaszension als in Deklinazion sich die Sonne von einem Sterne befindet, und suche den Augenblick zu bestimmen in welchem sie zunächst genau wieder in dieselbe Lage zurückgekehrt ist; dann wird die Zwischenzeit das Mafs des periodischen oder siderischen Umlaufs der Erde sein. Indessen ist diese Methode, wenn gleich bequem und leicht, dennoch keiner grofsen Genauigkeit fähig, vorzüglich wegen der besondern Bewegungen der Sterne; sicherer und allgemein im Gebrauch ist die der Aequinokzien, deren wir uns auch bedienen wollen.

§. 35. Man wähle hiezu 1) zwei oder mehrere gut beobachtete Aequinokzien, die wenigstens um ein Jahrhundert von einander abstehen; 2) reduzire sie auf mittlere Aequinokzien, indem man sie von allen Ungleichheiten wegen der Mittelpunktsgleichung und der Perturbazionen befreit, wie in der Folge auseinandergesetzt werden soll; 3) dividire die Zwischenzeit durch die Anzahl der Umläufe; dann wird der Quotient die Gröfse des mittlern Jahrs, oder die Zeit geben, welche die Sonne braucht, um mit immer gleichförmiger Bewegung die Ekliptik zu durchlaufen. Hier fehlt indessen noch der kleine Bogen der Präzession von $50'',21$; man verwandle also diesen in Zeit, und addire ihn zum mittlern Jahr, so erhält man die Dauer eines ganzen periodischen oder siderischen scheinbaren Umlaufs der Sonne, und wirklichen der Erde.

§. 36. Man vergleiche das von FLAMSTEED beobachtete Frühlingsäquinokzium von 1691 mit dem von mir beobachteten von 1805, nachdem FLAMSTEED's Beobachtung auf den Meridian von Palermo reduzirt worden.

Greenwich	1691.	März	19.	23st	$2' 57''$
Palermo	1805.	März	20.	13st	$57' 18''$
Unterschied	114 Jahre		0^{t}	14st	$54' 21''$
Schalttage	......		$+ 27^{t}$		
Zwischenzeit	114 Jahre		27^{t}	14st	$54' 21''$

durch 113 dividirt giebt für die Grösse des beobachteten scheinbaren Jahrs 365^{t} 5st $48' 54'',6$.

Um dies scheinbare Jahr in das mittlere zu verwandeln, suche man aus den Sonnentafeln die Summe der Mittelpunktsgleichung und der Planetenstörungen für beide Beobachtungen; es findet sich

für 1691	1° $54' 27'',9$
für 1805	1° $53' 55'',7$
Unterschied	$+ 32'',2$

welche zu beschreiben die Sonne $13' 4''$ gebraucht. Um so viel ist also die Sonne bei der zweiten Beobachtung eher als bei der ersten in den Aequator gelangt; deshalb hätte man diesen Zeitraum vom Momente des Aequinokziums von 1805 abziehen müssen, um für beide Beobachtungen denselben Punkt der Ekliptik zu erhalten. Man kann indessen diesen Fehler noch verbessern, wenn man die $13' 4''$ oder $784''$ durch 114 dividirt und den Quozienten $6'',88$ vom gefundenen scheinbaren Jahre abzieht: dann erhält man 365^{t} 5st $48' 47'',8$ für das mittlere Jahr.

§. 37. Auf das Resultat aus zwei einzelnen Aequinokzien fällt aber immer die ganze Summe der Fehler, welche aus der nicht gut bestimmten

Polhöhe und aus der Unvollkommenheit der Instrumente hervorgehen, der unvermeidlichen Beobachtungsfehler zu geschweigen. Darum ist nöthig mit dem Aequinokzium des Frühlings, das des Herbstes zu verbinden, und das Mittel aus beiden zu nehmen, weil hiedurch die Fehler wegen der Polhöhe und wegen der unrichtigen Theilung des Instruments sich ausgleichen.

§. 38. Die hiezu nöthigen Beobachtungen sind folgende, wobei wieder die Greenwicher Beobachtung auf Palermo reduzirt worden.

Palermo	1805. Sept. 23.		$1^{st}\ 21'\ 58''$
Greenwich	1691. Sept. 22.		$10^{st}\ 44'\ 4''$
Unterschied	114 Jahre	0^{t}	$14^{st}\ 37'\ 54''$
Schalttage		27^{t}	
Zwischenzeit	114 Jahre	27^{t}	$14^{st}\ 37'\ 54''$

Diese durch 114 als die Zahl der Umläufe dividirt, giebt $365^{t}\ 5^{st}\ 48'\ 45'',2$ für das scheinbare Jahr.

Bei der Beobachtung von 1691 war die Verbesserung, um die wahre Bewegung in mittlere zu verwandeln . . . . — $1°\ 54'\ 32'',5$
bei der von 1805 . . . . — $1°\ 54'\ 0'',0$

Unterschied . . . . — $32'',5$

welche zu beschreiben die Sonne $13'\ 12'',0$ braucht, sodafs sie also bei der Beobachtung von 1805 um $13'\ 12''$ eher in den Aequator kam, als bei der von 1691. Auf ähnliche Weise wie oben, wird man leicht finden, dafs diese $13'\ 12''$ durch 114 dividirt und der Quozient $6'',95$ zu der Grösse des scheinbaren Jahrs addirt werden müsse, um die des mittlern zu erhalten. Man hat also für das mittlere Jahr die beiden Werthe $365^{t}\ 5^{st}\ 48'\ 52'',2$ und $365^{t}\ 5^{st}\ 48'\ 47'',8$, also im Mittel $365^{t}\ 5^{st}\ 48'\ 50'',0$. Ebendies Resultat erhält man, wenn man die Aequinokzien von 1692, 1693 u. s. w. mit den meinigen von 1804, 1805, u. s. w. vergleicht.

§. 39. Delambre hat aus Bradley's und Maskelyne's Beobachtungen 1″,6, Zach blos 1 mehr gefunden; es zeigt sich also noch eine kleine Ungewissheit über die wahre Grösse des mittlern Jahrs. Dieselbe würde übrigens immer der des scheinbaren Jahrs gleich sein, wenn die Elemente, von welchen das Letztere abhängt, immer dieselben blieben. Aber die Gleichungen der Bahn haben eine Periode, die Ekzentrizität nimmt ab, und wird noch lange Zeit hindurch abnehmen, das Apogäum endlich rückt immer nach der Ordnung der Zeichen vor. Alles dies bringt einen sich stets ändernden Unterschied zwischen dem mittlern und scheinbaren Jahre hervor.

§. 40. Das gefundene mittlere Jahr drückt indessen nicht den ganzen Umlauf der Erde in der Ekliptik aus; es fehlt hiezu noch die Präzession, welche ein jährliches Zurückweichen des Widderpunkts von 50″,21 bewirkt. Die Sonne braucht diesen Raum zu durchlaufen 20′ 22″,34, welche zum mittlern Jahr addirt 365^t 6st 9′ 12″,34 oder 365^t,256393 für die Länge des periodischen oder siderischen Umlaufs geben.

§. 41. Aus der jährlichen Bewegung der Erde, oder aus der Zeit, welche zwischen zwei aufeinander folgenden Durchgängen durch den Widder- oder Waagepunkt verfliefst, erhält man die mittlere tägliche Bewegung durch die Proporzion 365^t 5st 48′ 50″,0 : 1^t = 360°: zum vierten Gliede = 59′ 8″,33. Dies durch 24 dividirt giebt die stündliche Bewegung, und aus dieser erhält man die in 1′, in 1″ u. s. w. Ebenso leitet man aus der Bewegung in Einem Jahre, die in 2, in 3 u. s. w. bis in 100, in 200 u. s. w. her; wobei nur zu bemerken ist, dafs man die Jahre blos zu 365^t annimmt, und um die weggelassenen 5st 48′ 50″ zu ergänzen, jedes vierte Jahr ein Schaltjahr von 366

Tagen sein lässt. Weil aber auf solche Weise jährlich etwas zu viel gerechnet wird, da man eigentlich das Jahr zu 365^t 6st annimmt, so läſst man in drei Jahrhunderten nach einander, jedesmal den letzten Schalttag weg, und behält ihn nur am Ende des vierten Jahrhunderts bei; der dann noch übrig bleibende Unterschied bleibt eine lange Reihe von Jahrhunderten unmerklich.

VII. Aufgabe.

Die gröſste Mittelpunktsgleichung der Erdbahn zu bestimmen.

§. 42. In der gröſsten und kleinsten Entfernung von der Sonne, oder im Aphelium oder Perihelium sind immer der wahre Planet und der eingebildete, oder mit mittlerer Bewegung fortgehende an demselben Orte des Himmels. Wenn man vom Aphelium ausgeht so ist die mittlere tägliche Bewegung grösser als die wahre; der Unterschied nimmt indessen immer mehr und mehr ab, bis endlich beide einander gleich werden; in diesem Punkte der Bahn wird also der Unterschied zwischen der Summe der mittlern und der wahren Bewegungen vom Aphelium an, oder die Mittelpunktsgleichung den gröſsten Werth erhalten. Es sei (Fig. 75.) *A* das Aphelium, von welchem die mittlere und die wahre Sonne zugleich ausgehen, und es sei die wahre Sonne nach *v*, die mittlere nach *m* gelangt, wo beide Geschwindigkeiten einander gleich werden; dann ist der Winkel *vSm* die gröſste Mittelpunktsgleichung. Von *v* nach dem Perihelium *P* wird die wahre tägliche Bewegung immerfort über die mittlere gewinnen, die wahre Sonne wird sich also der mittlern nähern, und in *P* werden beide zusammentreffen. Von *P* nach *m'* ist die mittlere Bewegung immer die kleinere bis die mittlere Sonne nach m', die wahre nach v' gekommen, wo wiederum beide Bewegungen einander gleich sind. Also muſs hier wiederum die Mittelpunktsgleichung ihren grössten Werth haben, nur mit dem Unterschiede, daſs vorhin die mittlere Bewegung der wahren, jetzt aber diese jener vorgeeilt ist.

§. 43. Vergleicht man also die ganze mittlere Bewegung von m nach m' mit der ganzen wahren von v nach v', so ist der Unterschied die doppelte gröſste Mittelpunktsgleichung. Man beobachte daher die wahren Längen der Sonne in v und v', oder in den Punkten, in welchen die wahre Bewegung der mittlern gleich ist, berechne die zugehörigen mittlern Längen, und dividire den Unterschied zwischen beiden durch 2, um die Mittelpunktsgleichung zu erhalten.

§. 44. Dies würde ganz richtig sein, wenn der Unterschied zwischen der mittlern und der wahren Bewegung nur von der Ekzentrizität der Bahn herrührte; es wirkt aber auf die wahre Bewegung der Erde noch der Einfluſs des Mondes und der Planeten. Die beobachteten Längen müssen also, ehe sie gebraucht werden, erst von der Nutazion und den Einwirkungen der Planetenstörungen befreit werden, damit sie blos mit der von der Ekzentrizität herrührenden Ungleichheit behaftet sind.

§. 45. Es wird immer sehr schwer sein Beobachtungen zu erhalten, grade in den beiden Augenblicken, in welchen die Bewegungen gleich sind; also wird nöthig sein, mehrere derselben in der Nähe von v und v' zu machen, sie zu interpoliren, und so die Längen für den gehörigen Moment zu finden. Man kann auch folgende Methode anwenden. Aus den Tafeln der Mittelpunktsgleichung, die man prüfen oder verbessern will, suche man die den beiden Beobachtungszeiten entsprechenden Gleichungen, addire sie und vergleiche sie mit dem doppelten Werthe der bei den Tafeln angewendeten gröſsten Mittelpunktsgleichung, so wird der Unterschied die Verbesserung sein, welche man bei dem Resultate anbringen muſs, wenn die Beobachtungen nicht genau in den Punkten v und v' gemacht worden. Der Grund hievon ist sehr klar. Die Tafelunterschiede sind dieselben bei kleinen Zwischenzeiten, wenn auch die angenommene Mittelpunktsgleichung ein wenig von der wahren abweicht. Alles wird nachstehendes Beispiel noch deutlicher machen.

Am 31. März und 3. October 1805 wurde zu Mittage die Länge der Sonne beobachtet

März 31. . . . 0^z 10° $18'$ $12'',2$ . . Störungen — $28'',18$
Oktober 3. . . 6 9 46 16 ,2 . . . . — 8 ,14

Unterschied 5^z 29° $28'$ $4'',0$ . . . . + $20'',05$
Verbesserung . . . . . + 20 ,05

Verb. Untersch. 5^z 29° $28'$ $24'',05$

Die mittlere Länge war berechnet

März 31. . . . . 0^z 8° $22'$ $21'',50$
Oktober 3. . . . 6 11 41 32 ,43

Unterschied 6^z 3° $19'$ $10'',93$

also der Unterschied zwischen der mittlern und wahren Bewegung = 3° $50'$ $46'',88$. Die Mittelpunktsgleichung aus den Tafeln ist

für März 31. . . . . . 1° $55'$ $26'',7$
für Oktober 3. . , . . 1 45 24 ,8

Summe 3° $50'$ $51'',5$

Dopp. gröſste Mittelpunktsgl.
der Tafeln . . . . . . 3° $50'$ $53'',8$

Unterschied . . . . + $2'',3$

welcher zu 3° $50'$ $46''$, 88 addirt die doppelte beobachtete gröfste Mittelpunktsgleichung 3° 50′ 49″,18, also die einfache Gleichung 1° 55′ 24″,59 giebt.

Ebenso wie bei den andern Elementen sind auch hier zwei einzelne Beobachtungen nicht genügend; man mufs ihrer mehrere aus verschiedenen Jahren haben. Aus meinen Beobachtungen von 1803, 1804 und 1805 finde ich die gröfste Mittelpunktsgleichung 1° 55′ 25″,18.

§. 46. Von der gröfsten Mittelpunktsgleichung geht man leicht zur Ekzentrizität über. Wir wellen uns hiezu der §. 47. des vierten Buchs gegebenen Reihe bedienen, von welcher die beiden ersten Glieder hinlänglich sind, da das dritte erst bei der zwölften Dezimalstelle seinen Einflufs äussert. Setzt man also die gröfste Mittelpunktsgleichung $= q$, und die Ekzentrizität $= e$, so hat man $e = \frac{1}{2} q - \frac{11}{768} q^3$; und weil $q = 1° 55′ 25″,18$, so ist dieser Bogen in Theilen des Halbmessers ausgedrückt $= 0{,}03357422008$ und $\frac{11}{768} q^3 = 0{,}00000054262$, indem man die zwölfte und die folgenden Dezimalstellen vernachlässigt, die im gegenwärtigen Falle von keinem Nutzen sind. Dann findet sich

die Ekzentrizität	0,01678656742
die gröfste Entfernung	1,01678656742
die kleinste Entfernung . . .	0,98321343258
die halbe kleine Axe	0,99943622746

§. 47. Die Ekzentrizität der Erdbahn ist aber nicht konstant, sondern erleidet eine Veränderung die durch die Beobachtungen hinlänglich angedeutet, und durch die Perturbationsrechnungen bewiesen worden, wie in der Folge gezeigt werden soll. Man vergleiche also die obige Ekzentrizität von 1805 mit einer andern welche Laplace für 1750 gegeben hat, und welche 0,016814 beträgt. Die Ekzentrizität von 1805 ist um 0,000027 kleiner als die von 1750, und folglich beträgt ihre Sekularabnahme 0,000049091. Aus der Theorie findet Laplace 0,000045572, ein Resultat, welches dem obigen vorzuziehen ist, da die Zwischenzeit von 55 Jahren zu klein ist, um ein Element von so geringem Betrage zu bestimmen.

VIII. Aufgabe.

Die Lage der grossen Axe zu finden.

§. 48. Um mit Genauigkeit die Lage der Apsidenlinie zu finden werden folgende Elemente verlangt: 1) die Zeit, welche die Erde gebraucht ihren Umlauf in Beziehung auf diese Linie, oder ihren *anomalistischen* Umlauf zu vollenden. 2) Ihre Geschwindigkeit im Aphelium und im Perihelium. 3) Zwei genau beobachtete Längen in der Nähe derselben, und 180° von einander entfernt. 4) Die Summe der Perturbazionen, welche die beiden beobachteten Längen erleiden.

Die Apsidenlinie hat in jedem Jahre eine kleine vorwärtsgehende Bewegung, die durch die Einwirkung der Planeten verursacht wird; im Mittel beträgt dieselbe jetzt etwa 11″,81 jährlich, die Präzession aber 50″,21, also rückt die Apsidenlinie jährlich 62″,02 gegen die tropische Bewegung vor. Diese 62″,02 durchläuft die Erde mit ihrer mittlern Bewegung in 25′ 10″ mittl. Zeit; daher beträgt die Umlaufszeit in Beziehung auf die Apsidenlinie $365^t\ 5^{st}\ 48'\ 50'' + 25'\ 10'' = 365^t\ 6^{st}\ 14'\ 0''$. Die Geschwindigkeit der Sonne an dem Tage, an welchem sie durch das Apogäum geht, ist sehr nahe 57′ 11″,52; diejenige mit welcher sie durch das Perigäum geht 61′ 10″,08.

§. 49. Wenn nun zwei Längen der Sonne, möglichst nahe bei der Apsidenlinie, mit den entsprechenden Zeiten gegeben sind, 1) so verbessere man die beiden gegebenen Längen wegen der Perturbazionen, und ziehe dann von der zweiten die Bewegung des Apheliums in der Zwischenzeit zwischen ihr und der ersten, ab, damit man beide vergleichen könne, ohne Rücksicht auf die Apsidenlinie. 2) Man ziehe die erste so verbesserte Länge von der zweiten ab. Ist dieser Unterschied grösser als 6ᶻ, so nehme man den Ueberschufs, ist er kleiner, das Supplement, und setze: wie sich die Geschwindigkeit im Apogäum oder im Perigäum (jenachdem die erste Beobachtung in der Nähe des einen oder des andern Punkts gemacht worden) zu 24st verhält, so verhält sich der gefundene Ueberschufs oder das Supplement, zum vierten Satze, welcher die Zeit giebt, die noch fehlte damit die Erde in der ersten Beobachtung genau 180° von ihrem Orte in der zweiten entfernt wäre, oder auch die Zeit, um welche sie schon über jenen Punkt hinausgegangen. 3) Die so eben gefundene Zeit mufs man zu der Zwischenzeit der beiden Beobachtungen addiren, wenn der Unterschied der Längen grösser, subtrahiren, wenn er kleiner als 6ᶻ ist. Die Summe oder Differenz vergleiche man mit der halben Umlaufszeit, die oben zu 182^{t} 15st 7′ 0″ bestimmt worden, und bemerke den Unterschied: dann verhält sich der Unterschied der Geschwindigkeiten im Apogäum und im Perigäum zu diesem Unterschiede der Zeiten, wie die Geschwindigkeit im Perigäum zum vierten Satze, welcher die Zeit giebt, um welche die Erde vom Apogäum absteht, oder es schon überschritten hat. Wenn die erste Beobachtung in der Nähe des Perigäums gemacht war, so setze man in der Proporzion statt der Geschwindigkeit im Perigäum, die im Apogäum. Den Beweis sehe man §. 67. des vierten Buchs. 4) Man setze, wie sich 24st zur Geschwindigkeit im Apogäum, wenn bei diesem die erste Beobachtung gemacht worden, verhält, so verhält sich die eben gefundene Zeit zum vierten Gliede, welches zur ersten Beobachtung addirt, oder von ihr abgezogen die Länge des Apogäums giebt.

§. 50. *Beispiel.* Es seien nachstehende Längen der Sonne beobachtet

1805. Jul. 1. 0^u 3′ 16″,2 m. Z.	3^z 9° 4′ 24″,35
— Dez. 31. 0^u 3′ 19″,5 m. Z.	9^z 9° 25′ 42″,10
Untersch. 183^t 0st 0′ 3″,3	

Die Störungen betragen — 14″,22 bei der ersten, — 31″,44 bei der zweiten Beobachtung, und überdiefs wird diese letztere noch mit — 31″,36 aufs Apogäum reduzirt, die beiden reduzirten Beobachtungen sind also

	3^z 9° 4′ 10″,13
	9^z 9° 24′ 39″,30
Unterschied	6^z 0° 20′ 29″,17

Am ersten Julius mufste daher die Sonne noch 20′29″,17 durchlaufen um genau 6^z von dem Orte entfernt zu sein, an welchem sie ohne die Bewegung der Apsidenlinie gewesen wäre. Man suche also die Zeit, zu welcher am ersten Julius die Länge der Sonne 3^z 9° 24′ 39″,30 betrug; hiezu ist

Compl. log 57′ 11″,52	6,4645135
log 20′ 29″,17	3,0896122
log 24st in Sek.	4,9365137
log d. gesucht. Zeit . .	4,4906393

mithin ist diese Zeit 30948″,4 = 8st 35′ 48″,4.

Mat hat folglich

Zwischenzeit beider Längen	183^t	0st	0′	3″,3
Zeit, welche die ☉ braucht um 20′ 29″,17 zu beschreiben		8	35	48,4
Zeit, um 6^z zu beschreiben	182^t	15st	24′	14″,9
Halbe anomalistische Umlaufszeit. . .	182	15	7	0,0
Unterschied			17′	14″,9

§. 51. Man suche nun die Zeit, welche die Sonne braucht um ins Apogäum zu kommen, vorausgesetzt dafs sie um 6^{z} von dem Orte am 31. Dez. entfernt wäre. Es ist

tägl. Bew. im Perig. . . . . 61′ 10″,08
— — — Apog. . . . . 57 11 ,52

Unterschied 3′ 58″,56

Compl. log 3′ 58″,56 7,6224024
log 61′ 10″,08 3,5646756
log 17′ 14′, 9 3,0148984

log 4st 25′ 21″,2 4,2019764

also 4st 25′ 21″,2 die Zeit, welche die Sonne noch braucht ins Apogäum zu kommen.

Compl. log 24st in Sek. . . . 5,0634863
log 4st 25′ 21″,2 . . . 4,2019764
log 57′ 11″ 52 3,5354865

log 10′ 32″ 34 2,8009492

daher 10′ 32″,34 der Bogen, welchen die Sonne noch durchlaufen mufs, um ins Apogäum zu gelangen.

Länge ⊙ Jul. 1. 8^{u} 39′ 4″,6 . . . . 3^{z} 9° 24′ 39″,3
Abstand vom Apogäum . . . . + 10′ 32″,6

Länge des Apogäum 1805. Jul. 1. . . 3^{z} 9° 35′ 11″,6

Wenn man zu der Zeit Jul. 1. 8^{u} 39′ 4″,6, wo der Ort der Sonne 3^{z} 9° 24′ 39″,3 war, die Zeit addirt welche die Sonne gebraucht um 10′ 32″,34 zu durchlaufen, nämlich 4st 25′ 21″,2, so erhält man den Augenblick wo die Sonne im Apogäum war, 1808. Jul. 1. 13^{u} 4′ 25″,8 m. Z.

§. 52. Nachdem der Ort des Apogäums bestimmt ist, vergleiche man ihn mit einer wenigstens um 100 Jahre entfernten Beobachtung; dann kann man unmittelbar die Länge des *anomalistischen* Jahrs finden. Nach Flamsteed's Beobachtung, auf Palermo reduzirt, war die Sonne im Apogäum 1690. Jun. 28. 16^{u} 1′ 37″,3; ebendiefs war der Fall 1805. Jul. 1. 13^{u} 4′ 25″,8; der Unterschied beträgt 115 Jahre $2^t\ 21^{st}\ 2'\ 48'',5$; diesen dividire man durch 115, so erhält man $365^t\ 6^{st}\ 14'\ 8'',4$ für die Länge des anomalistischen Jahrs, um 8,Sekunden gröſser als wir es oben gefunden haben. Wären mit dieser Bestimmung die Beobachtungen berechnet, so würden die Resultate noch besser mit den neuern Angaben andrer Astronomen übereinstimmen.

IX. Aufgabe.

Die mittlere Länge der Sonne für eine gegebene Epoche zu bestimmen.

§. 54. Zu der Bestimmung der mittlern Länge der Sonne sind wohl die Beobachtungen in den Aequinokzien die besten; denn in diesen Punkten hat die Sonne immer entweder 0^z oder 6^z Länge, sodaſs man also nnr die gehörige Mittelpunktsgleichung und die Planetenstörungen anzubringen, braucht, um für jedes Aequinokzium die mittlere Länge der Sonne, blos noch mit der Aberrazion des Lichts behaftet, zu erhalten. Uebrigens thut man wohl, der grössern Sicherheit wegen, mehrerer Aequinokzien au nehmen, die man so kombinirt, daſs die Fehler, welchen sie noch unterworfen sind, sich möglichst ausgleichen, und sie dann auf die bestimmte Epoche reduzirt.

Beispiel. In den Jahren 1804 und 1805 beobachtete ich die Zeiten der Aequinokzien; es sind folgende, denen noch die mittlern Längen der Sonne beigefügt sind.

	Zeiten.		Längen d. Sonne.
1804.	$80^t\ 8^{st}\ 6'\ 54''$	....	$11^z\ 28^\circ\ 6'\ 10'',5$
	266 19 35 54	.....	6 1 53 59,5
Mittel.	$173^t\ 13^{st}\ 51'\ 24''$ (*A*)	...	$3^z\ 0^\circ\ 0'\ 5'',0$ (*B*.)
1805.	$79^t\ 13^{st}\ 57'\ 18''$	....	$11^z\ 28^\circ\ 6'\ 43'',3$
	266 1 21 58	....	6 1 54 0,0
Mittel.	$172^t\ 19^{st}\ 39'\ 38''$ (*A′*)	....	$3^z\ 0^\circ\ 0'\ 2'',15$ (*B*.)

Ergänzung von *A* zu 366^t	192^t	10st	$8'$	$36''$
A'	172	19	39	38
Halbe Summe	182^t	14st	$54'$	$7''$
A	173	13	51	24
Summe	356^t	4st	$45'$	$31''$
Ergänz. zu 366^t des Jahrs 1804....	9^t	19st	$14'$	$29''$
Ergänzung von *B* zu 12^z	8^z	$29°$	$59'$	$55'',00$
B	3	0	0	2 ,15
Halbe Summe	5^z	$29°$	$59'$	$58'',57$
B	3	0	0	5 ,00
Summe	9^z	$0°$	$0'$	$3'',57$
Mittl. Bew. d. ⊙ in 9^t 19st $14'$ $29''$...	9	39	39	,77
Mittl. Länge des ⊙ am Mittage des 31. Dez. 1804	9^z	$9°$	$39'$	$43'',34$

Aus Beobachtungen zu andern Zeiten des Jahrs finde ich 9^z $9°$ $39'$ $42'',5$; daher ist das Mittel für den Anfang des Jahrs 1805...... 9^z $9°$ $39'$ $43'',0$. Delambre hat $41'',5$, Zach $42''84$; das Mittel aus allen ist $42'',10$.

Auf dieselbe Weise erhält man aus Flamsteed's Beobachtungen der Aequinokzien von 1691 und 1692 die mittlere Länge für den Anfang des Jahrs 1692 ..... 9^z $10°$ $1'$ $48'',47$ der Unterschied mit der von 1805 beträgt 112 Umläufe 11^z $29°$ $37'$ $54'',53$, die also für 113 Jahre, von denen 27 Schaltjahre waren, gelten: hieraus läſst sich leicht die Grösse des mittlern Jahrs, die oben auf andere Weise gefunden worden, und die denselben entsprechende mittlere Bewegung herleiten.

§. 55. Die mittlern Längen enthalten noch die Aberrazion; da aber bei den Aequinokzien, von deren Beobachtungen wir ausgegangen sind, die Sonne sehr nahe in ihrer mittlern Entfernung von der Erde ist, so ist die Aberrazion dieselbe als wenn die scheinbare Bewegung der Sonne in einem Kreise geschähe, dessen Halbmesser die mittlere Entfernung der Erde von der Sonne wäre. Für diesen Fall beträgt aber (§. 43. des III. Buchs) die Aberrazion 20″,25, um welche die Sonne in der Ekliptik zurück zu sein scheint; alle mittlern Längen sind also im Allgemeinen um 20″,25 zu klein. Diese Aberrazion von 20″,25 heifst *die mittlere;* die wahre ist immer ein wenig gröfser oder kleiner als die mittlere, gröfser wenn die Sonne gegen das Perigäum, kleiner wenn sie gegen das Apogäum rückt; am gröfsten im Perigäum, am kleinsten im Apogäum. In diesen beiden Punkten beträgt ihr Unterschied mit der mittlern $\pm$ 0″,34; denn in der mittlern Entfernung braucht das Licht 8′ 13″,2 um von der Sonne zu uns zu gelangen, im Perigäum also 8′ 4″,92, im Apogäum 8′ 21″,58; aber im erstern Falle beträgt die tägliche Bewegung der Sonne 61′ 10″,1, im letztern 57′ 11″,3, also (III. B. 44. §.) die Aberrazion im Perigäum 20″,598, im Apogäum 19″,917, welche Werthe mit dem mittlern 20″,255 verglichen, die Unterschiede $\pm$ 0″,34 geben. Es ist daher der allgemeine Ausdruck für den Unterschied = 0″,34 . Cos (☉ — Apog.) und die wahre Aberrazion = 20″,25 — 0″,34 . Cos (☉ — Apog.), welche man folglich immer addiren mufs, um die mittlern Längen von dem Einflusse der Aberrazion zu befreien. Wenn man blofs verschiedene Oerter der Sonne unter sich vergleichen will, so ist die Korrekzion 0″,34 . Cos (☉ — Apog.) hinlänglich; wenn aber die Sonnenörter zur Berechnung von Planetenörtern dienen sollen, so mufs man, da hier die beiderseitigen Aberrazionen verschieden sind, sowohl die Längen der Sonne, als auch die beobachteten Längen der Planeten von derselben befreien.

§. 56. Die Elemente der Erdbahn, wie sie aus meinen Beobachtungen folgen, sind also für 1805.

Siderische Umlaufszeit	$365^t\ 6^{st}\ 9'\ 12'',0$
Tropische Umlaufszeit	$365^t\ 5^{st}\ 48'\ 50'',0$
Anomälistische Umlaufszeit	$365^t\ 6^{st}\ 14'\ 8'',4$
Grofse Axe	1,00000000
Ekzentrizität	0,01678657
Apogäum	$3^z\ 9^\circ\ 34'\ 31'',0$
Mittlere Länge	$9^z\ 9^\circ\ 39'\ 43'',0$
Mittlere Schiefe	$23^\circ\ 27'\ 52'',0$
Absolute Präzession	$50'',21$

§. 57. Diese elliptischen Elemente würden ohne die durch die Wirkung der andern Planeten hervorgebrachten Störungen immer dieselben bleiben; durch diese werden sie aber ein wenig geändert, und zwar sind diese Aenderungen, wie schon oben bemerkt worden, Sekularänderungen und periodische. Drei von den erstern und fünf von den letztern, werden als die beträchlichsten in Rechnung gebracht; von ihnen soll, in soweit es der Plan dieses Lehrbuchs erlaubt, gehandelt werden.

§. 58. *Sekularänderungen.* Die erste betrifft die Ekzentrizität, die fortwährend eine kleine Verminderung leidet, wodurch also auch die Mittelpunktsgleichung beständig verkleinert wird. Wenn z die mittlere Anomalie ist, so giebt folgender Ausdruck die Sekularverminderung der Mittelpunktsgleichung

$$-17'',177 . \operatorname{Sin} z - 0'',3606 . \operatorname{Sin} 2z - 0'',0078 . \operatorname{Sin} 3z.$$

In den Sonnentafeln pflegt man von 10' zu 10' der mittlern Anomalie die Abnahme der Gleichung in hundert Jahren beizufügen, wovon man also den Theil nehmen mufs, welcher der Anzahl von Jahren entspricht die zwischen der Epoche und dem gegebenen liegen. Da wir das Jahr 1805 als Epoche angenommen haben, so ist in diesem Jahre die Verbesserung = o, im Jahre 1806 aber = — o'',17177. Sin z — o'',0036. Sin 2 z — o'',000078. Sin 3 z.

§. 59. Die zweite Störung gehört für die Apsidenlinie, die nach der Ordnung der Zeichen eine jährliche Bewegung von + 11'',8077183 t + o'',0008164822 t^2, wo wieder t die Zahl der seit der Epoche verflossenen Jahre bedeutet.

§. 60. Die dritte Aenderung bezieht sich auf den Radiusvektor; sie beträgt in 100 Jahren — 0,0000006992 + 0,0000416310. Cos z + 0,0000006992. Cos 2 z + 0,0000000132. Cos 3 z.

§. 61. *Periodische Störungen.* Man rechnet fünf periodische Störungen für die Länge, und ebensoviele für den Radiusvektor; die erste hängt vom Monde, die zweite von Jupiter, die dritte von Venus, die vierte von Mars, und die fünfte von Saturn ab. Lange Zeit wendeten die Astronomen nur die drei ersten an, weil die beiden letzten sehr klein sind. Sie haben sämmtlich zum Argumente den Unterschied zwischen der Länge der Sonne und der des störenden Planeten. Die Ausdrücke für dieselben kann man in der Mécanique céleste oder in der Einleitung zu Delambre's Sonnentafeln sehen.

§. 62. Ausser diesen Aenderungen giebt es noch eine andere, die, obgleich sehr klein, doch nicht, vorzüglich in einigen Fällen, vernachlässigt werden darf. Bis auf Laplace betrachtete man nur die Einwirkungen der Planeten auf die Längen der Sonne; diejenigen auf die Breiten wurden als unmerklich und also die Lage der Erdbahn als unveränderlich angesehen. Dies ist nicht ganz genau der Fall, doch ergiebt sich hieraus keine Folgerung in Beziehung auf die Neigungen der übrigen Planetenbahnen, indem man die kleine Schwankung der Ekliptik auf sie überträgt; aber bei der Sonne ist der Fall anders, deren Mittelpunkt nun nicht mehr dem Umfange eines festen Kreises entsprechen kann. Deſshalb muſs die Sonne eine Art von Bewegung in der Breite haben, welche in Rechnung zu bringen ist, wenn die höchste Genauigkeit, wie bei der Berechnung der Solstizien und Aequinokzien verlangt wird. Es seien ☾, ♁, ♀, ♃ die Längen des Mondes, der Erde, der Venus und des Jupiter, und ☾☊, ♀☊, ♃☊ die Längen der Knoten des Mondes, der Venus und des Jupiters; dann ist der Ausdruck für die Bewegung der Sonne in der Breite

0″,67 . Sin (☾ — ☊) — 0″,106 . Sin (2 ♁ — ♀ — ♀☊) — 0″,242 . Sin (4 ♁ — 3 ♀ — ♀☊) — 0″,160 . Sin (2 ♃ — ♁ — ♃☊).

In einigen Fällen kann die Breite der Sonne bis auf eine Sekunde betragen.

§. 63. Die besten vorhandenen Sonnentafeln sind die von Delambre, Zach und Carlini. Die erstern sind die ausführlichsten, nur hat ihr Gebrauch manche Unbequemlichkeit, die aus der Anordnung der Tafeln und auch daraus hervorgeht, daſs der astronomische Tag nicht wie überall im Gebrauche, von Mittag, sondern von Mitternacht angefangen worden. Die letztern sind nach einer ganz neuen Einrichtung geordnet, die vorzüglich darin besteht, daſs als Masseinheit für die verschiedenen Argumente die tägliche Bewegung derselben genommen worden, wodurch der Gebrauch der Tafeln äusserst bequem und die Rechnung möglichst abgekürzt wird, ohne daſs an der Genauigkeit irgend etwas aufgeopfert werde.

Anhang.

Ueber die Art und Weise die sämmtlichen Elemente der Erdbahn und jeder Planetenbahn zu verbessern.

§. 64. Bisher haben wir nach den im vorigen Buche auseinandergesetzten Methoden, die verschiedenen Elemente der Erdbahn unabhängig von einander betrachtet, indem wir zur Bestimmung eines jeden die für dasselbe passendsten Beobachtungen aussuchten. Diese Methode aber, die zwar die einzige ist die man im Anfange anwenden kann, wird, wenn man es recht überlegt, als nicht besonders genau erkannt werden. Denn auf jede Beobachtung wirken alle Elemente zugleich ein, jedes aber nach einem andern Verhältnisse; wie grofs also auch immer der Fleifs bei der Auswahl der Beobachtungen, und zugleich die Güte derselben sein mag, so wird doch jedes so erhaltene Element mehr oder minder vom Einflusse aller übrigen leiden. Um sie also zu verbessern und möglichst genau zu bestimmen, ist nöthig, sie alle mit einander zu untersuchen, und zwar indem man die aus den auf sie begründeten Tafeln hergeleiteten Oerter mit den beobachteten vergleicht. Wenn man die letztern als ganz genau annimmt, so werden die sich ergebenden Unterschiede die Summe der einzelnen Fehler darstellen, welche durch den gegenseitigen Einflufs der nicht ganz richtigen Elemente auf einander hervorgebracht sind; deshalb mufs man den ganzen Fehler in die gehörigen einzelnen Theile zerlegen, und hieraus die jedem Elemente besonders zugehörigen Verbesserungen ableiten. Wir wollen sehen wie sich dies, wenn auch nicht ganz genau, doch wenigstens so erhalten lässt, dafs der übrig bleibende Fehler für die Rechnung fast verschwindet.

§. 65. Die wahren Längen der Sonne, die aus den Tafeln hergeleitet worden, hängen 1) von der angenommenen mittleren Bewegung, 2) von der Epoche, 3) vom Apogäum, das von der mittlern Länge abgezogen, die mittlere Anomalie giebt,

4) von der Ekzentrizität, verbunden mit der Anomalie, oder von der Mittelpunktsgleichung, ab. Es seien also e, a, m, l die genauen Werthe der Ekzentrizität, des Apogäums, der mittlern Bewegung und der mittlern Länge, x, y, z, v die zugehörigen Fehler der Tafeln, alle in $+$ und sehr klein; endlich sei die mittlere Anomalie $= A = l - a$. Man sucht nun die Einwirkung jedes dieser Fehler auf die aus den Tafeln erhaltene Länge der Sonne.

1) *Fehler der Ekzentrizität.* Nennt man E die Mittelpunktsgleichung, so erhält man aus den Formeln des §. 39. und §. 40. des vierten Buchs, E durch eine Reihe ausgedrückt, die nach den Sinus des Vielfachen von A fortgeht, wo aber der Koeffizient jedes Gliedes selbst eine nach den Potenzen der Ekzentrizität e fortgehende Reihe ist. Die Entwickelung dieser Reihe würde zu weit führen, vorzüglich da sie ziemliche Kenntnisse der höhern Mathematik voraussetzt*); wir begnügen uns hier das erste Glied derselben zu geben, da die übrigen, wegen der Kleinheit von x vernachlässigt werden können, indem sie sämmtlich höhere Potenzen der Ekzentrizität als die erste enthalten. Es ist also $E = -(2e - \frac{1}{4}e^3 + \ldots\ldots)$. Sin $A + \ldots\ldots$, und da die Ekzentrizität der Tafeln $= e + x$ ist, so geben dieselben $E' = [-(2e + 2x) - \frac{1}{4}(e+x)^3 + \ldots]$ Sin $A + \ldots = -(2e - \frac{1}{4}e^3 + \ldots)$ Sin $A - 2x$. Sin $A + \ldots$ Es ist also $-2x$. Sin A der durch den Fehler x der Ekzentrizität bei der wahren Länge hervorgebrachte Fehler.

2) *Fehler des Apogäums.* Wenn in den Tafeln die Länge des Apogäums $= a + y$, so ist die

*) Sie findet sich ausführlich in Bode's Jahrbuche für 1820.

mittlere Anomalie der Tafeln $= A - y$ und die Mittelpunktsgleichung $= -(2e - \frac{1}{4}e^3 + ..) \text{Sin}(A - y) = -(2e - \frac{1}{4}e^3 + ...) (\text{Sin} A . \text{Cos} y - \text{Cos} A . \text{Sin} y)$. Weil aber y sehr klein, so ist $\text{Sin} y = y, \text{Cos} y = 1$, also die Gleichung $= -(2e - \frac{1}{4}e^3 + ...)(\text{Sin} A - y . \text{Cos} A)$, und $2e.(-y . \text{Cos} A) = y . 2e . \text{Cos} A$ der Fehler der Tafeln bei der wahren Länge wegen des Fehlers y des Apogäums.

3) *Fehler der mittlern Bewegung.* Dieser Fehler wirkt auf zwei Arten auf die wahren Längen, direkt, indem er die mittlere Länge um z vermehrt, indirekt, indem er die Anomalie vergrössert, die dadurch $A + z$ wird. Der Fehler, welchen die Anomalie verursacht, ist derselbe als der durch das Apogäum hervorgebrachte, nur wirkt er im entgegengesetzten Sinne; also wird die ganze Aenderung für ein Jahr durch $z - z . 2e . \text{Cos} A = z(1 - 2e . \text{Cos} A)$ und für n Jahre (soviele nämlich seit der Epoche der Tafeln bis zur Beobachtung verflossen) durch $nz(1 - 2e . \text{Cos} A)$ dargestellt.

4) *Fehler der Epoche.* Dieser Fehler hat wie der vorhergehende einen doppelten Einfluſs auf die wahre Länge, indem er die mittlere Länge und die Anomalie vergrössert; aber er bleibt stets derselbe, dahingegen jener sich immer mehr und mehr anhäuft. Sein Ausdruck ist also $v(1 - 2e . \text{Cos} A)$.

Die Summe der Fehler für eine aus den Tafeln berechnete wahre Länge ist folglich $=$
$$-2x . \text{Sin} A + 2ey . \text{Cos} A + (nz + v)(1 - 2e . \text{Cos} A).$$

§. 66. Man sammle eine grosse Menge beobachteter Längen, dreihundert, vierhundert, tausend und mehr, und vergleiche jede mit der zugehörigen berechneten wahren Länge, bei welcher man die Sekulargleichungen und die periodischen Störungen gehörig angebracht hat. Es sei L die beobachtete, l die entsprechende berechnete Länge; dann ist, wenn wir L als ganz richtig annehmen,

$l - L = m = - 2x \,.\, \text{Sin}\, A + 2ey \,.\, \text{Cos}\, A + (nz + v)(1 - 2e \,.\, \text{Cos}\, A)$ oder $m + 2x \,.\, \text{Sin}\, A - 2ey \,.\, \text{Cos}\, A - (nz + v)(1 - 2e \,.\, \text{Cos}\, A) = 0$

Beispiel. Es sei 1803 Okt. 2. 23st 49′ 36″ m. Z. zu Palermo die wahre Länge der Sonne 6^z 11° 11′ 3″,5 beobachtet; nach den Lalandischen Tafeln aber wird sie 6^z 11° 11′ 7″,0 also 3″,5 grösser gefunden. Die Epoche der Tafeln ist 1800, $2e =$ 0,033582, $A = 3^z\ 1°\ 39'\ 59''$, $n = 3{,}756$, also wenn die gehörigen Substituzionen gemacht worden $3'',5 + 1'',999 \,.\, x + 0'',001\ y - 3'',758 \,.\, z - 1'',001 \,.\, v = 0$, oder im Allgemeinen $m + nx - py - qz - rv = 0$.

Eine zweite beobachtete Länge, auf dieselbe Weise mit den Tafeln verglichen, wird eine zweite Gleichung geben, welche, da nur die Anomalie und der Unterschied zwischen beiden Längen wechselt, von der vorigen nur in den Grössen m, n, p, q, v verschieden sein wird: ebendasselbe gilt für eine dritte, vierte u. s. w. Beobachtung. Man erhält also folgende Reihe von Gleichungen:

$$nx - py - qz - rv + m = 0 \ldots\ldots Q$$
$$n'x - p'y - q'z - r'v + m' = 0 \ldots\ldots Q'$$
$$n''x - p''y - q''z - r''v + m'' = 0 \ldots\ldots Q''$$
$$n'''x - p'''y - q'''z - r'''v + m''' = 0 \ldots\ldots Q'''$$

u. s. w.

deren Anzahl so grofs als die der beobachteten Längen sein wird.

§. 67. Weil wir eine bei weiten grössere Anzahl Gleichungen als unbekannte Grössen haben, so würden, wenn jede beobachtete Länge durchaus genau wäre, jede vier beliebig ausgewählte Gleichungen dieselben Werthe für die unbekannten Grössen geben, als irgend vier andere. Indessen alle Beobachtungen sind Fehlern unterworfen; deshalb werden die Werthe die blos aus vier Gleichungen hergeleitet sind, wenn sie in die übrigen substituirt werden, diese nicht = 0 machen.

Man muſs also Werthe von x, y, z, p suchen, die den Beobachtungen besser entsprechen; was auf folgende Art geschehen kann.

§. 68. In jeder der Gleichungen Q, Q', Q'' u. s. w. mache man zuerst das Glied x positiv und addire alle so erhaltenen Gleichungen; eben dies thue man der Reihe nach mit y, z und v; man hat alsdann

$$1)\ \left\{\begin{matrix}(n+n'+n''+..)x-(p+p'+p''+...)y\\ -(q+q'+q''+..)z-(r+r'+r''+...)v\\ +(m+m'+m''+...)\end{matrix}\right\}=0$$

$$2)\ \left\{\begin{matrix}(p+p'+p''+...)y-(n+n'+n''+...)x\\ +(q+q'+q''+...)z+(r+r'+r''+...)v\\ -(m+m'+m''+...)\end{matrix}\right\}=0$$

$$3)\ \left\{\begin{matrix}(q+q'+q''+...)z-(n+n'+n''+...)x\\ +(p+p'+p''+..)y+(r+r'+r''+...)v\\ -(m+m'+m''+...)\end{matrix}\right\}=0$$

$$4)\ \left\{\begin{matrix}(r+r'+r''+...)v-(n+n'+n''+...)x\\ +(p+p'+p''+..)y+(q+q'+q''+...)z\\ -(m+m'+m''+...)\end{matrix}\right\}=0$$

In der ersten Gleichung ist der ganze Koeffizient von x die Summe aller einzelnen Koeffizienten mit dem Zeichen $+$ genommen; die ganzen Koeffizienten von y, z, v sind die Summen ihrer zugehörigen einzelnen Koeffizienten mit den zugehörigen Zeichen $+$, $-$; und das Glied $(m+m'+m''+....)$ die Summe der Unterschiede zwischen den beobachteten und berechneten Längen, gleichfalls mit eigenen Zeichen. Substituirt man also für n, n', u. s. w., p, p', u. s w., q, q', u. s w., r, r', u. s. w., m, m', u. s. w. ihre Zahlenwerthe, so wird keiner der einzelnen Koeffizienten von x sich aufheben; von den Koeffizienten von y, z, v werden einige positiv, andere negativ sein, und es wird also nur ihr Unterschied übrig bleiben; der letzte Satz wird aller Wahrscheinlichkeit nach, der Summe der Fehler der Tafeln, die der Anzahl der Beobachtungen entspricht, sehr nahe gleich sein.

Betrachtet man also in der Gleichung x allein als unbekannte Gröſse, so wird sein Werth auf eine sehr vortheilhafte Art bestimmt, uud zwar um so mehr, je grösser die Anzahl der Beobachtungen; dasselbe gilt für y in der zweiten Gleichung, für z in der dritten und für v in der vierten. Löſst man also diese Gleichungen auf die gewöhnliche Art durch *Eliminazion* auf, so werden die Werthe von x, y, z, v wirklich nach ihrem gegenseitigen und zusammenwirkenden Einfluſse auf die zu verbessernden Elemente bestimmt, und müssen deſshalb ziemlich die genauesten sein, die man für die mittlere Epoche zwischen den Beobachtungen und den Tafeln anwenden kann.

In diesem Verfahren die Werthe der unbekannten Gröſsen x, y, z, v aufzusuchen, besteht die *Methode der Bedingungsgleichungen,* welche zuerst von Tobias Mayer angewendet worden,

§ 69. Jetzt ist eine andere Methode die Bedingungsgleichungen Q, Q', Q'' u. s. w. zu behandeln, im Gebrauch. Man multiplizirt jede zuerst durch ihren Koeffizienten von x, mit seinem Zeichen genommen, und addirt die Produkte, und wendet dies Verfahren auch bei allen übrigen unbekannten Gröſsen an. Man erhält

$$n^2 x + nm - npy - nrv = 0 \quad . \quad . \quad . \quad . \quad R$$
$$n'^2 x + n'm' - n'p'y - n'r'v = 0 \quad . \quad . \quad . \quad . \quad R'$$
$$n''^2 x + n''m'' - n''p''y - n''r''v = 0 \quad . \quad . \quad . \quad . \quad R''$$

u. s. w.

$$p^2 y - pnx + pqz + prv - pm = 0 \; . \; . \; . \; . \; . \; S$$
$$p^2 y - p'n'x + p'q'z + p'r'v - p'm' = 0 \; . \; . \; . \; . \; . \; S'$$
$$p^2 y - p''n''x + p''q''z + p''r''v - p''m'' = 0 \; . \; . \; . \; . \; . \; S''$$

u. s. w.

Ebenso mit den übrigen Koeffizienten. Durch Addizion erhält man nun nachstehende Gleichungen

$$(n^2+n'^2+\text{u. s. w.})\,x-(np+n'p'+\text{u. s. w.})\,y-\text{u. s. w.}$$
$$+(nm+n'm'+\text{u. s. w.})=0 \ldots\ldots\ldots H$$
$$(p^2+p'^2+\text{u. s w.})\,y-(pn+p'n'+\text{u. s. w.})\,x-\text{u. s. w.}$$
$$-(pm+p'm'+\text{u. s. w.})=0 \ldots\ldots\ldots H'$$
u. s. w.

Die Gleichungen H, H', u. s. w. geben die Werthe der unbekannten Grössen x, y, u. s. w.

Diese Methode wurde zuerst von LEGENDRE mitgetheilt und von ihm *Methode der kleinsten Quadrate* genannt; GAUSS hatte sie aber schon früher gefunden. Um den Geist dieser Methode aufzufassen und ihre Vortheile einzusehen, bemerke man, daſs weil die Anzahl der Bedingungsgleichungen viel grösser als die der unbekannten Grössen ist, keine Bestimmung des Werthes dieser letztern sich finden läſst, durch welche, wenn sie in die Gleichungen Q, Q' substituirt würden, diese sämmtlich = o werden sollten; immer wird sich ein kleiner Unterschied zeigen, der von der Art wie die Gleichungen kombinirt sind, abhängt. Diejenige Kombinazion ist also allen übrigen vorzuziehvn, wo diese Unterschiede immer die kleinsten Werthe haben, und dies ist es grade was, wie sich leicht beweisen lässt, die Methode der kleinsten Quadrate leistet.

§. 70. Es seien nämlich die Werthe von x, y, u. s. w. bestimmt, und in die Gleichungen Q, Q' u. s. w. substituirt, und es seien E, E' u. s. w. die Werthe welche diese Gleichungen, da sie nicht Null werden können, erhalten; dann ist, wenn man die Quadrate nimmt,

$$E^2=(nx-py-\text{u. s. w.}+m)^2$$
$$E'^2=(n'x-p'y-\text{u. s. w.}+m')^2$$
u. s w.

Weil aber E, E' u. s. w. ihre kleinsten Werthe haben sollen, so differenzire man, indem man zuerst x, dann y u. s. w. als veränderlich annimmt;

man erhält

wenn x veränderlich

$$n^2x - npy - \text{u. s. w.} + nm = 0$$
$$n'^2x - n'p'y - \text{u. s. w.} + n'm' = 0$$
$$\text{u. s. w.}$$

wenn y veränderlich

$$p^2y - pnx - \text{u. s. w.} - pm = 0$$
$$p'^2y - p'n'x - \text{u. s. w.} - p'm' = 0$$
$$\text{u. s. w.}$$

und es ist die Summe der Gleichungen, jenachdem blos x, oder y, u. s. w. veränderlich angenommen.

$$(n^2 + n'^2 + \text{u. s. w.})\,x - (np + n'p' + \text{u. s. w.})\,y - \text{u. s. w.} + (nm + n'm' + \text{u. s. w.}) = 0$$
$$(p^2 + p'^2 + \text{u. s. w.})\,y - (pn + p'n' + \text{u. s. w.})\,x - \text{u. s. w.} - (pm + p'm' + \text{u. s. w.}) = 0$$
$$\text{u. s. w.}$$

Die Bedingung, daſs E, E', u. s. w. kleinste Werthe sein sollen führt also zu denselben Endgleichungen H, H', wie die oben angegebene Methode; die Differenzen E, E', u. s. w. werden daher immer kleiner sein, als sie durch jede andere Methode zu erhalten sind. Ist eine unter ihnen, die gar zu sehr von den übrigen abweicht, so muſs man die Gleichung, von der sie abhängt, weglassen, und die Rechnung mit den übrigen von neuem anfangen.

§. 71. Wollte man durch die eben erklärte Methode auf gleiche Weise die Elemente der übrigen Planeten verbessern, so müſste man, streng genommen, zwei neue unbekannte Grössen bei ihnen einführen, die Neigung und die Länge des Knotens, weil sowohl die eine als die andere dieser Grössen Einfluſs auf die Redukzion auf die Ekliptik hat. Da aber blos die Neigung der Venus und die der neuen Planeten von einiger Bedeutung ist, und selbst bei diesen die kleinen Fehler denen sie und die Knoten etwa noch unterworfen sein mögen, einen kaum merklichen Einfluſs auf die reduzirte Länge haben, so kann man dieselbe anfangs vernachlässigen, und nur nachher ihre Verbesserung aus Beobachtungen suchen, bei denen ihr Einfluſs am gröſsten ist.

§. 72. Wenn man die verbesserten Elemente für eine bestimmte Epoche mit denen, die auf gleiche Weise aus 200 bis 300 Jahre entfernten Beobachtungen hergeleitet worden, vergleicht, so erhält man ihre Sekularänderungen. Dies werden aber erst unsere Nachkommen ausführen können, weil alle Beobachtungen vor 1750 ganz ungenügend zu einer so feinen Untersuchung sind. Uebrigens sind die Aenderungen aus der Theorie der Attrakzion so genau bekannt, als sie vielleicht nie die Beobachtungen geben werden.

§. 73. Die Methode der Bedingungsgleichungen ist nicht blos bei der genauen Bestimmung der Elemente der Planetenbahnen, sondern auch bei jeder andern Untersuchung anwendbar, wo mehrere absolute Grössen gegeben sind, die von mehreren zusammenwirkenden abhängen, und die man einzeln kennen lernen will. Man suche den Antheil den jede, wenn sie allein wäre, haben würde, dann giebt ihre Summe eine Bedingungsgleichung und eine groſse Anzahl von diesen die vollständige Auflösung der Aufgabe.

Dritter Abschnitt.

Merkur.

§. 74. Merkur, der nächste Planet bei der Sonne, ist derjenige, dessen Bewegungen am spätesten und erst nach Ueberwindung groſser Schwierigkeiten erkannt und bestimmt sind. Wenn er sich nicht in seinen gröſsten Ausweichungen von der Sonne, die 18° bis 28° betragen, befindet, und die Luft nicht frei von Dünsten ist, sieht man ihn sehr schwer mit blossem Auge; mit Fernröhren aber kann man ihn bis nahe bei der Konjunkzion beobachten. Da er zwischen der Erde und der Sonne befindlich ist, so muſs er unsern Augen dieselben Phasen darbieten, die man am Monde beobachtet: nichtsdestoweniger aber erscheint er, wenn nicht die Luft sehr rein, und das Fernrohr von vorzüglicher Güte ist, nur wie ein zitterndes, schlecht begränztes Wölkchen; bei seinen Vorübergängen vor der Sonnenscheibe sieht man ihn aber rund wie die übrigen Planeten. Schröter hat ihn genau beobachtet: aus Erscheinungen an den Hörnerspitzen folgert er die Zeit der Axendrehung zu $24^{st}\ 1'$, und macht zugleich wahrscheinlich, daſs hohe Berge, wenigstens in Vergleichung mit seinem Durchmesser, auf ihm befindlich seien, daſs er eine sehr dichte Atmosphäre habe, und daſs sein Aequator fast senkrecht zur Ebene seiner Bahn sei.

§. 75. Die Vorübergänge vor der Sonnenscheibe und die Konjunkzionen sind die einzigen Beobachtungen, aus welchen man unmittelbar die Bewegungen dieses Planeten herleiten kann; aber die Vorübergänge sind sehr selten, und um die Konjunkzionen zu sehen, werden so vollkommne Fernröhre und so reine Luft verlangt, daſs noch nicht ausgemacht ist, ob jemahl eine wirklich beobachtet worden, obgleich wohl Einer sich gerühmt hat, Merkur und die Sonne zugleich im Fernrohre gesehen zu haben. Die beobachteten Vorübergänge fallen aber alle, mit Ausnahme eines einzigen, nahe in dieselbe Gegend des Himmels, sodaſs noch nicht drei heliozentrische Beobachtungen bekannt sind, von denen zwei 180° von einander abstehen, die dritte aber in der Mitte liegt; eine Bedingung ohne welche man nicht mit Sicherheit die Bahn eines Planeten bestimmen kann. Man muſs also die gröſsten Ausweichungen zu Hülfe nehmen; hier zeigt sich aber ein anderes Hinderniſs, nämlich daſs um sie auf die Sonne zu reduziren, das was man sucht schon bekannt sein muſs. Man hat also Vorübergängen und Ausweichungen verbunden, aus den Letztern näherungsweise die Elemente bestimmt, diese durch die Vorübergänge verbessert, dann sie wieder mit den Ausweichungen verglichen, und so nach und nach gesucht alle vorhandenen Beobachtungen immer besser darzustellen. Wären die Gaussischen Methoden, die wir zum Theil im vorigen Buche erklärt haben, früher bekannt gewesen, so würde man schneller und mit viel weniger Mühe dieselben Resultate erhalten haben; doch können sie noch immer vortheilhaft zur Berichtigung angewendet werden. Von dem was bis jetzt geschehen ist wollen wir einen kurzen Abriſs geben.

Umdrehung um die Sonne.

§. 76. Wenn man Merkur aufmerksam in seinen gröſsten östlichen oder westlichen Ausweichungen von der Sonne beobachtet, so bemerkt man sehr leicht, daſs obgleich er nicht immer dieselbe Zeit gebraucht, denselben östlichen oder westlichen Abstand von der Sonne zu erreichen, dennoch dieser Zeitraum nie kleiner als 104 bis 106 Tage, nie grösser als 128 bis 130 Tage ist; daher kann man den synodischen Umlauf auf 118 oder genauer auf 116 Tage feststellen. In 116 Ta-

;en beschreibt aber die Erde ungefähr 114° ihrer Bahn: Merkur muſs also, um zu demselben Abstande von der Sonne, in welchem er früher beobachtet wurde, zurückzukehren, den ganzen Umlauf am Himmel und 114° oder zusammen 474° durchlaufen. Daher findet man die wahre Umlaufszeit um die Sonne durch die Proporzion 474° : 360° = 116ᵗ: zum vierten Gliede = 88ᵗ.

§. 77. Diese Bestimmung, obgleich wenig genau, ist doch die beste die man aus den blossen Ausweichungen herleiten kann; bis auf HALLEY war keine andere bekannt. Dieser Astronom aber, der schon sieben Vorübergänge von 1631 bis 1723 benutzen konnte, fand den genauern Werth der Umlaufszeit, nämlich $87^t\ 23^{st}\ 14'\ 34'',4$; CASSINI der blos den Vorübergang von 1631 mit dem von 1723 verglich, fand $13'',5$ weniger als HALLEY.

§. 78. Hiebei ist aber zu bemerken, daſs wenn gleich die Längen die man aus den Vorübergängen herleitet dieselben sind, als diejenigen welche man von der Sonne aus beobachtet haben würde, man dennoch nicht aus ihnen die genaue Zeit des periodischen Umlaufs herleiten kann, wenn man sie nicht vorher aus wahren in mittlere verwandelt, wie wir oben gethan haben, als wir die Länge des tropischen Jahrs suchten. Dies kann aber nicht geschehen, wenn man nicht schon sehr nahe die Mittelpunktsgleichung, den Ort des Apheliums und die Bewegung kennt, oder was ebensoviel heiſst, wenn man nicht schon vorher Tafeln hat, die sehr nahe die Beobachtungen darstellen. Deshalb bestimmte LALANDE als er die Umlaufszeit aus den Vorübergängen herleiten wollte, zuerst den Ort des Apheliums, dann seine jährliche Bewegung und endlich die Mittelpunktsgleichung, reduzirte hiemit die beobachteten Längen auf mittlere, und folgerte endlich eine Umlaufszeit von $87^t\ 23^{st}\ 14'\ 32'',67$; die jährliche Bewegung oder die Bewegung in 365^t beträgt also 4 Umläufe und $1^z\ 23^\circ\ 43'\ 3'',0$, die tägliche $10'\ 14''$.

§. 79. Dies ist die *tropische* Umlaufszeit; will man die siderische, so muſs man zu der Erstern die Bewegung des Widderpunkts in 88^t, nämlich $12'',25$, welche Merkur in $1'\ 11''$ Zeit durchläuft, addiren und erhält alsdann die siderische Umlaufszeit $= 87^t\ 23^{st}\ 15'\ 43'' = 87^t,96925$.

Mittlere Entfernung von der Sonne oder halbe groſse Axe der Merkurbahn.

§. 80. Diese findet sich sehr leicht aus der mittlern Umlaufszeit, wenn man das dritte Keplersche Gesetz anwendet. Nimmt man nämlich die mittlere Entfernung von der Sonne zu 1 an, und setzt $(365^t\ 6^{st}\ 9'\ 14'')^2 : (87^t\ 23^{st}\ 15'\ 43'')^2 = 1^3 : x^3$ oder $31558154^2 : 7600544^2 = 1 : x^3$, so erhält man $x = 0,38710$ = der halben groſsen Axe der Merkursbahn.

Aphelium und Ekzentrizität.

§. 81. Da unter den verschiedenen Vorübergängen des Merkurs vor der Sonne nur zwei sind, die 180° von einander abstehen, so ist es besser die gröſsten Ausweichungen anzuwenden, um sehr nahe den Ort des Apheliums und der Ekzentrizität zu bestimmen. Wenn diese Ausweichungen zunehmen und ihr gröſster Werth auf 27° bis 28° steigt, so ist deutlich, daſs Merkur in der Nähe des Apheliums sein muſs, und ebenso sich nahe beim Perihelium befinden muſs, wenn die ganze Ausweichung nur 17° bis 18° beträgt. Nimmt man nun an, daſs die beobachtete gröſste Ausweichung im Aphelium oder Perihelium auch wirklich die gröſste sei, welche man in derselben Entfernung der Erde von der Sonne beobachten kann;

so muſs Merkur in einem jener beiden Punkte und die Linie von der Erde zum Planeten eine Tangente der Bahn und also senkrecht zur Axe sein. Da hieraus im Dreiecke zwischen der Erde, der Sonne und dem Planeten, die beiden Winkel an der Erde und am Planeten bekannt sind, so erhält man den Winkel an der Sonne, und da man ausserdem die Entfernung der Erde von der Sonne kennt, zugleich auch die Entfernung Merkurs von der Sonne in einem jener beiden Punkte, was hinlänglich ist den Ort des Apheliums und die Ekzentrizität zu bestimmen.

§. 82. Es sei *S* (Fig. 76.) der Ort der Sonne, *TPA* die Erdbahn, *MGM'* die des Merkur, und *MM'* deren groſse Axe. Es ist klar, daſs wenn Merkur in *M'* ist, er von der Erde in *T* aus betrachtet in *m'* erscheinen muſs; von der Sonne aus sieht man ihn aber in *P*, dem Orte des Periheliums. Ebenso wenn Merkur in *M* und die Erde in *T* ist, so wird er von dieser aus in *m*, von der Sonne aus aber in *A* dem Orte des Apheliums erscheinen. Es sei ♈ der Widderpunkt, dann ist im ersten Falle die geozentrische Länge des Merkurs ♈*m'*, im zweiten ♈*m*; wenn man also im ersten, wo Merkur vor der Sonne vorhergeht, drei Zeichen von der beobachteten Länge abzieht, so erhält man die Länge des Periheliums, und im zweiten, wo Merkur der Sonne folgt, drei Zeichen zur beobachteten Länge addirt, die Länge des Apheliums. Diese Ausweichungen fallen die einen in den August, die andern in den April: wenn man daher unter denen des August, die des Abends statt finden, die gröſste von ungefähr 28°, und ebenso unter denen des April, die des Morgens geschehen, die gröſste die nur etwa 18° beträgt aussucht, so erhält man den Ort des Apheliums und des Periheliums; und weil überdies in den beiden Dreiecken *STM*, *ST'M'*, die drei Winkel und eine Seite bekannt sind, so kann man die Entfernungen im Aphelium und im Perihelium, oder *SM* und *SM'* berechnen, deren Summe die grofse Axe, deren Differenz aber das Doppelte der Ekzentrizität giebt. Indessen ist es höchst unwahrscheinlich, dafs wenn Merkur in sein Aphelium oder Perihelium gelangt ist, die Erde zu gleicher Zeit in dem Punkte ihrer Bahn sein sollte, von welchem aus die Gesichtslinie zum Merkur senkrecht zur Axe, oder eine Tangente zur Bahn des Planeten sei; wohl immer wird die Beobachtung etwas vor oder nach dem Momente geschehen, in welchem Merkur in der Apsidenlinie sich befindet, oder die Gesichtslinie eine Tangente ist. Das Einzige was hier zu thun übrig bleibt ist also, zuerst mit der besten Beobachtung die man haben kann, den Ort des Apheliums und die Ekzentrizität zu bestimmen, und hierauf diese ersten Elemente zu verbessern, bis man dahin gelangt, sehr nahe alle Beobachtungen darzustellen.

§. 83. *Beispiel.* Es wurde die geozentrische Länge des Merkurs 1786. August 10. $1^u\ 50'\ 28''$ m. Z. in Paris zu $5^z\ 15°\ 19'\ 24''$; und 1786. Sept. 20. $22^u\ 58'\ 19''$ zu $5^z\ 11°\ 2'\ 37''$ beobachet. Die Tafeln gaben die Länge der Sonne für den ersten Fall $4^z\ 17°\ 57'\ 56''$, daher die Ausweichung $27°\ 21'\ 28''$; für den zweiten Fall $5^z\ 27°\ 36'\ 49''$, also die Ausweichung $16°\ 34'\ 12''$; Merkur war daher bei der ersten Beobachtung nahe beim Aphelium, bei der zweiten nahe beim Perihelium. Man nehme an er sei wirklich während der ersten Beobachtung im Aphelium, und zugleich die Gesichtslinie von der Erde eine Tangente seiner Bahn gewesen; dann findet sich der Ort des Apheliums $8^z\ 15°\ 19'\ 24''$, und wenn man setzt wie sich *R* zu Sin $27°\ 21'\ 28''$ verhält, so verhält sich die Entfernung der Erde von der Sonne = 1 zur Entfernung des Merkurs von der Sonne im Aphelium, so erhält man diese Entfernung = 0,46551, von welcher die oben gefundene mittlere Entfernung = 0,38710 abgezogen, 0,07841 für die Ekzentrizität übrig bleibt.

Macht man dieselben Voraussetzungen bei der zweiten Beobachtung, so findet man 2ᶻ 11° 2′ 37″ für die Länge des Periheliums und 0,28607 für die Entfernung in demselben; diese zur Entfernung im Aphelium addirt, giebt die groſse Axe = 0,75058 und ihre Hälfte = 0,37579, etwas kleiner als §. 80. gefunden worden. Da aber die Ausweichung im Aphelium näher beim zugehörigen gröſsten Werthe liegt, als die im Perihelium, und die Zeit zwischen beiden blos 41 Tage, also weniger als ein halber Umlauf beträgt, so scheint es als wenn die Beobachtung im August der andern im September vorzuziehen sei, weil in dieser letzern Merkur noch nicht ins Perihelium gelangt sein konnte.

§. 84. Um nun diese beiden Elemente, die aller Wahrscheinlichkeit nach nicht besonders genau sein können, zu verbessern, muſs man Tafeln entwerfen, in welchen die mittlere Bewegung dieselbe wie sie §. 78. gefunden, die Epoche 1786. August 10., das Aphelium 8ᶻ 15° 19′ und die Mittelpunktsgleichung diejenige ist, die man aus der Ekzentrizität 0,07841 erhält. Mit diesen berechnet man alsdann mehrere in verschiedenen Punkten der Bahn beobachtete Ausweichungen, und wenn die Beobachtungen nicht mit der Rechnung stimmen, so sucht man die Verbesserung für das Aphelium, indem man dieselbe Ekzentrizität beibehält; mit andern Beobachtungen verbessert man hierauf die Ekzentrizität, indem man das verbesserte Aphelium beibehält. Mit den so verbesserten Werthen des Apheliums und der Ekzentrizität muſs man neue Tafeln berechnen und neue Voraussetzungen machen; dann wieder die Verbesserungen suchen und dies fortsetzen bis man alle Beobachtungen gehörig darstellt. Die ersten Tafeln werden wahrscheinlich Fehler von mehreren Graden geben, weniger schon die zweiten, noch weniger die dritten u. s. w. Die letzten Lalandischen (Connoissance des Temps. 1796.) stellen die Beobachtungen recht gut dar.

§. 85. Hier ist jedoch noch zu bemerken, daſs dieselben Beobachtungen nicht zugleich zu der Verbesserung des Apheliums und der Ekzentrizität dienen können, sondern daſs für das Aphelium diejenigen in der Gegend der Apsidenlinie ausgesucht werden müssen. Der Grund hievon ist leicht einzusehen. Wenn nämlich Merkur ungefähr in der mittlern Entfernung von der Sonne und zugleich in der gröſsten Ausweichung ist, und die Gesichtslinie die Bahn berührt, so wird eine ziemliche Aenderung der Ekzentrizität fast gar keinen Einfluſs auf seine geozentrische Länge haben, dagegen aber der kleinste Fehler im Orte des Apheliums bei der berechneten Elongazion merklich werden, sodaſs hieraus leicht gefunden wird, um wieviel man die Länge des Apheliums vergrössern oder verkleinern muſs. Auf ähnliche Weise, wenn Merkur im Aphelium und zugleich in der gröſsten Ausweichung ist, so wird die Aenderung der Mittelpunktsgleichung sehr schnell und zugleich nahe beim gröſsten Werthe sein, sodaſs ein Fehler in der Ekzentrizität einen beinahe ebenso groſsen beim beobachteten Orte hervorbrigt. Alles dies wird noch deutlicher durch eine Figur. Hätte man viele gut beobachtete Oerter des Merkur, so würden alle diese Betrachtungen überflüssig sein, indem man durch die Bedingungsgleichungen alle Elemente zugleich verbessern könnte; aber grade die Beobachtungen mangeln hier, indem der beobachteten

Vorübergänge gar wenige sind, sodafs sich kaum ein Vortheil von jener Methode erwarten läfst.

Bewegung des Apheliums und Aenderung der Ekzentrizität.

§. 86. Nach der Theorie der Attrakzion bleibt blos die mittlere Entfernung und die mittlere Bewegung des Merkurs dieselbe, wie dies bei allen Planeten der Fall ist; alle übrigen Elemente erleiden aber fortwährend kleine Aenderungen, welche sich mit der Zeit anhäufen, sodafs sie, bei einer Epoche bestimmt, bei einer andern entfernten nicht mehr denselben Werth haben. Die Aenderungen des Apheliums und der Ekzentrizität sind diejenigen, welche man zuerst kennen mufs, weil sie die bedeutendsten sind. Wären hinlänglich entfernte und genaue Beobachtungen vorhanden, oder wüfste man genau die Gröfse der Venusmasse, so würde das Gesetz dieser Aenderungen leicht zu finden sein; da aber beides mangelt, so läfst sich gradezu nichts über diese Aenderungen ausmachen.

§. 87. Man mufs sich also in Hinsicht auf die Bewegung des Apheliums, deren Gröfse und Einflufs am bedeutendsten ist, der beobachteten Vorübergänge bedienen, obgleich dieselben nicht eben grade sehr brauchbar hiezu sind. Um ein möglichst genaues Resultat zu erhalten, hat Lalande den Vorübergang von 1661, den einzigen der im niedersteigenden Knoten beobachtet worden, mit jedem der übrigen bis 1786 verglichen, und hieraus die jährliche tropische Bewegung zu 56″ bestimmt, was von dem Resultate, welches Lagrange aus der Theorie hergeleitet hatte nur um 1″ abweicht. Man kann es ganz übereinstimmend machen, wenn man die Venusmasse, die doch nur näherungsweise bekannt ist, um $\frac{1}{6}$ ihres Werthes verkleinert.

Was aber die Aenderung der Ekzentrizität oder der Mittelpunktsgleichung betrifft, so ist dieselbe so klein, daſs wenigstens tausend Jahre nöthig sind, um sie bei den Beobachtungen merklich zu machen. Unsere spätern Nachkommen können vielleicht etwas von derselben beobachten; wir aber müssen uns mit dem begnügen, was aus der allgemeinen Anziehung folgt. Diese giebt für 100 Jahre die Einwirkung der Venus zu + 3″,04, der Erde zu + 0″,58, die Mars zu — 0″,22, des Jupiter zu — 1″,26, des Saturns zu + 0″,02, welches zusammen — 2″,16 beträgt, und 0″02 für die jährliche Aenderung giebt; eine Grösse, die man nicht in Rechnung zu bringen braucht, da noch über die ganze Gleichung Ungewiſsheit herrscht.

Knoten.

§. 88. Nachdem die Elemente der Bahn bestimmt worden, suche man ihre Lage in Beziehung auf die Erdbahn, oder ihre Neigung gegen die Ebene der Ekliptik und ihre Durchschnittspunkte mit derselben. Wenn man, wie dies bei einem neuentdeckten Planeten der Fall ist, diese Grössen noch ganz unbekannt annimmt, so werden zwei beliebige geozentrische oder beobachtete Längen mit den zugehörigen Breiten hinlänglich sein; denn wenn die Längen und Breiten durch die schon bekannten Elemente in heliozentrische verwandelt werden, so ist nur noch nöthig zwei sphärische Dreiecke aufzulösen. Es sei P (Fig. 77.) der Pol der Ekliptik, HE ein Bogen derselben gleich dem Unterschiede der beiden heliozentrischen, den beobachteten entsprechenden Längen, EO und HG aber die beiden heliozentrischen Breiten. Man lege durch G und O den Bogen eines gröſsten Kreises, so wird dieser die Ekliptik in N treffen und mit ihr den Winkel *ONE* machen; *NGO* ist also ein Stück der Merkurbahn. Im Dreiecke *GPO*, in welchem der durch den Bogen *HE* gemessene Winkel *P* und die beiden Seiten *PO* und *PG*, die Komplemente der Breiten, bekannt sind, findet man den Winkel bei *G*, und in dem bei *H* rechtwinkligen Dreiecke *NGH*, kennt man die Seite *GH* und den Winkel *NGH*, kann also immer den Winkel *GNH* oder die Neigung, und die Seite *NH* finden, die zu der Länge in *H* addirt, oder von ihr abgezogen die Länge des Knotens giebt.

§. 89. Der Ort des Knotens kann auch noch durch eine einfache Beobachtung bestimmt werden, sobald nämlich die beobachtete Breite = o ist; denn in diesem Falle ist auch die heliozentrische = o, und also der Planet im Knoten. In Ermangelung einer solchen Beobachtung, suche man zwei gleiche Breiten, eine nördlich, die andere südlich, zu erhalten: dann wird das Mittel aus den beiden zugehörigen Längen der Ort des Knotens sein. Das sicherste Mittel bieten jedoch die Vorübergänge des Merkurs vor der Sonne dar, denn hier wird der Ort des Merkurs in Beziehung auf die Ekliptik mit der gröfsten Genauigkeit bestimmt, und die Breite ist immer sehr klein. Wenn der Ort des Knotens bekannt ist, so kann man immer aus einer beliebigen Breite durch eine einfache Proporzion die Neigung herleiten: um sie aber mit möglichster Genauigkeit zu erhalten, wähle man Beobachtungen aus, welche 90° vom Knoten entfernt sind.

§ 90. Wenn der Ort des Knotens und die Neigung für eine gegebene Epoche bestimmt sind, so suche man aus andern Beobachtungen diese beiden Elemente für eine andere Epoche, die soweit als möglich von der vorigen entfernt ist; hieraus lernt man die Aenderungen des Knotens und der Neigung kennen. Nun findet sich aus dem Vorübergange von 1723 der Ort des ☊ in 1z 15° 1′ 0″, aus dem von 1753 aber in 1z 15° 23′ 30″; der Knoten ist also in 30 Jahren um 22′ 30″ vorgerückt, was eine jährliche rechtgängige Bewegung von 45″ giebt. Lalande bestimmt diese Bewegung aus allen beobachteten Durchgängen zu 43″,3 jährlich oder zu 1° 12′ 10″ in einem Jahrhundert; da aber die hundertjährige Präzession der Nachtgleichen 1° 23′ 59″,0 beträgt, so geht der ☊ des Merkurs in Beziehung auf die Sterne, in 100 Jahren 11′ 49″, also in einem Jahre 7″,09 zurück, was auch sehr nahe aus der Theorie der Gravitazion folgt.

§. 91. Die Neigung der Bahn wird zu 6° 59′, zu 7° 1′, allgemeiner aber zu 7° bestimmt; eine Gröſse mit welcher fast alle Beobachtungen übereintreffen und welche bei den Lalandischen Tafeln zum Grunde liegt. An diesem Elemente hat die Beobachtung noch keine periodische Aenderung gezeigt, die Theorie giebt aber eine hundertjährige von + 20″,43.

§. 92. Von der Neigung hängt die Redukzion auf die Ekliptik ab, deren man bedarf, um die berechneten Längen mit den beobachteten zu vergleichen, da man die erstern nur auf die Bahn des Planeten, die letztern aber immer auf die Ekliptik bezieht; je grösser die Neigung ist, desto gröſser ist auch die Redukzion. Im Dreiecke ONE (Fig. 77.) ist NE der Unterschied der in N und O beobachteten heliozentrischen Längen, und NO derselbe Unterschied wie ihn die Tafeln geben, und zwar in Beziehung auf die Bahn des Planeten. Die Differenz zwischen ON und NE ist das was man die *Redukzion auf die Ekliptik* nennt: man findet sie indem man aus Tang $NE = \text{Cos } N$. Tang NO den Werth von NE berechnet und ihn von NO abzieht. Sie ist am gröſsten 45° vom Knoten, und alsdann für Merkur, wenn man seine Neigung zu 7° annimmt, 12′ 51″,6.

Durchmesser, körperliche Gröſse, Dichtigkeit.

§. 93. Den Durchmesser des Merkurs kann man nur bei den Vorübergängen vor der Sonnenscheibe gehörig messen; in allen andern Fällen ist der Planet zu schlecht begränzt, als daſs man seine Ränder genau erkennen könnte. Beim Durchgange von 1753 beobachtete ihn Lalande mit einem Heliometer von 18 Fuſs zu 11″,8; hieraus findet sich für diese Zeit der Durchmesser des Merkurs in der mittlern Entfernung der Erde von der Sonne zu 6″,6. Bradley hatte ihn aber 1723 zu 7″,3 bestimmt, also kann er zu 6″,9 angenommen werden. Nun ist der Durchmesser der Erde in der mittlern Entfernung derselben von der Sonne 17″,2; setzt man denselben also $= 1$ so hat man $17'',2 : 6'',9 = 1 : x$, und erhält man $x = 0{,}4012$ gleich dem Durchmesser des Merkurs in Theilen des Durchmessers der Erde. Es hat aber der Durchmesser der Erde 1720 Meilen, also beträgt der des Merkurs 690 Meilen.

§. 94. Aus dem Durchmesser des Merkurs folgt seine körperliche Grösse in Verhältniſs mit derjenigen der Erde, zu 0,064558, oder ungefähr $\frac{1}{15}$. Aus dieser Grösse läſst sich aber die Menge der in derselben enthaltenen Materie nur muthmassen, da um den Merkur noch kein Nebenplanet entdeckt worden. Man muſs also nachsehen, ob nicht vielleicht die Massen des Saturns, Jupiters und der Erde eine Analogie darbieten; die auf alle Planeten anwendbar wäre, und wirklich hat man auch beobachtet, daſs nicht bloſs, wie schon Kepler gemuthmaſst, die der Sonne nähern Planeten die dichtesten wären, sondern daſs auch eine ungefähre Proporzionalität mit den Wurzeln ihrer mittlern

Bewegungen statt finde; später aber erkannte LAGRANGE, dafs sie noch besser mit dem umgekehrten Verhältnisse ihrer mittlern Entfernungen übereinstimmten, obgleich auch diese Analogie nicht eben sehr genau ist; da aber keine andere bekannt ist, so mufs man sich ihrer bedienen. Die mittlere Entfernung des Merkurs von der Sonne ist aber 0,3871, also hat man $0{,}3871 : 1 = 1 : x$ der Dichtigkeit des Merkurs in Theilen der Dichtigkeit der Erde: man findet $x = 2{,}5834$. Multiplizirt man also die körperliche Grösse mit der Dichtigkeit, oder 0,064558 mit 2,5834, so erhält man die Masse = 0,1668 von der der Erde. Aus der Masse und dem Durchmesser des Merkurs findet man die Wirkung der Schwere oder die beschleunigende Kraft auf seiner Oberfläche, indem man die Masse durch das Quadrat des Halbmessers dividirt, wie aus der allgemeinen Theorie der Anziehung bekannt ist. Nimmt man also sowohl die Masse als den Durchmesser der Erde zu 1 an, so ist auch die beschleunigende Kraft auf der Oberfläche derselben = 1, auf der des Merkurs aber $= \frac{0{,}1668}{0{,}4012^2} = 1{,}03628$. Auf dem Aequator der Erde fällt aber ein schwerer Körper in der ersten Sekunde 15,1037 französische Fufs; daher beträgt diese Gröfse für den Merkur 15,652. Jedoch ist zu bemerken, dafs sowohl die Dichtigkeit, als die davon abhängende Masse und beschleunigende Kraft, Grössen sind, deren Bestimmung noch für zweifelhaft zu halten ist, weil sie sich auf ein Gesetz gründen, welches viele Ausnahmen leidet, wie wir bei Venus und Mars sehen werden.

§. 95. Hier am Ende wollen wir die Verbesserungen zusammenstellen, welche man bei den Beobachtungen anbringen mufs, um sie aus scheinbaren in wahre zu verwandeln, ohne welches sie weder zur Aufsuchung der Elemente, noch zur Vergleichung mit den wahren Oertern die man aus den Tafeln erhält, gebraucht werden können. Diese Vorschriften sind gleich anwendbar auf Planeten und auf Kometen.

Erste Verbesserung. Parallaxe. Um die Grösse zu finden, um welche die Parallaxe die beobachtete Länge und Breite ändern kann, mufs man zuerst die Horizontalparallaxe des Planeten bestimmen; dies geschieht mittelst folgender Proporzion: wie sich die Entfernung des Planeten von der Erde für den Augenblick der Beobachtung zu der mittlern Entfernung der Erde von der Sonne verhält, so verhält sich die mittlere Parallaxe der Sonne (= 8″,6) zu der Horizontalparallaxe des Planeten. Sie kann auch gradezu gefunden werden, wenn man den Winkel berechnet, unter welchem vom Planeten aus der Halbmesser der Erde erscheint. Die Horizontalparallaxe mit dem Sinus des Zenithabstands des Planeten multiplizirt, giebt die Höhenparallaxe. Weil aber die Planeten immer im Meridiane beobachtet werden, wo die Parallaxe allein auf die Höhe wirkt, so hat man nur nöthig die Höhenparallaxe von der Zenithdistanz abzuziehen, um die Parallaxe gehörig in Rechnung gebracht zu haben.

Zweite Verbesserung. Nutazion. Die Nutazion, welche dem Pol des Aequators eine scheinbare Bewegung giebt, ändert nicht blos die Oerter der Sterne, sondern auch die der Planeten. Weil aber bei dieser Hypothese die Ekliptik ganz unbewegt bleibt, so kann die Nutazion nur auf die Länge Einflufs haben; wenn man also bei der Berechnung der Länge und Breite die scheinbare Schiefe anwendet, so bedarf es bei der Breite keine Korrekzion wegen der Nutazion, zu der Länge aber wird man 17″,581 . Sin ☊ hinzufügen, um sie vom scheinbaren Aequinokzium auf das wahre zu reduziren. Man sehe §. 38. des III. Buchs.

Dritte Verbesserung. Aberrazion. Aus dem was wir im vierten Abschnitte des dritten Buchs gesagt haben, ist hinlänglich deutlich, dafs die Aberrazion eines Planeten oder Kometen, in Länge, in Breite, in Rektaszension oder in Deklinazion, immer der geozentrischen Bewegung des Himmelskörpers in Länge, Breite, Rektaszension oder Deklinazion während der Zeit, welche das Licht gebraucht um von demselben bis zu uns zu gelangen, gleich sei. Nun durchläuft das Licht in $8' 13'',2$ die mittlere Entfernung der Erde von der Sonne $= 1$, also braucht es um eine andere Entfernung D zu durchlaufen, $(8' 13'',2) . D$. Wenn also m die geozentrische Bewegung des Planeten in 24st m. Z. ist, so hat man $24^{st} : m = (8' 13'',2) . D$: der Aberrazion des Planeten; aber die mittlern Bewegungen der Erde in 24st und in $8' 13'',2$ sind $59' 8'',3$ und $20'',255$, also ist $24^{st} : 8' 13'',2 = 59' 8'',3 : 20'',255$ und daher die Aberrazion $= \frac{(8' 13'',2)\ D . m}{24^{st}} = \frac{20'',255\ D . m}{59' 8'',3} = 0,0057083 . D . m$, wobei m in Sekunden ausgedrückt wird.

Wenn die geozentrische Bewegung des Planeten rechtläufig ist, so wird die Aberrazion addirt, subtrahirt im entgegengesetzten Falle. Indem nämlich der Planet und die Erde, beide in den nördlichen oder südlichen Zeichen sind, ist die scheinbare Bewegung des Planeten rückläufig, wenn aber die Erde in den nördlichen, der Planet in den südlichen ist, oder umgekehrt, so ist die Bewegung rechtläufig; die Aberrazion also, die immer den Himmelskörper in der Richtung der Bewegung der Erde vorgerückt erscheinen macht, entfernt im ersten Falle den Planeten vom Widderpunkte nach der Richtung der Zeichen im zweiten nähert sie denselben, also vergrössert sie die rückgängige Bewegung und verkleinert die rechtläufige. Um folglich scheinbare Längen und Breiten in wahre zu verwandeln, mufs man die Aberrazion abziehen, wenn die Bewegung rückläufig, addiren, wenn sie rechtläufig ist; wenn aber wahre Längen und Breiten in scheinbare verwandelt werden sollen, so geschieht das Gegentheil. Dies wird noch deutlicher wenn man zwei konzentrische Kreise beschreibt, welche die Bahnen der Erde und des Planeten darstellen sollen, und ausserdem bemerkt, dafs die eigne Bewegung der untern Planeten grösser, der obern aber kleiner als die der Erde ist.

Beispiel. Am 24. August 1794 um 22^u 57′ 15″,07 m. Z. beobachtete ich im Meridiane die Rektaszension des Merkurs 138° 10′ 55″,9, die nördliche Deklinazion 14° 22′ 42″,3. Man sucht die wahre Länge und Breite.

I. Verbesserung. Nach Lalande's Tafeln ist der Logarithme der Entfernung des Merkurs von

der Erde	9,89328
log ☉parallaxe (= 8″,6)	0,93450
log Horiz. Parallaxe des ☿	1,04122
log Sin Zenithdistanz des ☿ (= 23° 44′)	9,60474
log Höhenparallaxe	0,64596

Höhenparallaxe = 4″,4

Also ist die wegen der Parallaxe verbesserte Deklinazion 14° 22′ 46″,7, aus welcher sammt der beobachteten Rektaszension und der scheinbaren Schiefe von 23° 27′ 51″,9 die scheinbare Länge 4z 16° 14′ 20″,6, die scheinbare Breite 1° 40′ 57″,8 südl. gefunden wird.

II. Verbesserung.

log 17″,581 1,24504
log Sin ☊ (= 4ᶻ 16° 44′) 9,83594

log der Längennutazion 1,08098
Nutazion = 12″,05.

Da nun die beobachtete Länge 4ᶻ 16° 14′ 20″,60 beträgt, so ist die vom wahren Aequinokzium gerechnete, oder wegen der Nutazion verbesserte Länge 4ᶻ 16° 14′ 32″,65.

III. Verbesserung.

log 0,0057083 7,75651
log der Entf. des ☿ von der ♁ 9,89328

Konst. log 7,64979
log Bew. in Länge in 24ˢᵗ (= 1490″ rechtl.) . . . 3,17319
log Bew. in Breite in 24ˢᵗ (= — 1015″) 3,00647

log Aberrazion in Länge 0,82298
log Aberrazion in Breite 0,65626
Aberrazion in Länge = + 6″,65
Aberrazion in Breite = — 4″,53

folglich die wahre Länge 4ᶻ 16° 14′ 39″,30, die wahre Breite 1° 40′ 53″,27.

Für den Mond ist in seiner mittlern Entfernung von der Erde $D = 0{,}00253$, $m = 47435''$, also die Aberrazion 0″,68, eine Gröfse die man gewöhnlich nicht in Rechnung zu bringen pflegt.

Bei den allgemeinen Planetentafeln sind immer besondere beigefügt, aus welchen man mit einem Blick die angezeigten Verbesserungen entnehmen kann, doch mufs man bemerken dafs die Tafeln bestimmt sind, die wahren Oerter in scheinbare zu verwandeln, also im entgegengesetzten Falle auch die entgegengesetzten Zeichen nehmen.

Vierter Abschnitt.

Venus.

§. 96. Ebenso wie Merkur beschreibt auch Venus ihre Bahn um die Sonne innerhalb der Erdbahn, sodafs sie, von der Erde aus gesehen, bald der Sonne in Westen folgt, bald ihr in Osten vorangeht. Wenn sie des Abends zum Vorschein kommt, so ist sie in der obern Konjunkzion gewesen, und geht zu der gröfsten östlichen Ausweichung über; wenn sie sich aber des Morgens zeigt, so kommt sie von der untern Konjunkzion um in die gröfste westliche Ausweichung überzugehen. Im ersten Falle ist Venus jenseits der Sonne, und erscheint daher Anfangs sehr klein und fast ganz rund, sowie sie aber nach und nach gegen Osten fortrückt nimmt sie an scheinbarer Grösse zu, weil sie sich der Erde nähert, zugleich vermindert sich aber der gegen uns gewendete Theil der erleuchteten Scheibe, von welcher wir in der gröfsten Ausweichung nur die Hälfte sehen. Im zweiten Falle erscheint Venus, sobald sie überhaupt sichtbar wird, nur als eine Sichel, welche von Tage zu Tage breiter wird, in der gröfsten Ausweichung halb voll ist wie der Mond im ersten Viertel, und noch mehr zunimmt, bis der Planet, welcher sich wieder der Sonne genähert hat, in den Strahlen derselben verschwindet.

Die gröfsten Ausweichungen der Venus betragen von 45° bis 48°, die erstern gegen das Perihelium, die andern gegen das Aphelium zu. Man sieht sie oft mit blofsem Auge bei hellem Tage, und wenn sie ihre gröfste Breite hat, so gelingt es nicht selten, sie in den Konjunkzionen selbst zu beobachten. Auf der Sonnenscheibe würde sie öfter erscheinen, wenn sie uns nicht gar zu nahe wäre; dadurch aber wird diese höchst merkwürdige

Erscheinung sehr selten, weil sie nur geschieht, wenn die untere Konjunkzion in den Knoten, oder höchstens anderthalb Grade davon entfernt, trifft.

Tropische und siderische Umlaufszeit.

§. 97. Aus der aufmerksamen Beobachtung der gröfsten Ausweichungen der Venus während einer langen Zeit, hat man ersehen, dafs sie sich nur nach 581 bis 587 Tagen erneuern, woraus die synodische Umlaufszeit zu ungefähr 584 Tagen folgt. In 584 Tagen rückt aber die Erde um 576° fort, die zu 360° addirt den ganzen Weg geben, welchen Venus in 584 Tagen um die Sonne beschreibt; man setze also $936° : 360° = 584^t$: zum vierten Gliede $= 224^t$, welches nahe die tropische Umlaufszeit der Venus ist. Eine solche Bestimmung ist aber gar zu unvollkommen; man kann sie zwar etwas genauer machen, wenn man mehr und mehr Ausweichungen anwendet, wird aber nie die Genauigkeit erlangen, welche die beobachteten Konjunkzionen gewähren, denn nur auf diese kann man sicher zählen. Sie müssen jedoch sehr entfernt von einander liegen, oder man mufs Tafeln haben, welche schon sehr nahe die Beobachtungen darstellen. Nun haben aber die Alten gar keine, die Neuern erst im Jahre 1639 die erste Konjunkzion beobachtet; diese Zwischenzeit ist zu geringe, um ohne vorläufige Tafeln einige Genauigkeit zu gewähren. Dies wird man noch besser einsehen, wenn man irgend zwei beobachtete Konjunkzionen zuerst unmittelbar, dann aus den Tafeln verbessert, mit einander vergleicht. Man nehme z. B. die beiden in Paris beobachteten Konjunkzionen von 1761. Jun. 5. $17^u\ 44'\ 34''$ und 1788. Aug. 7. $12^u\ 34'\ 4''$ m. Z.; die Zwischenzeit beträgt mit Einrechnung der sieben Schalttage 27 Jahre

69^t 18st 49′ 30″; die beobachteten Längen sind aber 2^z 15° 36′ 31″ und 4^z 16° 0′ 51″, deren Unterschied 60° 24′ 20″ ausmacht. Indem man nun 27 Jahre 69^t oder 9924′ durch 224 dividirt, findet man dafs Venus in dieser Zeit 44 Umläufe und 60° 24′ 20″ zurückgelegt hat; also verhalten sich 44 Uml. + 60° 24′ 20″ oder 57241460″ zu 360° oder 1296000″, wie 9924^t 18st 49′ 30″ zur Zeit des periodischen Umlaufs = 224^t 16st 57′ 10″.

Wenn die beiden verglichenen Längen, obgleich sie nur 28 Jahre von einander entfernt sind, nahe demselben Punkte der Ekliptik entsprechen, so müfste die gefundene Umlaufszeit ziemlich genau die richtige sein; da aber beide um 60° von einander abstehen, so mufs man sie zuerst aus wahren in mittlere verwandeln. Nach dieser Verbesserung beträgt der Unterschied 61° 10′ 46″, und die obige Proporzion giebt nun 224^t 16st 41′ 25″ für die Umlaufszeit; Lalande findet aus einer grofsen Menge von Beobachtungen 224^t 16st 41′ 27″,5, daraus die tägliche Bewegung 1° 36′ 7″, 807 und die jährliche 1 Uml. 7^z 14° 47′ 30″. Um aus dieser tropischen Bewegung die siderische herzuleiten, mufs man zu der gefundenen Grösse die Zeit addiren, welche Venus braucht, den Theil der jährlichen Präzession, welcher zu 224^t 16st gehört, zu beschreiben; es sind dies 7′ 43″,1 und also die siderische Umlaufszeit der Venus 224^t 16st 49′ 10″,6.

Mittlere Entfernung.

§. 99. Nachdem die mittlere Umlaufszeit bestimmt worden, erhält man aus dem dritten Keplerschen Gesetze die halbe grofse Axe der Venusbahn, oder die mittlere Entfernung des Planeten von der Sonne, indem man setzt, wie sich das Quadrat der siderischen Umlaufszeit der Erde zu dem Quadrate derselben Zeit bei der Venus verhält, so verhält sich 1 zum Würfel der halben grofsen Axe der Venusbahn, oder $(31558154)^2 : (19414151)^2 = 1 : x^3$, woraus $x = 0{,}72333$ folgt.

§. 100. Man kann dieselbe Gröfse auch finden indem man die Bewegungen der Erde und der Venus in 100 Jahren betrachtet; die erstere ist 100 Uml. + 0ᶻ 0° 45′ 51″,6, die letztere 162 Uml. + 6ᶻ 19° 12′ 25″, wo aber von beiden noch die 100 jährige Bewegung des Widderpunkts oder 1° 23′ 45″ abgezogen werden mufs. Dann ist, alles in Sekunden verwandelt, $129597738^2 : 210664120^2 = 1 : x^3$, und auch hier wird $x = 0{,}72333$ gefunden.

Aphelium und Ekzentrizität.

§. 101. Die gröfsten Ausweichungen der Venus, welche zwischen 44° 57′ und 47° 48′ betragen, zeigen hinlänglich, dafs die Bahn dieses Planeten nahe kreisförmig, oder sehr wenig ekzentrisch sei; es ist defshalb keine Hoffnung vorhanden, dafs man mit ihrer Hülfe, ebenso wie beim Merkur, die Ekzentrizität und das Aphelium bestimmen könne. Eine beobachtete Ausweichung kann die gröfste von allen zu sein scheinen, und ist dennoch um mehrere Grade, ja sogar um mehrere Zeichen vom Aphelium entfernt. Wenn aber auch eine gröfste Ausweichung ungenügend ist, so kann man dagegen aus dreien, mit einander verbunden, leicht und geschwind ein Resultat erhalten, welches sich nicht viel von der Wahrheit entfernt; denn da die Bahn der Venus sehr nahe kreisförmig ist, so kann man sie wirklich so annehmen, und überdiefs voraussetzen, dafs die von der Sonne zur Gesichtslinie, welche in den gröfsten Ausweichungen die Bahn berührt, gezogene Linie in jeder Lage senkrecht zu derselben sei. Bei dieser

Voraussetzung, die nicht weit von der Richtigkeit entfernt sein kann, hat man aus drei Beobachtungen drei rechtwinklige Dreiecke, in welchen immer eine Seite und die Winkel bekannt sind: nämlich die Entfernung der Erde von der Sonne, die beobachtete Ausweichung oder der Winkel an der Erde, und der Winkel an der Sonne, die Ergänzung des vorigen zu 90°; dies Komplement zum wahren Orte der Erde addirt, oder von demselben subtrahirt, jenachdem Venus der Sonne vorangeht oder ihr folgt, giebt den heliozentrischen Ort des Planeten und dann seine Entfernung von der Sonne. Nachdem nun auf solche Weise drei Entfernungen des Planeten von der Sonne und die zugehörigen Winkel an der Sonne bekannt geworden, erhält man die Entfernung der Sonne vom Mittelpunkte der Venusbahn und das Aphelium derselben. Zwar ist diese Methode nicht sehr genau, aber doch hinlänglich für eine vorläufige Bestimmung der Elemente; die von Cassini auf diesem Wege aus Ptolemeos Beobachtungen gefundenen Bestimmungen, weichen nicht viel von den jetzt angenommenen ab.

§. 102. Nachdem aber die Erfindung der Fernröhre den Astronomen erlaubt hat, die Konjunkzionen selbst bei der Venus zu beobachten, würde es ganz unnütz sein, sich noch der gröſsten Ausweichungen zu bedienen, um jene beiden Elemente zu bestimmen. Man wähle drei beobachtete Konjunkzionen aus, die zweite 80° bis 90° von der ersten und ebensoviel die dritte von der zweiten entfernt; dann wird sich aus der Vergleichung der beobachteten Bewegungen mit den berechneten mittlern ohne viele Mühe die Grösse, Gestalt und Lage der Bahn herleiten lassen. Man verfährt hiebei gewöhnlich folgendermassen: 1) Mit einer beliebigen Ekzentrizität sucht man aus der ersten und zweiten Beobachtung den Ort des Apheliums. 2) Mit einer etwas veränderten Ekzentrizität berechnet man hierauf von neuem den Ort des Apheliums. 3) Sodann berechnet man mit beiden Werthen der Ekzentrizität, jeden für sich genommen, die dritte Beobachtung, und erhält aus dem Unterschiede zwischen den beobachteten und berechneten Längen sowohl als Breiten, die Verbesserung der angenommenen Ekzentrizität, und hieraus die des Apheliums. Jetzt wo wir schon Tafeln für die Venus haben, kommt es nur darauf an die Elemente zu verbessern, nicht sie erst zu bestimmen; man reduzirt deshalb die Beobachtungen zuerst auf die Bahn und befreit sie vom Einflusse der Aberrazion, ehe man sie anwendet. Auf solche Weise hat LALANDE aus fünf untern Konjunkzionen, in den Jahren 1774 bis 1783 beobachtet, die Ekzentrizität zu 0,00498, die gröſste Mittelpunktsgleichung zu 47′ 20″, und den Ort des Apheliums für 1780 auf 10ˢ 8° 37′ bestimmt; doch ist die Bestimmung dieses letzten Elements, wegen der geringen Ekzentrizität noch etwas zweifelhaft.

§. 103. Die Ekzentrizität und der Ort des Apheliums sind nicht konstant, weil die Einwirkungen der gegenseitigen Anziehung der Planeten sie stören. LAGRANGE findet aus der allgemeinen Gravitazion eine hundertjährige Veränderung der Mittelpunktsgleichung von — 24″,98, oder eine jährliche von — 0″,25: eine Grösse die man noch lange Zeit vernachlässigen kann bis sie sich endlich aus den Beobachtungen herleiten und bestätigen läſst. Die Bewegung des Apheliums ist viel merklicher; nichtsdestoweniger aber hat man es bis jetzt noch nicht mit Bestimmtheit, weder aus den neuern noch aus den ältern Beobachtungen herleiten können, weil die in den verschiedenen Zeiten bestimmten Oerter des Apheliums etwas unsicher sind. Einige haben es auf 2′ 41″, andere auf 2′ 28″, noch andere auf 1′ 27″ und Halley auf 56″,5 bestimmt. In dieser Ungewifsheit hält Lalande dafür, dafs es am besten sei sich des Werthes den Lagrange aus der Theorie der Anziehung hergeleitet hat, zu bedienen und der 48″,5 jährlich in Beziehung aufs Aequinokzium, oder 48″,5 — 50″,2 = — 1″,7 in Beziehung auf die Sterne beträgt. Es ist besonders, dafs das Aphelium der Venus sich wirklich gegen die Ordnung der Zeichen bewegt, da diese Bewegung bei allen übrigen Planeten rechtläufig ist; doch scheint dies nur von dem besondern Orte des Apheliums selbst herzurühren.

Neigung, Knoten und Redukzion auf die Ekliptik.

§. 104. Wenn bei zwei Konjunkzionen zugleich mit den Längen auch die Breiten beobachtet worden, so verwandle man diese aus geozentrischen in heliozentrische, und es bedarf alsdann nur der Auflösung zweier Dreiecke um die Neigung und den Ort des Knotens zu erhalten, ganz wie wir es bei Merkur gezeigt haben (§. 88.). Um nachher diese erste Bestimmung zu verbessern, werden die untern Konjunkzionen in der Entfernung von 90° vom Knoten sehr gut sein, weil bei diesen die Entfernung der Venus von der Erde nur ein Drittheil ihrer Entfernung von der Sonne ist, und also die Beobachtungsfehler nur zum dritten Theile auf die Neigung Einflufs haben können. Halley und Cassini hatten nach eignen und nach andern Beobachtungen die Neigung der Bahn gegen die Ekliptik zu 3° 23′ 20″ bestimmt; Lalande aber fand aus späteren Beobachtungen 3° 23′ 35″. Die Neigung ist übrigens keiner periodischen Aenderung unterworfen, sondern nimmt nur von einem Jahrhunderte zum andern um 4″,5 zu.

§. 105. Da die Neigung nur klein ist, so ist

dies ebenfalls bei der Reduktion auf die Ekliptik der Fall; die gröſste geht nicht über 5′.

§. 106. Die Bestimmung des Orts des Knotens bietet keine Schwierigkeit dar; man kann ihn aus jeder beliebigen Beobachtung herleiten, jedoch geben die Vorübergänge vor der Sonnenscheibe die sichersten Resultate. Nach Hornsby's Rechnungen war für den von Horoccius beobachteten Vorübergang vom Jahre 1639 der Knoten in $2^z\ 13^\circ\ 27'\ 50''$; nach Lalande's Rechnungen aber für den Vorübergang von 1769 in $2^z\ 14^\circ\ 36'\ 20''$: er war also in 130 Jahren um $1^\circ\ 8'\ 30''$ oder, jährlich um $31'',7$ in Beziehung auf das Aequinokzium vorgerückt, oder um $18'',5$ in Beziehung auf die Sterne zurückgegangen. Aus mehreren andern Beobachtungen bestimmt aber Lalande die erstere Bewegung auf $31',0$.

Rotazion, Durchmesser, Dichtigkeit.

§. 107. Die Analogie und die allgemeine Anziehung lassen keinen Zweifel wegen der Rotazion der Venus übrig. Dominikus Cassini bestimmte sie auch aus der Beobachtung eines Fleckens zu ungefähr 23st; doch lieſs diese Angabe noch manchen Zweifel zu, da Bianchini ebenfalls aus der Beobachtung eines Fleckens eine Umlaufszeit von $24^t\ 8^{st}$ folgerte. Dieser Streit wurde durch Schröter geschlichtet, der nicht sowohl aus der Erscheinung eines Fleckens, weil diese gar zu schwer zu beobachten, sondern aus einer periodischen Veränderung der Hörnerspitzen, die er am Monde und Merkur ebenfalls wahrgenommen hatte, die Umlaufszeit auf $23^{st}\ 21'\ 19''$ bestimmte. Diese Angabe hat, wenn man Alles gehörig erwägt, viele Wahrscheinlichkeit für sich; ebenso auch die bedeutende Höhe der Gebirge auf der südlichen Halbkugel, welche jene Erscheinung an den Hörnerspitzen hervorbringen: doch läſst sich auch nicht leugnen daſs optische Täuschungen bei einer sonst schon nicht gehörig beobachteten Erscheinung, verbunden mit etwas Phantasie, bisweilen zu Vermuthungen und Annahmen geführt haben, die sich bald als völlig falsch gezeigt haben.

§. 108. Der Durchmesser der Venus, nicht anders als der des Merkurs, wird am besten in den Vorübergängen des Planeten vor der Sonnenscheibe gemessen; Lalande fand ihn aus dem vo 1761 zu 57″,8, aus dem von 1769 zu 57″,2, als der mittlere 57″,5, und zwar gilt derselbe für di Entfernung 0,289 von der Erde, die mittlere de Erde von der Sonne = 1 gesetzt. Weil nun di scheinbaren Durchmesser im umgekehrten Ven hältnisse der Entfernung stehen, so erhält man 16″,7 für den Durchmesser der Venus in der Ent fernung 1; und weil in ebendieser Entfernung de Durchmesser der Erde 17″,2 ist, so findet sich de der Venus 0,9593 von dem der Erde, oder 165 Meilen. Die körperliche Grösse ist auf gleich Weise 0,89025 von der der Erde, oder um weni mehr als ein Zehntel kleiner.

§. 109. Was die Dichtigkeit der Venus be trifft, so sind wir über dieselbe in einer gleichen Ungewiſsheit, wie bei Merkur, da beide Planeten keine Trabanten haben; man muſs sich also des von Lagrange angenommenen Gesetzes bedienen, daſs die Dichtigkeiten im umgekehrten Verhältnisse der Entfernungen von der Sonne stehen. Hiernach verhielte sich die mittlere Entfernung der Venus von der Sonne oder 0,72333 zu der Entfernung der Erde von der Sonne oder zu 1, wie die Dichtigkeit der Erde oder 1 zu der Dichtigkeit der Venus = 1,38. Berechnet man aber mit dieser Dichtigkeit die Masse der Venus, die man 1,23 von der der Erde findet, so kann man weder von der hundertjährigen Verminderung der Schiefe, noch von der Bewegung des Apogäums der Sonne, noch von dem des Merkurs und der Bewegung seiner Knoten Rechenschaft geben, denn alle diese Bewegungen, auf welche die Masse der Venus bedeutenden Einfluſs hat, setzen sie viel kleiner. Darum nimmt auch Lalande dieselbe zu 0,95 der Erdmasse, indem sie dann die von ihm angenommene hundertjährige Abnahme der Schiefe von 50″ hervorbringt; Laplace setzt sie 1,16; ich ich glaube aber, daſs sie noch kleiner als 0,95 genommen werden müsse, weil die Abnahme der Schiefe nach meinen Beobachtungen nur 45″ beträgt. Uebrigens ist bei einer Masse von 0,95 die Dichtigkeit der Venus 1,038 von der der Erde, und der freie Fall der Körper beträgt auf ihrer Oberfläche in der ersten Sekunde 15,421 pariser Fuſs.

§. 110. Zum Beschluſs wollen wir noch eine ganz eigene Erscheinung bei der Venus untersuchen, von welcher schon oben die Rede gewesen. Bisweilen glänzt nämlich der Planet mit einem so lebhaften Lichte, daſs man ihn am hellen Tage mit dem blossen Auge deutlich sieht, und dieser Vorfall erregt beim Volke immer groſse Verwunderung und höchst sonderbare Vorstellungen und Muthmassungen. Wenn man aber die Umstände dieser Erscheinung gehörig untersucht, so zeigt sich, daſs dieselbe nie, wie es doch vielleicht möchte erwartet sein, in den gröſsten Ausweichungen, noch weniger aber bei den obern Konjunkzionen, sondern nur nahe bei den untern Konjunkzionen, und zwar nicht jedesmal statt findet. Darum haben Halley und nach ihm Andere untersucht, in welchen Fällen das Licht der Venus in Beziehung auf uns den gröſsten Werth haben müsse.

Um von dieser Aufgabe eine Vorstellung zu

geben, so sei (Fig. 78.) $ab'a'b$ der Umfang der Scheibe der Venus, v ihr Mittelpunkt, S die Sonne und T die Erde; man ziehe die Durchmesser aa', bb' senkrecht zu den Entfernungen Sv, Tv, dann ist der Bogen $ab'a' = 180°$ das Mass der erleuchteten Halbkugel, $b'a'$ das Mass ihres sichtbaren Theils, $SvT = aa' - b'a' = v$, und $b'a' = 180° - v$. Nun ist aber der Durchmesser aa' die orthographische Projekzion des Bogens aa', der Sinusversus von $180° - v$ aber die des Bogens $b'a'$; nennt man also E den sichtbaren Theil der erleuchteten Halbkugel, und setzt diese letztere $= 1$, so ist $1 : E = aa' : \text{Sin vers}(180° - v)$, oder $1 : E = 2 : 1 + \text{Cos}\, v = 2 : 2\, \text{Cos}\, \frac{1}{2} v^2$, also $E = \text{Cos}\, \frac{1}{2} v^2 =$ der orthographischen Projekzion der Breite des sichtbaren Theils der erleuchteten Halbkugel. Die Lichtstärke verhält sich aber umgekehrt wie das Quadrat der Entfernung; setzt man also $Tv = y$, so ist $E = \frac{\text{Cos}\, \frac{1}{2} v^2}{y^2}$. Dieser Werth soll ein Grösstes sein; man differenzire ihn also und setze das Differenzial $= 0$, so erhält man $\frac{dy}{dv} = -\frac{1}{2} y \,.\, \text{Tang}\, \frac{1}{2} v$.

Nun suche man einen zweiten Werth von $\frac{dy}{dv}$ aus der Elongazion der Venus, und setze deshalb $ST = R$, $Sv = r$, $STv = T$, so ist $R \,.\, \text{Sin}\, T = r \,.\, \text{Sin}\, v$ und $y = R \,.\, \text{Cos}\, T - r \,.\, \text{Cos}\, v$, welche beide Gleichungen differenzirt und mit einander verbunden $\frac{dy}{dv} = - y \,.\, \text{Tang}\, T$ geben. Man hat also $2\, \text{Tang}\, T = \text{Tang}\, \frac{1}{2} v$, und wenn man in dieser Gleichung den Werth von v, durch die Radien r, R und die Elongazion T ausgedrückt, substituirt, gradezu die Werthe von T und y und also die Auflösung der Aufgabe. Auf diese Weise findet

Delambre (§. 107. Cap. 27. seiner *Astronomie*) die folgenden Formeln

$$\text{Tang}\, x = \frac{R}{r}\, \text{Tang}\, 60^\circ;\ \text{Cos}\, T = \frac{\text{Tang}\, \frac{1}{2} x}{\text{Sin}\, 60^\circ};$$

$$y = r\,.\, \text{Tang}\, x\,.\, \text{Tang}\, \tfrac{1}{2} x - r;\ \text{Tang}\, \tfrac{1}{2} v = \frac{\text{Tang}\, T}{\text{Cos}\, 60^\circ}.$$

Setzt man hier $R = 1$ und $r = 0{,}7233153$, dem Werthe der halben grofsen Axe der Venusbahn in Theilen der mittlern Entfernung der Sonne von der Erde, so ist

$$x = 67^\circ\ 20'\ 3'';\ T = 39^\circ\ 43'\ 26'';\ v = 117^\circ\ 55'\ 22'';$$

$$S = 22^\circ\ 21'\ 12'';\ y = 0{,}4304;\ \frac{\text{Cos}\, \frac{1}{2} v^2}{y^2} = 1{,}435.$$

Hieraus folgt: 1) Das Licht der Venus ist am stärksten, wenn $y = 0{,}4304$ und die Elongazion $39^\circ\ 43'$ beträgt; also zeigt sich diese Erscheinung im untern Theile der Venusbahn $39^\circ\ 43'$ oder 79 Tage von der Konjunkzion entfernt.

2) Da Cos T positiv oder negativ sein kann, so kann die Erscheinung vor und nach der Konjunkzion statt finden.

3) Venus und die Erde kommen alle acht Jahre in dieselbe gegenseitige Lage; wenn also in einem Jahre Venus sich im gröfsten Lichte gezeigt hat, so wird dies acht Jahre nachher wieder der Fall sein.

4) Venus wurde in den Jahren 1716, 1750, 1794 am hellen Tage gesehen: nach den beiden ersten Beobachtungen wäre die Periode $8\frac{1}{4}$ Jahr, nach den beiden letzten $8\frac{1}{2}$ Jahr; es scheint also die von uns gegebene Auflösung nicht ganz sicher zu sein. Dies darf auch nicht Wunder nehmen, da die Halbmesser R, r konstant und den mittlern gleich angenommen sind, was doch nur näherungsweise richtig ist, und überdies die Differenziazion der Fundamentalgleichung einigen Schwierigkeiten unterworfen sein kann.

5) Wenn man die vorhergehenden Formeln auf Merkur anwendet, so sind die Resultate noch ungenügender; denn sie geben die gröfste Sichtbarkeit des Planeten zu einer Zeit, wo er nur mit Mühe durch Fernröhre gesehen wird. Wahrscheinlich kommt dies ausser den schon erwähnten Schwierigkeiten noch von der grofsen Ekzentrizität der Merkursbahn her.

6) Die Sichtbarkeit der Venus hängt nicht blos von der Elongazion und der Entfernung von der Erde, sondern auch von dem Zustande der Atmosphäre ab; wenn diese nicht sehr rein, und Venus nicht nach der Sonne durch den Meridian geht, so wird sie schwerlich von den Leuten bemerkt werden. In der That ist dies auch immer in der schönen Jahrszeit und 3 bis 4 Stunden nach Mittage geschehen.

Von den Vorübergängen der Venus vor der Sonnenscheibe wird im folgenden Buche die Rede sein.

Fünfter Abschnitt.

Mars.

§. 111. Von den Planeten, welche sich innerhalb der Erdbahn bewegen, gehen wir zu denen über, die ihre Bahnen ausserhalb derselben beschreiben; Mars der nächste bei der Erde, soll zuerst untersucht werden. Da dieser Planet nie zwischen der Erde und der Sonne durchgeht, so kann er uns nicht solche Erscheinungen und Veränderungen seiner Gestalt wie Venus und Merkur darbieten: doch bemerkt man an ihm dafs er von der Konjunkzion, wo er völlig rund erscheint bis zur ersten Quadratur sich einer fast ovalen Form nähert, derjenigen ähnlich, welche der Mond drei

Tage vor dem Vollmonde hat; dafs er sich, nachdem die erste Quadratur vorbei ist, wieder der Kreisform nähert, welche er in der Opposizion völlig erlangt, und dafs er auf gleiche Weise bis zur zweiten Quadratur ab und von dieser bis zur Konjunkzion wieder zunimmt. Diese Erscheinungen sind leicht zu erklären, wenn man die verschiedenen Stellungen betrachtet, in welche seine von der Sonne erleuchtete Halbkugel gegen die Erde zu stehen kommt. In der Opposizion erscheint er grofs und lichthell, so dafs er sich sogleich von den Sternen unterscheidet, unter denen er sich nachher verliert, da er gegen die Konjunkzion fortwährend an Licht und Grösse abnimmt; doch zeigt er sich nicht in allen Opposizionen gleich grofs und glänzend, woraus folgt, dafs dieselben in verschiedenen Entfernungen von der Erde vorfallen. Ungefähr dreissig bis vierzig Tage vor der Opposizion wird er stillstehend und dann rückgängig; ebensoviel Tage nach der Opposizion wieder stillstehend und hierauf rechtgängig bis gegen die nächste Opposizion.

Umwälzung um die Axe.

§. 112. Mit Hülfe von guten Fernröhren lassen sich viele Flecken auf der Scheibe des Mars erkennen während derselbe von der ersten Quadratur zur zweiten übergeht, die in der Zeit von dieser bis zu jener, wegen der grössern Entfernung des Planeten von der Erde, nicht sichtbar werden. Sie sind, in Verhältnifs zu der Scheibe, von derselben Grösse wie die des Mondes, behalten lange Zeit dieselbe Gestalt und lassen sich leicht erkennen, ohne dafs man zu befürchten hätte sie zu verwechseln. Fontana und Bartoli beobachteten sie zuerst in den Jahren 1636 und 1644, aber nur als einen Gegenstand der Neugierde bis Dominikus Cassini sie im Jahre 1666 mit einem $16\frac{1}{2}$ füssigen Fernrohre von Campani aufmerksam und anhaltend untersuchte und fand, daſs sie nicht immer an demselben Orte blieben, daſs sie aber nach einiger Zeit zu demjenigen zurückkehrten, in welchem sie zuerst gesehen waren. Er schloſs hieraus daſs der Planet sich um seine Axe drehen müsse, vorzüglich da er erkannt hatte, daſs die Flecken, welche man nach und nach sah, zweien verschiedenen Halbkugeln des Planeten zugehörten, daſs sie sich scheinbar von Osten nach Westen bewegten, daſs man bisweilen in derselben Nacht beide entgegengesetzte Seiten des Mars, die eine Abends, die andere Morgens, beobachten könne, endlich daſs sie an jedem folgenden Tage um 40′ später in dieselbe Stellung kamen als den Tag vorher, so daſs sie immer nach 36 bis 37 Tagen sich in denselben Stunden auf gleiche Weise zeigten. Hiernach ist die Zeit der Umwälzung 24st 40′, und ausserdem die Axe wenig geneigt gegen die Ebene der Bahn.

§. 113. Cassini's Sohn, Maraldi und Andere setzten diese Beobachtungen fort. Maraldi fand, daſs die Flecken nicht gut begränzt wären und oft ihre Gestalt veränderten, nicht blos von einer Opposizion zur andern, sondern innerhalb eines Monats; daſs aber nichtsdestoweniger einige hinlänglich lange erschienen, um aus Beobachtung derselben eine Umwälzungszeit von 24st 39′ zu folgern. Viele Andere beschäftigten sich auch mit diesen Beobachtungen und zeichneten die Flecken ab; indessen fanden sich hiebei so viele Verschiedenheiten, daſs Herschel es im Jahre 1781 unternahm, alle diese Erscheinungen von neuem zu beobachten und die aus ihnen gezogenen Folgerungen zu prüfen. Er fand bald, daſs wenn auch nicht alle Flecken, doch wenigstens einige beständig dieselbe

Lage, dieselbe Gestalt, und nahe dieselbe Farbe behielten, und zog hieraus den Schlufs, dafs sie beständig wären und dem Planetenkörper selbst zugehörten, also allein dazu pafslich wären die Umwälzung desselben zu bestimmen. Hierauf wählte er die nächsten beim Mittelpunkte, die bei ihrem Fortrücken durch denselben gehen mufsten, aus, und beobachtete dieselben mit 300 maliger Vergrösserung; dies setzte ihn in den Stand die Bewegungen mit den Zeiten, zuerst innerhalb weniger Tage, dann in mehreren Monaten und endlich in mehreren Jahren, und zwar vorzüglich bei den Oppositionen zu vergleichen. Dies gab die Umwälzungszeit zu $24^{st}\ 39'\ 21''$, bei welchen er höchstens eine Ungewifsheit von $2''$ vorhanden glaubt. Hiemit begnügte sich aber HERSCHEL nicht; er wollte ausserdem noch die Lage der Axe, den Durchschnittspunkt des Aequators mit der Ekliptik und die hierauf Bezug habenden Elemente bestimmen, hielt hiezu aber nicht die Flecken im Aequator, sondern die an den Polen für die bequemsten. Er fand, dafs der Aequator des Mars gegen die Ekliptik um $30^\circ\ 18'$, gegen die Bahn des Planeten aber um $20^\circ\ 42'$ geneigt sei, und dafs der Knoten in ♒ $19^\circ\ 18'$ befindlich wäre; ausserdem bestimmte er die Abplattung des Polardurchmessers zu $\frac{1}{16}$. LALANDE hielt diese letztere Bestimmung für zu kühn, jedoch wohl mit Unrecht, da sie ja aus der unmittelbaren Beobachtung der Durchmesser am Pole und am Aequator hervorgegangen war.

§. 114. Aus allem diesem folgert HERSCHEL dafs viele Aehnlichkeit zwischen Mars und unserer Erde statt finden müsse. Die tägliche Bewegung ist fast dieselbe bei beiden Planeten; wenig verschieden die Neigung der Bahnen gegen den Aequator, wovon die Jahrszeiten abhängen; in Verhältnifs mit Jupiter und Saturn ist das Jahr des

Mars wenig verschieden vom unsrigen; ebenso wie unsere Pole mit Eis und Schnee bedeckt sind, welches beides im Sommer zum Theil schmilzt, so ist es auch mit denen des Mars, weil das Licht seiner Polargegenden und die Aenderungen welchen es unterworfen ist, wie Herschel meint, nicht anders erklärt werden können als durch das Fallen und Wegthauen des Schnees im Winter und Sommer des Planeten; endlich hat derselbe eine Atmosphäre die von der unsrigen nicht viel verschieden ist, wie es die Veränderungen, das Erscheinen und Verschwinden der Flecken zeigen.

Mittlere Umlaufszeit.

§. 115. Bei der Aufsuchung der mittleren Umlaufszeit sowie aller Elemente, werden wir den bisher befolgten Gang beibehalten: nämlich nichts voraussetzen, das nicht unmittelbar aus den Beobachtungen hergeleitet werden kann. Zur Bestimmung der Umlaufszeit beobachte man also zwei auf einander folgende Opposizionen, oder man beobachte den Planeten wenn er um Mitternacht durch den Meridian geht, indem man die Zeit der Opposizion und den Punkt der Ekliptik bemerkt, welchem dieselbe entspricht; dann erhält man die zwischen beiden Beobachtungen verlaufene Zeit, und den Bogen, welchen in derselben der Planet durchlaufen hat, welches sehr nahe die mittlere Umlaufszeit giebt. Man nehme als Beispiel die beiden zu Paris beobachteten Opposizionen 1715. April 21. 11^u $0'$ $0''$ und 1717. Jun. 11. 9^u $11'$ $0''$ m. Z., welchen die Längen 7^z $1°$ $29'$ $30''$ und 8^z $20°$ $57'$ $15''$ entsprechen. Der Unterschied der Zeiten ist 2 Jahre 51^t 22st $11'$ $0''$ oder 781^t 22st $11'$ $0''$, der durchlaufene Bogen $409°$ $27'$ $45''$; man hat also $409°\ 27'\ 45'' : 360° = 781^t\ 22^{st}\ 11'\ 0''$ zum vierten Gliede $= 686^t\ 20^{st}\ 7'\ 30''$, welches näherungsweise die mittlere Umlaufszeit ist. Sollte nun keine Verbesserung nöthig sein, so müfste die zweite Beobachtung in demselben Punkte der Ekliptik, oder in derselben Entfernung vom Aphelium gemacht sein als die erste, weil dann die wahre Bewegung der mittlern gleich gewesen wäre, da die erste und zweite Länge um gleichviel hätten grösser oder kleiner als ihre zugehörigen mittleren sein müssen. In unserm Beispiele findet sich aber ein Unterschied von 49°, wefshalb die gefundene Grösse nicht sehr genau sein kann.

§. 116. Ein solches Resultat kann also keine genaue Bestimmung geben, sondern nur dazu dienen die Anzahl der Umläufe zu finden, welche der Planet in einer gewissen Zeit beschrieben hat, wodurch man also in den Stand gesetzt wird weit entfernte Beobachtungen mit einander zu vergleichen, die einzig und allein einen genauen Werth der zu suchenden Grösse geben können. Man wähle also zwei Opposizionen aus, die 40 oder 50 und mehr Jahre von einander entfernt sind, und nahe demselben Punkte der Ekliptik entsprechen, dividire die Zwischenzeit durch 687^t, welches die Anzahl der ganzen Umläufe giebt, multiplizire diese Zahl mit 360°, und addire zum Produkte die Zahl der Grade und Minuten, um welche der Planet, in der zweiten Beobachtung in der Ekliptik weiter vorgerückt war als in der ersten, dann setze man, wie sich diese Summe zu 360° verhält, so verhält sich die Zwischenzeit beider Opposizionen zum vierten Gliede, welches die Umlaufszeit genauer als vorher geben wird. Denn der aus der verschiedenen Mittelpunktsgleichung herrührende Fehler fällt nun nicht mehr ganz auf einen Umlauf, sondern wird auf mehrere vertheilt: das Resultat ist also desto genauer je grösser die Zwischenzeit ist.

§. 117. Will man diese zweite Bestimmung

noch verbessern und möglichst genau darstellen, so müssen beide Opposizionen durch einen groſsen Zeitraum von einander getrennt, die entsprechenden Oerter aber auf dieselbe Entfernung vom Aphelium reduzirt sein, denn nur in diesem Falle wird die ganze wahre Bewegung der ganzen mittlern gleich sein. Nun kennt man aber noch nicht den Ort des Apheliums; deſshalb muſs man für den Augenblick voraussetzen, daſs dasselbe keine Bewegung habe, was auch wirklich, wie man später sehen wird, sich nicht sehr von der Wahrheit entfernt.

Diesen Voraussetzungen gemäſs wählte Cassini zwei Opposizionen aus, welche 1578 Jahre von einander entfernt lagen, und bei welchen, wenn das Aphelium ohne Bewegung angenommen wurde, Mars sich in derselben Entfernung vom Aphelium befand; die erste war im Jahre 130 von Ptolemeos beobachtet und traf, auf Paris reduzirt, den 13. Dez. um 11^u 48′ Abends ein; die zweite hatte man in Paris 1709. Jan. 4. 5^u 48′ beobachtet. Die Länge des Mars war in der erstern 2^z 21° 22′ 50″, in der letztern 3^z 14° 18′ 25″; da aber vom Jahre 130 bis zum Jahre 1709 die Präzession der Aequinokzien die Länge der Sterne um ungefähr 22° 33′ vermehrt hatte, so war der Ort des Mars in beiden sehr nahe derselbe gewesen, also beide auch sehr nahe in derselben, obgleich nicht bekannten Entfernung vom Aphelium: darum konnte die wahre Bewegung in der Zwischenzeit der mittlern gleich geachtet werden. Nun ist aber die Zwischenzeit 576375^t 18st 0′, welche durch 687 dividirt 839 geben; diese 839 werden mit 360″ multiplizirt und zum Produkte 22° 55′ 35″, oder der Unterschied zwischen beiden Längen, addirt, dann verhält sich diese Summe zu 360° wie 576376^t 18st zum vierten Gliede = 686^t 22st 16′, welches die tropische

Umlaufszeit des Mars ist, bei welcher nur noch ein sehr kleiner Fehler statt finden kann. Wirklich bestimmt auch CASSINI aus mehreren Vergleichungen der ältern und neuern Beobachtungen die tropische Umlaufszeit zu 68^{tt} 22st 18′ 39″, was nur um — 11″,6 von derjenigen abweicht, die LALANDE aus BRAHE's Beobachtungen mit der gröfsten Sorgfalt hergeleitet hatte.

§. 118. Setzt man also die tropische Umlaufszeit auf 686^t 22st 18′ 27″,4 fest, so beträgt die tropische Bewegung in 365^t oder in einem Jahre 6^z 11° 17′ 9″,7, in einem Tage 31′ 26″,7, und wenn man die Präzession in 687^t zur tropischen Umlaufszeit addirt, so erhält man 686^t 23st 30′ 35″ für die siderische Umlaufszeit, aus welcher man ebenso wie bei Merkur und Venus, mittelst des dritten Keplerschen Gesetzes, die mittlere Entfernung des Mars von der Sonne, oder die halbe grofse Axe seiner Bahn = 1,5236606 findet, die der Erde = 1 angenommen.

Aphelium, Epoche, Mittelpunktsgleichung.

§. 119. Um den Ort des Apheliums und die Mittelpunktsgleichung in der Voraussetzung zu bestimmen, dafs beide noch gänzlich unbekannt sind, mufs man die Beobachtung von drei Opposizionen haben, von denen die zweite von der ersten um ungefähr 3^z, die dritte um ungefähr 9^z entfernt ist. Man nehme an das Aphelium sei im Orte der ersten Beobachtung und suche die mittlere Bewegung des Mars, welche der Zwischenzeit bis zur zweiten und bis zur dritten Beobachtung entspricht; diese vergleiche man mit den beobachteten Bewegungen, und wenn nun die wahre Länge des Apheliums grösser ist als die vorausgesetzte, so wird der Unterschied zwischen der ersten berechneten und beobachteten Bewegung kleiner sein als der zwischen der letztern, und zwar der eine in +, der andere in —; man addire beide Unterschiede und nehme die Hälfte der Summe, so erhält man sehr nahe die gröſste Mittelpunktsgleichung. Alles dies ist leicht einzusehen, wenn man die Art und Weise der wahren Bewegung des Planeten vom Aphelium bis zu 3^z und bis zu 9^z wahrer Anomalie betrachtet.

Beispiel. Man nehme hiezu die in den Jahren 1760, 1764 und 1770 in Wien beobachteten und auf den Meridian von Paris reduzirten Opposizionen; es sind folgende

1760. März 7. $17^u\ 37'\ 59''$ ... Länge $5^z\ 18^\circ\ 9'\ 23''$
1764. Jun. 1. $0^u\ 46'\ 0''$ ...... $8^z\ 11^\circ 21' 59''$
1770. Dez. 14. $11^u\ 22'\ 19''$ ...... $2^z\ 23^\circ\ 7'\ 7''$

Die wahre Bewegung zwischen der ersten und zweiten Beobachtung beträgt $2^z\ 23^\circ\ 12'\ 36''$, die Zwischenzeit ist 4 Jahre $86^t\ 7^{st}\ 8'\ 1'' = 1546^t\ 7^{st}\ 8'\ 1''$, also die mittlere Bewegung $3^z\ 0^\circ\ 53'\ 39''$ und der Unterschied mit der wahren $+ 7^\circ\ 41'\ 3''$; die wahre Bewegung zwischen der ersten und dritten Beobachtung beträgt aber $9^z\ 4^\circ\ 57'\ 44''$, die Zwischenzeit 10 Jahre $283^t\ 17^{st}\ 44'\ 20'' = 3933^t\ 17^{st}\ 44'\ 20''$, daher die mittlere Bewegung $8^z\ 22^\circ\ 4'\ 49''$ und der Unterschied mit der wahren $- 12^\circ\ 52'\ 55''$. Es beträgt also die Summe von beiden Unterschieden $20^\circ\ 33'\ 58$ und folglich die gröſste Mittelpunktsgleichung $10^\circ\ 17'$.

§. 120. Wenn die beiden Differenzen gleich wären — ein höchst unwahrscheinlicher Fall — so hätte man nur noch eine kleine Korrekzion wegen der Bewegung des Apheliums nöthig, um den Ort desselben und die gröſste Mittelpunktsgleichung genau zu erhalten. Aber die erste Differenz, welche positiv und kleiner als die zweite ist, zeigt hinlänglich daſs die erste Beobachtung in einen Punkt der Marsbahn fällt, der weiter vorwärts als das Aphelium liegt, und daſs deshalb die gefundene gröſste Mittelpunktsgleichung nicht sehr genau sein kann; indessen ist sie hinlänglich, sowohl um die bei ihr anzubringende Verbesserung, als auch den wahren Ort des Apheliums zu finden.

§. 121. Mit Hülfe der VIII. Aufgabe des vierten Buchs suche man aus der gröſsten Mittelpunktsgleichung 10° 17′ die Ekzentrizität der Marsbahn, und dann durch die andern Aufgaben desselben Buchs alle übrigen Elemente; hierauf wiederhole man die Rechnung mit einer etwas veränderten Mittelpunktsgleichung, so erhält man neue Elemente, welche nach den im vierten Buche auseinandergesetzten Methoden mit hinlänglicher Genauigkeit die gröſste Mittelpunktsgleichung den Ort des Apheliums, die Epoche der Längen u. s. w. geben werden.

Uebrigens ist diese Methode nur deshalb mitgetheilt, um zu zeigen wie man ohne viele Mühe die Elemente eines obern Planeten bestimmen kann, wenn auch noch gar nichts von ihnen bekannt ist.

Neigung, Knoten und Redukzion auf die Ekliptik.

§. 122. Aus den in den Opposizionen beobachteten geozentrischen Breiten leitet man die heliozentrischen her, welche, wie bei Merkur und Venus gezeigt worden, die Neigung und den Ort des Knotens geben. Die Redukzion auf die Ekliptik bietet weiter keine Schwierigkeit dar.

Bewegung des Apheliums und des Knotens. Perturbazionen.

§. 123. Um die Bewegungen des Apheliums nnd der Knoten zu bestimmen, ist nothwendig, daſs man hinlänglich von einander entfernte Beobachtungen habe, aus welchen man für jeden Fall besonders die Oerter dieser Elemente herleitet; ihr Unterschied giebt dann die gesuchten Bewegungen. Ebendieselben können auch noch aus dem Grundgesetze der allgemeinen Schwere gefunden werden, und wirklich haben LAGRANGE und Andere sie so gefunden: zwischen beiden Resultaten ist kein bedeutender Unterschied.

§ 124. Die Perturbazionen, welche Mars von der Einwirkung der benachbarten Planeten leidet, sind erst in der letzten Zeit von ORIANI, BURKHARDT, WURM und SCHUBERT berechnet. Da die Resultate dieser Rechnungen nicht völlig mit einander übereinstimmen, so wählte TRIESNECKER als er neue Marstafeln berechnen wollte, von allen Bestimmungen diejenigen aus, welche ihm die genauesten zu sein schienen. Seine im Jahr 1805 herausgegebenen Tafeln wurden vom Baron von LINDENAU nach den genauesten neuern von 1750 an gemachten Beobachtungen verbessert, wobei derselbe sich für die Perturbazionen und Sekulargleichungen der Angaben der *Mecanique celeste* von LAPLACE bediente. Diese neuen Tafeln, die am besten mit den Beobachtungen übereinstimmen, erschienen im Jahre 1811.

Sechster Abschnitt.

Ceres, Pallas, Juno, Vesta.

§. 125. KEPLER bemerkte, als er die verschiedenen Entfernungen untersuchte, in welchen die ihm bekannten Planeten von der Sonne stehen, daſs alle sehr nahe durch folgende Zahlen dargestellt werden könnten: 4; 7; 10; 16; 52; 95. Zieht man hier die erste Zahl von allen übrigen ab, so erhält man 3; 6; 12; 48; 91, wo die zweite das Doppelte der ersten, die dritte das Doppelte der zweiten und ebenso sehr nahe die fünfte das Doppelte der vierten, die vierte aber das Vierfache der dritten ist; es scheint also eine Lücke zwischen den beiden Planeten deren Entfernungen 16 und 52 sind, oder zwischen Mars und Jupiter zu sein. Bis auf LAMBERT blieb diese schöne Entdeckung unbeachtet; dieser und nachher TITIUS und BODE nahmen sie wieder auf: vorzüglich machte es der Letztere sehr wahrscheinlich, daſs wirklich zwischen Mars und Jupiter ein seiner Kleinheit wegen noch nicht aufgefundener Planet vorhanden sei. Die Entdeckung des Uranus, der auch diesem Gesetze folgt, bestätigte BODE's Vermuthung.

§ 126. Wenn a die Entfernung des Merkurs von der Sonne, d der Unterschied zwischen den Entfernungen des Merkur und der Venus, so ist die Entfernung des $n$ten Planeten $= a + 2^{n-2} d$, also die des vermutheten fünften $= 4 + 2^{5-2} \cdot 3 = 28$, die der Erde zu 10 angenommen. War also der Planet nur von geringer Grösse, so konnte er unter der groſsen Menge kleiner Sterne, unbeachtet seinen Umlauf um die Sonne vollenden. Deshalb muſste eine genaue Untersuchung und mehrmalige Beobachtung der kleinern Sterne wünschenswerth werden, und wirklich widmeten sich auch mehrere Astronomen dieser Arbeit, deren Frucht die Entdeckung nicht eines, sondern vier neuer Planeten war. Den ersten entdeckte ich am 1. Januar 1801 in Palermo, und benannte ihn *Ceres*; den zweiten, *Pallas*, fand OLBERS in Bremen am 28. März 1802; den dritten, *Juno*, entdeckte HARDING, damals in Lilienthal, am 2. Sept. 1804; endlich fand OLBERS am 29. März 1807 den vierten, *Vesta*. Diese vier Planeten beschreiben ihren Umlauf um die Sonne sehr nahe in gleichen Entfernungen von derselben; ihre körperliche Grösse ist sehr gering; ihre Bahnen sind stark ekzentrisch und bedeutend gegen die Ekliptik geneigt.

§. 127. Die bald nach der Entdeckung der Ceres aufgefundene Pallas brachte OLBERS auf eine sehr wahrscheinliche Vermuthung über die Entstehung dieser, und das Dasein ähnlicher Planeten. Er sagt, wenn zwischen Mars und Jupiter in der Entfernung von 2,8 von der Sonne, nach KEPLER's Vermuthung ehemals ein grofser Planet war, und wir jetzt nur noch sehr kleine dort sehen, so ist es wahrscheinlich, dafs diese nur Stücke von jenem sind, der durch einen heftigen Ausbruch in mehrere Theile zerrissen worden. Diese Theile haben dann sehr nahe die anfängliche Entfernung von der Sonne beibehalten und um dieselbe in Bahnen laufen müssen, welche mehr oder weniger geneigt, mehr oder weniger der Kreisform sich nähernd einen gemeinschaftlichen Knoten haben. Ausser Ceres und Pallas können also noch andere dort sein, welche bei ihren Umläufen immer durch den gemeinschaftlichen Knoten gehen und welche also, wenn man sie dort sucht, leichter zu finden sind. Diese Hypothese ward sehr bald durch die Entdeckung der Juno, und drei Jahre nachher durch die der Vesta bestätigt; denn in der That sind die Entfernungen dieser beiden Planeten von der Sonne sehr nahe dieselben als die vorhergehenden und ihre Knoten auf der Ceresbahn wenig verschieden von dem der Pallas. Bestimmt man sie durch die §. 73 des III. Buchs gegebene Methode, so erhält man: Länge des Knotens der Pallas- und Ceresbahn auf der Ekliptik 187° 36′, nördliche Breite 10° 11′; für Juno findet sich 209° 57′ und 8° 18′, für Vesta 227° 9′ und 9° 24′ im Mittel 208° 34′ und 9° 17′. Sämmtliche Knoten sind also im Sternbilde der Jungfrau, die entgegengesetzten in dem des Wallfisches: hier also mufs man suchen, wenn man noch etwas neues finden will.

Die Hypothese von OLBERS ist von LAGRANGE

gleichsam bewiesen (Connoissance des Temps. 1814.) Hier wird untersucht, welche Kraft nöthig sei einen Planeten zu zersprengen und seine Theile in Kometen oder andere Planeten zu verwandeln: bei unserer Erde würde ein solches abgerissenes Stück, wenn seine Geschwindigkeit 121 mal grösser wäre als die einer Kanonenkugel, sich in einen rechtläufigen, bei 156maliger Geschwindigkeit aber in einen rückläufigen Kometen verwandeln; bei den übrigen Planeten wird dies bei einer Geschwindigkeit von $\frac{121}{\sqrt{(\text{mittl. Entf.})}}$ oder $\frac{156}{\sqrt{(\text{mittl. Entf.})}}$ geschehen. Um aber Planeten zu bilden bedarf es einer viel geringern Kraft: im gegenwärtigen Falle einer, die nur etwa zwanzigmal grösser als die des Schiefspulvers ist. Man darf sich also nicht wundern, wenn diese Planeten so viele Aehnlichkeit mit einander haben, und auf eine Art von einander abhängen, die man an den übrigen nicht bemerkt: man mufs sie als einen einzigen zum Sonnensysteme gehörigen Ring betrachten, wie wenn sie noch mit dem Planeten vereinigt wären, von welchem sie vielleicht nur einen sehr kleinen Theil ausmachten. Nur auf diese Weise kann die Harmonie hergestellt werden, welche Keplern zwischen Mars und Jupiter unterbrochen zu sein schien.

Elemente der Bahnen dieser Planeten.

§. 129. Diese Elemente der Bahnen sind auf eine Art berechnet, welche sehr verschieden von derjenigen ist die bei den übrigen Planeten angewendet worden. Bei diesen, welche lange Zeit und in bedeutenden Zwischenräumen beobachtet waren, konnte man diejenigen Beobachtungen wählen, die am pafslichsten waren, um jedes Element besonders zu bestimmen; sodafs einige zur Auffindung des Orts des Apheliums, andere zur Bestimmung der Grösse der Axen, andere für die Ekzentrizität, Neigung, Knoten u. s. w. dienten. Bei den neuen mufste man aber aus wenigen Beobachtungen in geringer Entfernung von der Opposizion unmittelbar alle Grössen folgern von welchen ihre Bewegungen und ihr scheinbarer Lauf am Himmel abhingen. Diese Arbeit war nicht von den leichtesten und würde zu andern Zeiten fast unmöglich gewesen sein; indessen boten die jetzigen guten Beobachtungen und die neuen Rechnungsmethoden alles Nöthige dar.

§. 130. Sobald als ich einige wenige Beobachtungen der Ceres, die nur einen Zeitraum von etwa 20 Tagen umfafsten, gemacht hatte, versuchte ich sie durch eine Parabel darzustellen, aber die Unterschiede zwischen den berechneten und beobachteten Bewegungen waren so grofs, dafs ich einsah, dafs ein Kreis eine bessere Uebereinstimmung geben würde. Nach verschiedenen Voraussetzungen gelangte ich endlich zu einer Kreisbahn die sehr nahe der Bewegung des neuen Himmelskörpers vom ersten Januar bis zum 11. Februar entsprach; was deutlich genug zeigte, dafs derselbe wirklich ein Planet sei, dessen Bahn nur eine geringe Ekzentrizität habe. Ich wollte nun meine Untersuchungen weiter fortsetzen und diejenige Ellipse suchen, welche sich der Wahrheit soviel als möglich näherte, aber ich mufs bekennen, dafs ich, ebenso wie Burkhardt in Paris, nichts Genügendes erhielt. Der Ritter Gauss war glücklicher hierin; denn nachdem er meine Beobachtungen einer genauern Rechnung unterworfen hatte, leitete er aus ihnen eine Ellipse her, die so nahe mit der wahren übereinstimmte, dafs mit ihrer Hülfe der Planet, welcher schon längere Zeit vergeblich gesucht war, wiedergefunden wurde. Diese Elemente, die nachher mehrmals nach den neuen

Beobachtungen verbessert wurden, kann man als die besten ansehen die sich bis jetzt haben erhalten lassen; sie sollen am Ende dieses Buchs zugleich mit denen der übrigen Planeten gegeben werden.

Siebenter Abschnitt.

Jupiter.

§. 131. Jupiter, der gröſste und, Venus ausgenommen, der hellste Planet, hat keine merkliche Lichtphase, und zwar wegen seiner groſsen Entfernung von der Sonne in Vergleichung mit der der Erde; dagegen zeigt er sich aber in guten Fernröhren nicht ganz rund. Dominikus Cassini war der Erste der bemerkte, daſs der Durchmesser von Osten nach Westen etwas gröſser sei als der von Norden nach Süden, welches auch Maraldi und alle späteren Beobachter bestätigten; nur daſs nicht alle über die Grösse der Abplattung übereinstimmten. Einige nehmen $\frac{1}{10}$, Andere $\frac{1}{12}$; Laplace glaubt, daſs dieselbe am besten aus der Theorie hergeleitet werden könne, und er findet aus dieser das Verhältniſs der beiden Durchmesser wie 69 zu 74.

§. 132. Galileo unterschied, sobald er ein Fernrohr nach dem Jupiter richtete, sogleich mehrere Streifen, die sehr nahe in der Richtung der eigenen Bewegung des Planeten lagen; Zucchi, Fontana, Cassini und Andere, die ihn gleichfalls zu verschiedenen Zeiten und aufmerksam betrachteten, bestätigten dies, und bemerkten ausserdem noch folgende Einzelnheiten. 1) Im Allgemeinen sieht man drei dunkle Banden, von denen die gröſste, im nördlichen Theile der Scheibe nahe beim Mittelpunkt, immer sichtbar, wenn auch nicht immer von derselben Gestalt ist. 2) Bisweilen bemerkt man eine grössere Anzahl, sechs, sieben und mehrere, ja HERSCHEL hat deren bis auf vierzig gezählt. 3) Von diesen sind einige dunkel, andere hell, aber nicht alle in ihrer ganzen Ausdehnung auf der Scheibe gleich bemerklich, sondern abgerissen und unterbrochen. 4) Nicht selten verschwinden sie bald nach dem Erscheinen, CASSINI sah in dem kurzen Zeitraume von einer oder zwei Stunden einige verschwinden und andere sich bilden. 5) Bisweilen kann man von allen nur den Streifen am Mittelpunkte unterscheiden.

Ausser den Streifen bemerkt man auch noch einzelne Flecken, welche erscheinen und wieder verschwinden, bald grösser, bald kleiner, bald von dieser, bald von einer andern Gestalt sind. CASSINI und SCHRÖTER haben hierüber viele Beobachtungen angestellt.

Alle diese Erscheinungen sind höchst wahrscheinlich atmosphärisch; jedoch läſst sich nicht Alles bis ins Einzelne erklären. Wir wissen nur soviel, daſs die Atmosphäre des Jupiters höchst bewegt ist, und daſs vielleicht der Körper selbst groſsen Revolutionen unterliegt, von denen es jedoch nicht möglich ist, die Ursache anzugeben.

Axendrehung.

§. 133. Einige Flecken scheinen mit dem Körper des Jupiters zusammenzuhängen, weil sie nach langen Zeiträumen an demselben Orte, in Beziehung auf den Planeten, sich zeigen, wo sie zuerst gesehen wurden. Sie rücken mit ziemlicher Geschwindigkeit auf der Scheibe von Osten nach Westen fort, erscheinen grösser im Mittelpunkte als gegen die Ränder zu, in deren Nähe sie verschwinden; auch ist ihre Bewegung im Mittelpunkte gröſser als am Rande. Alles dieſs kann nur durch eine Unveränderlichkeit bei den Flecken und durch eine Axendrehung des ganzen Körpers des Jupiters erklärt werden; diese Letztere geschieht dann, vom Mittelpunkte aus gesehen, von Westen gegen Osten.

§. 134. Aus den mehrere Jahre hindurch fortgesetzten Beobachtungen eines Fleckens folgerte Cassini die Zeit der Axendrehung den Jupiter zu 9st 55′ 53″,5; andere Beobachtungen aber gaben nur 9st 55′ 51″. Weil nun bei den Erstern Jupiter viel weiter von der Sonne entfernt gewesen war als bei den Letztern, so meinte Cassini annehmen zu können, daſs wenn die Entfernung von der Sonne zunähme die Umwälzungsgeschwindigkeit abnähme und umgekehrt. Eine solche Erklärung ist aber ganz willkührlich, weil die Rotazionsgeschwindigkeit nicht von der Fortrückungsgeschwindigkeit abhängt, und nur auf diese die Abstände von der Sonne einen Einfluſs haben können. Deſswegen wollten Short und Herschel, die bei ihren Beobachtungen ähnliche Unterschiede wahrnahmen lieber annehmen, daſs die Flecken nicht Theile des Planetenkörpers, sondern Massen wären, die vielleicht vom Körper abgerissen in der Atmosphäre schwömmen, und von dieser bald geschwinder bald langsamer hin- und herbewegt würden. Herschel bemüht sich ein Beispiel hievon bei unsern Passatwinden zu zeigen, die zu einer Zeit viel stärker wehen als zur andern; doch möchten, wenn dem so wäre, vielleicht grössere Unterschiede beobachtet werden müssen. Was mich betrifft, so glaube ich, daſs man die Erklärung dieser Erscheinung aus der Schwierigkeit herleiten könne, die Lage der Flecken genau anzugeben, da dieselben sehr häufig ihre Gestalt von einem Tage zum andern verändern und also noch mehr in den bedeutenden Zwischenräumen, welche nöthig sind, um die Umwälzungszeit mit Genauigkeit zu bestimmen. Es mag daher hinlänglich sein zu wissen, daſs die

Umlaufszeit des Jupiters um seine Axe ungefähr 9st $54'$ beträgt.

§. 135. Da die Bewegung der Flecken in der Richtung der Streifen geschieht, diese aber sehr nahe der Ekliptik parallel sind, so muſs die Rotazionsaxe sehr nahe senkrecht zur Ebene derselben sein. Dasselbe beweist auch die Lage der kleinern Axe, welche durch die Abplattung der Kugel entsteht, und welche sehr wenig von der zur Erdbahn senkrechten Lage abweicht. Man kann aber die genaue Grösse der Abweichung aus den Beobachtungen nicht abnehmen, denn dieselben zeigen blos, daſs sie nicht grösser als 3° sein kann. Hieraus folgt, daſs, weil der Aequator des Jupiters die Ebene seiner Bahn nur unter einen sehr kleinen Winkel schneidet, auf diesem Planeten eine Art von fortwährender und allgemeiner Tag- und Nachtgleiche vorhanden sein müsse.

Mittlere Umlaufszeit.

§. 136. Da wir eine groſse Anzahl alter und neuer Beobachtungen des Jupiters haben, unter welchen viele sind in denen sich der Planet in Opposizion mit der Sonne befand, so können wir ohne groſse Schwierigkeit die mittlere Bewegung desselben bestimmen. Auf dieselbe Weise welche oben bei Mars angewendet worden, findet man 4330^{t} 14st $39'$ $2''$ für die tropische, 4332^{t} 14st $27'$ $10'',8$ für die siderische Umlaufszeit, und $4'$ $59'',2649692$ für die tägliche tropische Bewegung.

§. 137. Ehe man aber zu diesem von Lalande gefundenen Resultaten gelangt, findet man andere, die etwas grösser oder kleiner sind, und zwar Erstere aus den alten Beobachtungen, Letztere aus den neuern, wobei die Zunahme oder Abnahme einigermaſsen der Zeit proporzional ist. Hieraus muthmaſsten die Astronomen, daſs die mittlere Bewegung des Jupiters wirklich von Jahrhundert zu Jahrhundert zunähme, und brachten deſshalb bei derselben eine Sekulargleichung an, die Bailly auf ungefähr 13″, Lagrange auf 3′ 18″ und Andere noch anders bestimmten. Dessenungeachtet war aber doch keine Uebereinstimmung zwischen Beobachtung und Rechnung; der Unterschied stieg bisweilen auf 7′ bis 8′. Da fand Laplace im Jahre 1786 aus der Theorie der Anziehung, daſs die mittlern Bewegungen der Planeten immer dieselben seien, und daſs die angenommene Beschleunigung beim Jupiter von nichts anderem herrühre, als von einer Ungleichheit von 20′, die durch die Anziehung des Saturns hervorgebracht wird, und deren Periode 918 Jahre ist. Delambre benutzte diese Entdeckung, sammelte alle von 1690 bis 1787 beobachteten Opposizionen beider Planeten, verglich sie mit Laplace's Formeln, verbesserte die Elemente, und wurde hiedurch in den Stand gesetzt im Jahre 1789 neue Jupiters- und Saturnstafeln zu geben, bei welchen die groſsen Unterschiede, die so viele Schwierigkeiten gemacht hatten, verschwunden waren. Spätere Tafeln von Bouvard unterlagen einigen Fehlern in Hinsicht der Zeichen der Perturbazionsformeln und werden deſshalb von neuem bearbeitet.

Mittlere Entfernung oder halbe groſse Axe.

§. 138. Aus dem dritten Keplerschen Gesetze findet man, ebenso wie bei den übrigen Planeten geschehen, die halbe groſse Axe der Jupiterbahn = 5,2016506, die der Erdbahn = 1 gesetzt. Dies Resultat ist etwas kleiner als dasjenige, welches Laplace aus der Theorie der Attrakzion hergeleitet hat, und welches 5,202778 beträgt.

Ekzentrizität und grösste Mittelpunktsgleichung.

§. 139. Vergleicht man mit einander die Opposizionen in welchen die wahre Bewegung nahe der mittlern gleich beobachtet worden, was wie bekannt, in der mittlern Entfernung statt findet, so erhält man für die Mittelpunktsgleichung 5° und mehr oder weniger Minuten, jenachdem man neuere oder ältere Beobachtungen anwendet. Dies zeigt deutlich, daſs die Gleichung nicht konstant, und also sehr schwer für eine gegebene Epoche zu bestimmen ist. Bailly, Wargentin und zuletzt Delambre haben diesen Punkt fleissig untersucht, und der Letztere bestimmte dieselbe, indem er die von Laplace entdeckte Ungleichheit in Rechnung brachte, für 1750 zu 5° 30′ 38″. Die Aenderung derselben geht aus verschiedenen Beobachtungen sehr verschieden hervor; man hat es also für das Beste gehalten, das Resultat der Theorie, welches Lagrange auf + 56″,3, Laplace aber auf + 55″,4 bestimmt, anzunehmen. Diese Zunahme rührt übrigens ganz von der Wirkung des Saturns her, denn der Einfluſs des Mars beträgt nur 0″,02, der der übrigen Planeten aber ist ganz unmerklich.

§. 140. Aus der groſsen Axe und der gröſsten Mittelpunktsgleichung findet man die Ekzentrizität 0,048077, die mittlere Entfernung des Jupiters von der Sonne = 1 gesetzt. Analog mit der Mittelpunktsgleichung muſs auch die Ekzentrizität sich verändern; sie wächst um 0,000134345 in einem Jahrhunderte.

Aphelium.

§. 141. Bei der Bestimmung des Apheliums traf man auf dieselben Schwierigkeiten wie bei der gröſsten Mittelpunktsgleichung, indem dieselben in beiden Fällen durch die Ungleichheiten Jupiters, die erst spät gehörig erkannt wurden, verursacht werden. Aus den Opposizionen von 1773 bis 1784 fand sich das Aphelium in 6z 10° 28′; die Vergleichung dieser Bestimmung mit den Tafeln von HALLEY, CASSINI und LALANDE gab aber nicht unbedeutende und ziemlich unregelmässige Unterschiede. Nachdem jedoch die ältern und neuern Beobachtungen gehörig verbessert waren, konnte man sowohl jenen Punkt besser bestimmen als auch das jährliche Vorrücken desselben angeben, welches sowohl durch Theorie als durch Beobachtung zu 57″ jährlich gefunden wird, wovon 6″,58 der Einwirkung des Saturs, 0″,01 der der Erde, ebensoviel der Venus und 50″,21 dem Vorrücken der Nachtgleichen gehören.

Knoten.

§. 142. Den Knoten der Jupitersbahn erhält man wie bei den übrigen Planeten aus der Breite und zwar ist es derjenige Punkt, wo dieselbe = 0 ist. Da aber die Neigung sehr geringe ist, so wird die Bestimmung des Knotens ziemlich schwer, indem ein Fehler von 1″ bei der Neigung 44″ beim Knoten hervorbringt; es finden sich auch bedeutende Unterschiede bei den Astronomen. DELAMBRE bestimmt ihn aus den neuesten Beobachtungen zu 3z 7° 55′ 32″ für 1750 und seine jährliche tropische Bewegung zu 35″,7 — 50″,2 oder zu — 14″,5.

Neigung.

§. 143. Die gröfsten Breiten geben die Neigung. Aus den Beobachtungen verschiedener Zeiten bestimmten LALANDE und DELAMBRE die Neigung für 1750 zu 1° 19′ 2″, und es finden sich zwichen den verschiedenen Angaben keine grofse Unterschiede.

§. 144. Die Neigung wird nicht immer gleich

groſs beobachtet, sondern sie erleidet kleine Sekularänderungen, welche von einem Jahrhunderte zum andern — 27″,2 betragen.

Achter Abschnitt.

Saturn.

§. 145. Saturn, der zehnte Planet in der Reihefolge nach der Entfernung ist der merkwürdigste Körper unseres Systems: er hat nicht blos mehr Trabanten als Jupiter und die Erde, sondern ist auch von mehreren Ringen umgeben, eine Erscheinung, die man sonst bei keinem Planeten beobachtet. Jetzt werden wir blos von dem Planeten selbst reden, die Monde und die Ringe aber nachher betrachten.

Flecken und Axendrehung des Saturns.

§. 146. Mit guten Fernröhren kam man bald dahin zu bemerken, daſs dieser Planet mit einer Art von Zone oder Gürtel umgeben sei, die in der Richtung des Ringes läge und denen des Jupiters ähnlich, nur schwächer an Licht sei. Cassini, der diese Erscheinung aufmerksamer betrachtete unterschied zwei Streifen, die fast genau von graden Linien begränzt waren, und also nicht die nöthige Krümmung hatten um sie als Theile des Planetenkörpers ansehen zu können; deſshalb meinten auch sowohl er als Andere, die nachher diese Beobachtungen wiederholten, daſs sie durch Dünste hervorgebracht würden, die sich in der Atmosphäre des Planeten gesammelt hätten und in derselben umhertrieben, wodurch auch bis zum Jahre 1793, in welchem Herschel diese Untersuchungen wieder aufnahm, Jeder verleitet wurde derselben nicht die gehörige Aufmerksamkeit zu schenken, und alle möglichen Folgerungen aus ihnen zu ziehen.

§. 147. Im November des Jahrs 1793 aber, als Herschel ein vorzügliches 7 füssiges Teleskop auf den Saturn richtete, gelangte er dahin, nicht blos zwei, sondern fünf Streifen, zwei leuchtende und drei dunkle zu erkennen. Hiedurch aufmerksam gemacht, setzte er seine Beobachtungen mehrere Monate hindurch fort und überzeugte sich, daſs die Streifen immer denselben Stellen der Kugel entsprächen, dieselbe Gestalt beibehalten und nur verschiedene Schattirungen in ihren verschiedenen Theilen zeigten. Da nun die Streifen des Jupiters, die in der Richtung seines Aequators liegen vielleicht durch die ausserordentliche Geschwindigkeit hervorgebracht werden, mit welcher er sich um seine Axe dreht, vorzüglich da bei Mars und Venus, die sich im Vergleich mit Jupiter sehr langsam umwälzen, nichts dergleichen bemerkt wird, so muthmaſste er, daſs auch die Streifen des Saturns auf eine von der des Jupiters wenig verschiedene Umwälzungszeit hindeuten könnten. Er bemühte sich also diese Zeit zu finden, indem er viele Beobachtungen desselben Fleckens oder der einzelnen Theile der Streifen mit einander verglich, wenn sie derselben Stelle der Scheibe entsprachen; er glaubte hiedurch eine Umwälzungszeit von 10st $16'$ zu finden. Die Axendrehung bewirkt daſs der Polardurchmesser kleiner sein muſs als der Aequatorialdurchmesser und wirklich beobachtet man auch daſs der Erstere um $\frac{1}{11}$ kleiner ist als der Letztere.

Mittlere Bewegung.

§. 148. Aus der Vergleichung der Opposizion des Saturs von 1714. Febr. 26. 18st $16'$ Pariser Zeit mit der Beobachtung vom 1. März des Jahrs 228 vor Christus, welche als die älteste bekannte, von den Chaldäern gemachte uns Ptolemeos aufbewahrt hat, erhielt Cassini die Zwischenzeit von 1943 Jahren 105ᵗ 7ˢᵗ 16′, in welcher der Planet 66 Umlaufe weniger 26′ 14″ gemacht hatte; seine tropische Umlaufszeit beträgt also 29 Jahre 162ᵗ 4ˢᵗ 27′ und seine jährliche tropische Bewegung 12° 13′ 35″ 23.

§. 149. Halley der von Beobachtungen ausgegangen war, die einander näher lagen, erhielt eine etwas kleinere Bewegung, und noch kleiner fand sie Lalande der im Jahre 1750 noch nähere Beobachtungen mit einander verglich. Man schloſs hieraus, daſs die Bewegung des Saturns von Jahrhundert zu Jahrhundert abnähme und bildete deſshalb eine Sekulargleichung welche dem Quadrate der Zeit proporzional angenommen wurde. Auf solche Weise vereinigte man einigermaſsen die alten und die neuen Beobachtungen, bemerkte aber doch bald daſs die Gleichung, welche Halley zu 9° in hundert Jahren, Andere aber geringer annahmen nicht allen Beobachtungen entspräche, die von Tage zu Tage gemacht würden. Deshalb bemühten sich Lalande, Mallet, Mayer und Andere auf verschiedenen Wegen Tafeln zu konstruiren, welche besser mit den Beobachtungen übereinstimmten; aber man fand sogleich, daſs die Fehler die man an einem Orte verschwinden machte, an einem andern wieder hervorkamen, sodaſs keine Hoffnung zu einer dauerhaften Verbesserung da war. Die französische Akademie der Wissenschaften, welche einsah, daſs niemals etwas würde gefunden werden, wenn nicht die gegenseitigen Störungen von Jupiter und Saturn mit Hülfe der tiefsten Analysis untersucht würden, gab zweimal den Geometern diese Aufgabe. Euler und Lagrange versuchten die Auflösung; indessen blieb der Hauptgegenstand fast unberührt, obgleich ihre Arbeiten wegen der neuen und eleganten Entwickelungen den Preis erhielten. Nun versuchte

LAMBERT ob nicht vielleicht Jupiter und Saturn gegenseitig Störungen bei einander hervorbrächten von der Art wie diejenigen sind, welche unser Mond erleidet; er bestimmte die Koeffizienten der Gleichungen durch bloſse Beobachtungen und gelangte durch diesen rein empirischen Kunstgriff dahin alle bis zu seiner Zeit gemachten Beobachtungen innerhalb zwei bis drei Minuten darzustellen. Dies war aber wenig genug, und man konnte nicht einmal sagen, ob seine Formeln auch für alle künftige Zeiten brauchbar gewesen wären. Die Theorie des Saturns blieb also in ihrer anfänglichen Dunkelheit, aus welcher sie vielleicht nie hervorgegangen wäre, wenn nicht LAPLACE das bis auf ihn allgemein beobachteten Verfahren bei der Aufsuchung der Ungleichheiten, daſs man nämlich nur die ersten Potenzen der Ekzentrizität in Rechnung nahm, verlassen und die Entwicklung bis zu den vierten Potenzen fortgesetzt hätte. Auf diesem sehr schweren und höchst mühsamen Wege fand er nicht blos die Ungleichheit Jupiters von 20′ 49″, von welcher dessen Bewegung scheinbar beschleunigt wird, sondern eine viel grössere von 48′ 44″ beim Saturn, die dessen langsamere Bewegung verursachte; beide haben dieselbe Periode von 918 Jahren. DELAMBRE der nach diesen Formeln neue Tafeln berechnete, stellte hiedurch die Bewegungen des Saturns bis auf 30″ dar und nach Vollendung der Bouvardschen Arbeit über diesen Gegenstand läſst sich eine noch grössere Uebereinstimmung erwarten. Nach DELAMBRE beträgt übrigens die tropische Umlaufszeit des Saturns 29 Jahre 181^t 19st 16′ 15″,5 und die tropische Bewegung in einem Jahre oder in 365 Tagen, 12° 13′ 36″,81.

§. 150. Aus der tropischen Umlaufszeit findet man auf die bekannte Weise die siderische; sie beträgt 10759 Tage 1st 51′ 11″,2 und ist also um 12^t 6st 34′ 55″,7 grösser als die tropische.

Mittlerc Entfernung.

§. 151. Wie schon oben bemerkt worden, kann man die mittlere Entfernung oder die halbe grofse Axe einer Planetenbahn auf mehrere Arten finden; gewöhnlich pflegt man sich aber hiezu des dritten Keplerschen Gesetzes zu bedienen. Weil nun die Zeiten sich umgekehrt verhalten wie die Bewegungen aus welchen sie hergeleitet sind, so ist es besser und sicherer statt des graden Verhältnisses der Zeiten das umgekehrte der Bewegungen zu setzen, und also unmittelbar von den Beobachtungen auszugehen. Setzt man also: wie sich das Quadrat der hundertjährigen siderischen Bewegung des Saturns zum Quadrate der hundertjährigen siderischen Bewegung der Erde verhält, so verhält sich die Einheit, oder der Würfel der halben grofsen Axe der Erdbahn zum vierten Gliede, so erhält man den Würfel der halben grofsen Axe der Saturnsbahn, und also diese selbst; sie beträgt 9,540724 oder etwa $9\frac{1}{2}$ mal soviel als die der Erde. Hiernach ist der Durchmesser der Sonne vom Saturn aus gesehen nicht grösser als 3′ 30″ und die gröfsten Ausweichungen der Planeten sind für Merkur 2° 19′, für Venus 4° 21′, für die Erde 6° 1′, für Mars 9° 11′, für Jupiter 33° 3′, sodafs also die Bewohner des Saturns, Merkur, Venus und die Erde wahrscheinlich gar nicht, Mars und Jupiter aber nicht ohne Schwierigkeit sehen; vielleicht aber werden sie Manches gewahr, das uns unsichtbar bleibt.

Ekzentrizität und Mittelpunktsgleichung.

§. 152. Die gröfste Mittelpunktsgleichung des Saturns ist ebenso wie die des Jupiters sehr schwer genau anzugeben, weil die Beobachtungen in der Gegend der mittlern Entfernung die hiezu am paſslichsten sind, nicht eher mit einander verglichen werden können, bevor sie nicht von allen ihnen anhaftenden Ungleichheiten befreit sind, was aber nicht leicht ist, da man noch nicht alle die kleinen Ungleichheiten kennt, welche die mittlere Bewegung dieses Planeten stören können. CASSINI fand die besagte Gleichung 6° 31′ 40″ für 1740, LALANDE, LAPLACE und DELAMBRE aber 6° 26′ 42″ für 1750.

§. 153. Aus der gröſsten Mittelpunktsgleichung erhält man die Ekzentrizität, die man entweder in Theilen der mittlern Entfernung der Erde von der Sonne oder in Theilen der halben groſsen Axe der Saturnsbahn ausdrücken kann; im ersten Falle beträgt sie 0,5364042, im zweiten ihr Logarithme 8,7498109.

Die Mittelpunktsgleichung, also auch die Ekzentrizität ist nicht konstant, sondern nimmt in 100 Jahren um 1′ 50″,6 ab, wie aus der Theorie der Anziehung erhellt.

Aphelium.

§. 154. Die groſsen Ungleichheiten und die Langsamkeit der Bewegung des Saturns haben nicht erlaubt, das Aphelium desselben genauer als innerhalb der Gränzen eines Grades zu bestimmen. LALANDE fand aus den Opposizionen der Jahre 1701, 1708 und 1716 den Ort desselben für den 12. Dezember 1708 in 2ᶻ 28° 25′ und für den Anfang des Jahrs 1769 in 2ᶻ 29° 38′; CASSINI hatte Beobachtungen von 132 Jahren vor unserer Zeitrechnung mit denen von BRAHE und mit seinen eignen verglichen, und fand gleichfalls daſs das Aphelium des Saturns, ebenso wie das der übrigen Planeten eine vorwärtsgehende Bewegung hätte, die aber ehemals langsamer als jetzt gewesen wäre; doch rührt dieser Untertchied von der Unvollkommenheit der ältern Beobachtungen her. LAGRANGE und LAPLACE bestimmen diese Bewegung auf 1′ 6″ jährlich, dahingegen CASSINI 1′ 18″ gefunden hatte; 50″,25 rühren von der Präzession, die übrigen 15″,75 von der Einwirkung des Jupiters her, indem die übrigen Planeten nichts dabei thun.

Knoten.

§. 155. Nach den Beobachtungen welche BUGGE in Kiöbenhavn und MASKELYNE in Greenwich machten, war der ☊ der Saturnsbahn im Anfange des Jahrs 1784 in 5^z 21° 48′, und LALANDE der diese Angabe mit mehreren andern verglich, folgerte daraus eine jährliche tropische Bewegung von 31″. Hierüber findet sich aber wenig Uebereinstimmung bei den Astronomen, indem Einige diese Grösse zu 28″, Andere zu 26″, zu 29″, zu 48″ annehmen, jenachdem die untersuchten und verglichenen Beobachtungen sind; DELAMBRE bestimmte dieselbe aus der Theorie und Beobachtung zugleich zu 33″,35. Der Knoten bewegt sich also in Beziehung auf die Sterne jährlich um 33″,35 — 50″,25 oder um — 16″,9.

Neigung.

§. 156. Nach verschiedenen, nicht eben gut zusammenstimmenden Angaben für diesen Winkel von CASSINI, LACAILLE und LALANDE, bestimmte ihn endlich DELAMBRE im Jahre 1780 aus MASKELYNE's Beobachtungen sehr genau zu 2° 29′ 50″. Die Redukzion auf die Ekliptik beträgt 1′ 39″ die hundertjährige Abnahme aber 27″,19; diese wird, wie schon früher bemerkt worden, durch die Bewegung des Knotens und die Schwankung der Ekliptik hervorgebracht.

Neunter Abschnitt.

Uranus.

§. 157. Die Entdeckung dieses letzten Planeten verdanken wir HERSCHEL's Fleiſs und Scharfsinn und der ungewöhnlichen Kraft seiner Fernröhre. In der Nacht des 13. März 1781 sah er beim nördlichen Fuſse der Zwillinge einen Stern, der sich von den übrigen durch Licht und Grösse unterschied, und an welchem er bald eine geringe Bewegung wahrnahm; er kündigte ihn als einen neuen Kometen an und so wurde er auch allgemein angesehen. In dieser Voraussetzung suchte man die Elemente der Bahn die- er beschreiben muſste; aber wie man auch immer die Beobachtungen kombinirte, so gelangte man doch nicht dahin dieselben weder durch eine Parabel noch durch eine Hyperbel darzustellen. Nach sechs Monaten wiederholter Versuche und Rechnungen fing zuerst SARON an zu vermuthen, ob seine Bewegung nicht vielmehr in einem Kreise als in einer Parabel betrachtet werden müſste, und diese Hypothese stimmte auch mit allen Beobachtungen so genau, daſs man daraus schloſs der Himmelskörper sei kein Komet, sondern ein Planet, der wegen seiner ausserordentlichen Entfernung sich den Blicken der früheren Zeiten entzogen hätte. Der Entdecker benannte ihn als Zeichen seiner Dankbarkeit gegen den König von England GEORG III, *Georgium Sidus*: BODE aber wählte den passendern Namen *Uranus*. Nachdem die Astronomen sich von dem Dasein des neuen Planeten überzeugt hatten, vermehrten sich die Beobachtungen und die Rechnungen, sodaſs es schon am Ende des Jahrs 1781 möglich war genäherte Elemente desselben zu geben, nach welchen, vorzüglich als sie in der Folge verbessert und berichtigt waren, Tafeln berechnet wurden. Der Planet erscheint dem blossen Auge und in einem gewöhnlichen Fernrohre wie ein Stern von der 6. bis 7. Grösse; sein Licht ist wenig verschieden von dem des Jupiters aber viel schwächer.

Umlaufszeit und Entfernung.

§. 158. Die Berechnung der ersten Beobachtungen nach der Kreishypothese zeigte sehr bald, dass die Entfernung des Planeten von der Sonne ungefähr 19 mal grösser als die der Erde war, und dass folglich die Umlaufszeit beiläufig 83 Jahre betrage; doch verlangte man grössere Genauigkeit. Glücklicherweise fand Bode unter Mayers Beobachtungen eine des Uranus vom Jahre 1756, wo er als ein später nicht wiederzufindender Fixstern beobachtet war, und die Vergleichung dieser Beobachtung mit denen des Jahrs 1781 und 1782 gab die Umlaufszeit zu 83 Jahre 52^t 4st, die auch mit den spätern Beobachtungen übereinstimmt, sodass nicht daran zu zweifeln ist, dass Mayer wirklich den Uranus als Fixstern beobachtet habe.

§. 159. Zach, Fixlmillner und Burkhardt fanden dass schon Flamsteed den Uranus sechsmal beobachtet habe: ausserdem hatte ihn Bradley einmal und Lemonnier sogar zwölfmal wahrgenommen, ohne dass jedoch Einer etwas Planetenartiges bei ihm geahndet hätte. Aus Flamsteed's Beobachtungen folgt eine Umlaufszeit von 83 Jahren 292^t, doch ist dieser nicht gar sehr zu trauen, indem die Bewegung des Apheliums noch wenig bekannt ist. Uebrigens findet man aus der tropischen Umlaufszeit von 83 Jahren 52^t 4st die siderische zu 83 Jahren 150^t 18st, aus welcher nach dem Keplerschen Gesetze die mittlere Entfernung des Planeten von der Sonne zu 19,0818 folgt, die der Erde = 1 gesetzt.

Grösste Mittelpunktsgleichung.

§. 160. Diese Gleichung ist noch nicht sehr genau bestimmt. LAPLACE macht sie 5° 27′ 16″, FIXLMILLNER 5° 16′ 58″ und ORIANI 5° 32′ 59″. Die Bewegung des Planeten ist zu langsam als daſs man sollte hoffen können schon in einigen Jahren die noch statt findende Ungewiſsheit von wenigen Minuten bei diesem Elemente zu heben.

Aphelium.

§. 161. Der Ort des Apheliums ist gleichfalls noch nicht gehörig bestimmt. Nach DELAMBRE ist er für den Anfang des Jahrs 1810 in 11ᶻ 17° 29′ 37″, Andere setzten ihn etwa 10° weiter vorwärts; nur erst nach langer Zeit wird sich hierüber gehörig entscheiden lassen. Die Einwirkungen des Jupiter und des Saturn müssen eine jährliche Bewegung beim Aphelium hervorbringen; aus den Beobachtungen läſst sie sich noch nicht bestimmen, aber nach der Rechnung scheint sie nicht grösser als 4″ zu sein; LAGRANGE nimmt sie zu 3″,17 an. Die ganze jährliche Bewegung beträgt also ungefähr 54″.

Neigung.

§. 162. Die Neigung erhält man sehr gut aus MAYER's Beobachtung die 85° vom Knoten gemacht wurde; sie findet sich 46′ 20″ und der Unterschied mit andern Beobachtungen ist nur etwa 10″. Nach LAGRANGE hat dies Element eine hundertjährige Abnahme von ungefähr 5″, von welchen 4″ der Wirkung des Saturns, 1″ der des Jupiters gehören.

Knoten.

§. 163. Dies Element ist eins der am besten bekannten, da die Beobachtungen von 1781 und

1782 sehr passend hiefür waren; nach LAPLACE war der ☊ im Jahre 1788 in 2ˢ 12° 47′. Seine tropische Bewegung setzen Einige 26″ jährlich, Andere 20″, jenachdem die Massen der Planeten angenommen werden; der Knoten an sich geht also jährlich um 24 bis 30 Sekunden zurück.

Störungen.

§. 164. Die Entfernungen des Merkurs, der Venus, der Erde und des Mars vom Uranus sind sehr groſs im Verhältniſs zu ihrer Masse; ihre Einwirkung kann also keine merkliche Störung beim Uranus hervorbringen. Nicht so ist es mit Jupiter und Saturn, deren Einwirkung nicht vernachlässigt werden darf, wenn sie auch schon nicht sehr groſs ist, doch können nach ORIANI die Anziehungen dieser beiden Planeten einen Unterschied von zwei und mehr Minuten bei den mittlern Bewegungen des Uranus hervorbringen. Darum haben mehrere Astronomen, vorzüglich ORIANI und DELAMBRE, indem die sich der Laplacischen Formeln in seiner schönen Theorie des Jupiter und Saturn bedienten, gesucht diese Aenderungen zu bestimmen.

§. 165. Die besten Tafeln des Uranus sind die von DELAMBRE, die im Jahre 1789 nach einer groſsen Anzahl von guten, genau untersuchten Beobachtungen entworfen wurden; bei denselben sind die von ORIANI berechneten Störungsgleichungen, noch um zwei vermehrt, angebracht.

Die Nebenplaneten.

Zehnter Abschnitt.

Der Mond.

§. 166. Mehreres ist schon hie und da vom Monde erwähnt worden: Bewegung, Lichtänderung, Finsternisse, Umlaufszeit, Durchmesser, Parallaxe und was von allem diesem unmittelbar abhängt. Die Beobachtungen und Resultate sind aber nur näherungsweise bestimmt; wir müssen sie deſshalb mehr im Einzelnen untersuchen und dasjenige beifügen, was zur vollständigen Einsicht davon nöthig ist.

Erscheinungen beim Lichtwechsel des Mondes.

§. 167. Die vornehmsten Erscheinungen, welche der Mond bei einem ganzen Umlaufe um die Sonne darbietet, lassen sich auf die fünf folgenden reduziren: 1) die Phase; 2) das aschfarbene Licht, durch welches man ungefähr zwei Tage vor und nach dem Neumonde die ganze Scheibe bemerken kann, wenn auch nur ein sehr kleiner Theil von der Sonne erleuchtet ist; 3) die leuchtenden Punkte, welche man schon mit einem mittelmässigen Fernrohre in der dunkelen Seite bemerkt; 4) die groſse Anzahl der fast unveränderlich in der Mitte stehenden Flecken; 5) die an den Rändern befindlichen, bald sichtbaren, bald unsichtbaren Flecken.

§. 168. *Phasen.* Die Phasen des Mondes oder die verschiedenen Erscheinungen seiner Scheibe während eines ganzen Monats hängen von drei Ursachen ab; vom Sonnenlichte, von der Gestalt des Mondkörpers und von seinem Umlaufe um die Erde.

Da der Mond ein sphärischer Körper ist, so kann die Sonne eigentlich nicht mehr als die Hälfte desselben erleuchten und auch nur die Hälfte kann von der Erde sichtbar sein. Also ist sowohl die erleuchtete als die sichtbare Hälfte jede von einem gröſsten Kreise begränzt, welche beide durch den Mittelpunkt des Mondes gehen, von denen aber der erstere zur Linie, welche die Mittelpunkte der Sonne und des Mondes, der letztere zur Gesichtslinie des Beobachters senkrecht steht. 2) Von allen gröſsten Kreisen, welche man auf der Mondkugel beschreiben kann, kann man nur allein denjenigen ganz sehen, welcher die sichtbare Halbkugel begränzt. 3) Da die erleuchtete und die sichtbare Halbkugel immer beim Vollmonde zusammenfallen, so muſs die erstere, während zweier auf einander folgender Vollmonde in Beziehung auf die zweite einen ganzen Umlauf um ihre gemeinschaftliche Durchschnittslinie, welche nothwendig ein Durchmesser ist, machen. 4) Da im Laufe eines Monats die Ebene des erleuchteten Kreises durch alle möglichen Lagen in Beziehung auf die Gesichtslinie zum Mittelpunkte des Mondes gehen muſs, so wird, jenachdem sie senkrecht oder schief zu derselben ist, oder mit ihr zusammenfällt, auch der erleuchtete Theil kreisförmig oder halbkreisförmig, oder von einem Kreisbogen und einem elliptischen Bogen begränzt erscheinen.

§. 169. Dies vorausgeschickt ist es leicht die verschiedenen Mondphasen zu erklären. Da in den Konjunkzionen der Mond zwischen der Erde und der Sonne ist, so fällt der Kreis welcher die erleuchtete Halbkugel begränzt, und den wir *E* nennen wollen, mit dem der sichtbaren Halbkugel, welcher *S* heiſsen mag, zusammen; deſshalb können wir, weil die erleuchtete Halbkugel der Erde entgegengesetzt ist, von derselben nichts bemerken. Dies ist der *Neumond*. Nach einiger Zeit, wenn der Mond in seinem Umlaufe weiter fortgerückt ist und sich von der Sonne entfernt hat, so rückt die erleuchtete Halbkugel auf der sichtbaren fort und man sieht einen kleinen Theil der Mondscheibe erleuchtet, der sich an der Westseite zwischen den beiden Halbkreisen *S* und *E* befindet. Der letztere Halbkreis erscheint aber unter der Gestalt einer halben Ellipse deren Krümmung nach derselben Richtung wie die des Halbkreises *S* liegt, und dies giebt die Erscheinungen der Hörner, deren Spitzen zugleich die Enden des Durchmessers sind um welchen sich der Mond dreht.

Indem der Kreis *E* immer mehr und mehr auf der sichtbaren Halbkugel fortrückt, und die an den Hörnerspitzen sich bildenden sphärischen Winkel immer grösser werden, nähert sich seine Ebene immer mehr der Gesichtslinie von der Erde zum Monde, und die halbe Ellipse, unter welcher man den Halbkreis *E* sieht, wird immer weniger gekrümmt, bis der Mond den vierten Theil seines Umlaufs vollendet hat, wo die Ebene des Kreises *E* mit der Gesichtslinie zusammenfällt, die halbe Ellipse sich in eine grade Linie, und der erleuchtete Theil der sichtbaren Scheibe in einen Halbkreis verwandelt. Dies ist das *erste Viertel*.

Nach dem ersten Viertel rückt der Kreis *E* immer weiter auf der sichtbaren Halbkugel fort, die Winkel an den Durchschnittspunkten der beiden Kreise werden immer stumpfer, die Theilungslinie verwandelt sich aus einer graden wieder in eine elliptische, die ihre Krümmung gegen Osten wendet, der erleuchtete Theil nimmt immer zu und nähert sich dem Kreise. Endlich erlangt er diese Gestalt, wenn bei der Opposizion mit der Sonne die Gesichtslinie senkrecht zur Ebene des Kreises *E* wird, und dieser mit dem andern *S* zusammenfällt. Dann ist *Vollmond* und der Mond hat die Hälfte seines Umlaufs vollendet.

Wenn nun der Mond die andere Hälfte durchläuft so bietet er dieselben Erscheinungen dar wie in der ersten. Der Halbkreis *E*, der nun westlich den erleuchteten Theil begränzt, stellt sich anfangs als ein elliptischer Bogen mit der Krümmung gegen Westen, dann als eine grade Linie (das *letzte Viertel*), hierauf wieder als ein elliptischer Bogen.

Bogen, dessen Krümmung aber gegen Osten gerichtet ist, dar, und fällt endlich mit dem Kreise *S* zusammen, wodurch wieder Neumond entsteht.

§. 170. Man suche den allgemeinen Ausdruck des sichtbaren Theils E' der erleuchteten Halbkugel, und es sei deſshalb (Fig. 80.) *S* die Sonne, *L* der Mond, *T* die Erde. Da nun weder die Abweichung von der Parallelität bei den Sonnenstrahlen, welche auf den Mond fallen, noch der kleine Unterschied zwischen der Halbkugel *S* und derjenigen welche wir wirklich sehen, einen merklichen Einfluſs auf die Gröſse E' haben kann, so wollen wir nur den Winkel *L* am Monde und den Durchmesser *D* desselben betrachten; dann ist nach dem was oben (§. 100.) bewiesen worden, $E' = D . \text{Cos}\ \frac{1}{2}\ L^2$. In der Opposizion, wenn die Erde in *O*, ist $L = 0$, $\text{Cos}\ \frac{1}{2}\ L^2 = 1$ und $E' = D$; in den Quadraturen, wenn die Erde in *Q*, ist *QL* senkrecht zu *SL*, also $\text{Cos}\ \frac{1}{2}\ L^2 = \frac{1}{2}$ und $E' = \frac{1}{2}\ D$; in der Konjunkzion endlich, wo die Erde in *C*, ist $L = 180°$, $\text{Cos}\ \frac{1}{2}\ L^2 = 0$ und $E' = 0$. Die Formel giebt also dieselben Erscheinungen, welche man beobachtet und welche wir oben erläutert haben.

§. 171. In den Quadraturen, wo $L = 90°$, beobachte man den Winkel *Q* an der Erde; dann ist im Dreiecke *SLQ*, $R : \text{Cos}\ Q = SQ : LQ$, also $SQ = \frac{LQ}{\text{Cos}\ L}$, wodurch man die Entfernung der Erde von der Sonne durch die der Erde vom Monde ausgedrückt erhält. Dasselbe kann man aus der allgemeinen Formel finden: man messe nämlich zu einer beliebigen Zeit E' und *D*, so ist $\text{Cos}\ \frac{1}{2}\ L = \sqrt{\frac{E'}{D}}$ welcher Winkel sammt dem Winkel *T* an der Erde, den man zu gleicher Zeit beobachtet hat, das Verhältniſs der Seiten *ST*, *LT*, *SL* des gradelinigen Dreiecks *SLT* geben wird. Man muſs aber gestehen, daſs die Schwierigkeit in den Quadraturen mit Genauigkeit den Augenblick anzugeben wo man die Hälfte der Scheibe *E*, und in den übrigen Fällen das Segment *E'* sieht, beide Methoden sehr unsicher macht. Doch verdankt der erstern, welche Aristarchos von Samos erfand, die Astronomie die erste Kenntniſs von der groſsen Entfernung der Sonne von der Erde.

§. 172. *Aschfarbenes Licht.* Kurz vor oder nach dem Neumonde bemerkt man ausser dem erleuchteten Theile des Mondes auch noch den dunklen, der in einem matten aschfarbenen Lichte erscheint. Wenn der Mond sich dem ersten Viertel nähert nimmt diese Erscheinung ab, und verschwindet, wenn man nicht äusserst gute Fernröhre anwendet, endlich ganz. Die Erklärung derselben ist sehr einfach; die Erde wirft nämlich das Licht der Sonne auf den Mond, wie dieser es auf die Erde wirft, und wenn nun der Mond in der Konjunkzion ist, so ist die Erde in der Opposizion, also macht das Licht, welches die dunkle Seite des Mondes von der Erde empfängt, wiederum auf die Erde zurückgeworfen, uns diese sichtbar. Daſs man dies nur vor oder nach der Konjunkzion und wenn die Sonne unter dem Horizonte ist, beobachtet, kommt daher, weil sonst das viel stärkere unmittelbare Licht der Sonne dies unendlich viel schwächere und zurückgeworfene überscheint.

§. 173. Von diesem zwiefach zurückgeworfenen Lichte hängen vielleicht die vulkanischen Erscheinungen ab, welche Herschel und andere Astronomen in der Nähe der Konjunkzionen auf der Mondscheibe wahrgenommen haben. Nichts streitet dagegen, daſs unter den vielen Höhlungen welche die Oberfläche des Mondes darbietet, nicht einige von einer Gestalt, sehr nahe wie die der

Hohlspiegel sein sollten, und ausserdem ist es möglich daſs sich auf manchen Theilen seiner Oberfläche phosphorische Materien finden können, die wie der Bolognesische Stein das Sonnenlicht einsaugen und einige Zeit bei sich behalten. Durch diese beiden Annahmen kann man, wie mich dünkt, sehr leicht alle die leuchtenden Punkte erklären, welche man zu verschiedenen Zeiten auf der dunkeln Scheibe gesehen hat, und welche man gar zu schnell für sichere Zeichen brennender Vulkane gehalten hat.

§. 174. *Leuchtende Punkte.* Der erleuchtete Theil der sichtbaren Scheibe erscheint dem bloſsen Auge immer regelmäſsig begränzt; nicht so aber in einem auch nur sehr mittelmäſsigen Fernrohre. Die Linie, welche diesen Theil von dem dunklen trennt ist dann weder grade noch elliptisch, sondern in ihrer ganzen Ausdehnung durch eine ausserordentliche Menge von verchieden leuchtenden Stellen unterbrochen, die so liegen, daſs sie vereinigt gleichsam eine Art von Franze bilden, die sehr schön zu sehen ist. Auch in dem dunklen Theile, in geringem Abstande von dem erleuchteten sieht man oft leuchtende Punkte, welche sowie die Lichtgränze vorrückt, verschwinden, indem sie sich mit der neuen Lichtgränze vereinigen und so neue Gestaltungen und veränderte zufällige Umstände darbieten.

§. 175. Der Mond ist also kein vollkommen sphärischer Körper, wie wir es bei der Erklärung seiner Phasen vorausgesetzt haben, denn sonst müſste die Lichtgränze immer entweder als eine grade Linie oder als eine halbe Ellipse erscheinen; vielmehr hat der Mond Berge, Thäler, Ebenen und was man sonst noch von dieser Art auf der Erde beobachtet. Die Berge werden durch die leuchtenden Punkte, die Ebenen durch die gleichförmig erleuchteten Stellen, und die Thäler und Höhlungen durch das dunkle Licht angedeutet. Hevelius, Dominikus Cassini und in der neuesten Zeit Schröter haben diese verschiedenen Theile mit vielem Fleiſse beschrieben, und mit den Namen berühmter Astronomen oder derjenigen Gegenstände mit welchen sie einige Aehnlichkeit haben, bezeichnet.

§. 176. Galileo der zuerst die Ungleichheiten des Mondkörpers wahrnahm, war auch der Erste, welcher es versuchte die Höhen dieser Berge zu messen. Hevelius behandelte denselben Gegenstand und zuletzt mit weit grösserer Ausdehnung Schröter. Es ist übrigens sehr leicht aus dem Abstande eines leuchtenden Punktes von der Lichtgränze die Höhe dieses Punktes über der Oberfläche des Mondkörpers zu finden. Denn weil ein von der Lichtgränze entfernt im dunklen Theile liegender Punkt nur dadurch sichtbar wird, daſs ihn der Lichtstrahl trifft, welcher die Gesichtslinie streift, so ist klar daſs diese Entfernung immer dem Theile des Lichtstrahls gleich ist, der zwischen der Lichtgränze und dem leuchtenden Punkte liegt, und also die Tangente des Winkels bildet, den am Mittelpunkte des Mondes die Sekante zur Spitze des leuchtenden Punkts und der zur Lichtgränze geführte Halbmesser einschlieſsen. Wenn man dieselbe also in Theilen des Mondhalbmessers ausdrückt, und sie z. B. $\frac{1}{13}$ desselben ist, so beträgt die Sekante des Winkels 1,003032 und die Höhe des Berges 0,003032 oder $\frac{1}{333}$ des Halbmessers. Da aber der Erdhalbmesser, welcher 3270000 Toisen beträgt, sich zum Mondhalbmesser verhält wie 11 : 3, so multiplizire man 3270000 Toisen mit $\frac{1}{333}$ mal $\frac{3}{11}$ um die Höhe des Berges in Toisen zu erhalten.

§. 177. Um aber den Abstand des leuchtenden Punkts von der Lichtgränze zu finden, beobachte man beim Durchgange des Mondes durch den Meridian den Rektaszensionsunterschied zwischen der Lichtgränze und dem leuchtenden Punkte und drücke denselben in Theilen des Mondhalbmessers aus, indem man sagt: wie sich der Halbmesser im Bogen des Aequators ausgedrückt zu 90° verhält, so verhält sich die gefundene Differenz zum vierten Gliede, von welchem man die Elongazion, welche ebenso in Theilen des Halbmessers ausgedrückt worden, abzieht, um die gesuchte Entfernung oder Tangente zu erhalten. Leichter, aber nicht so sicher erhält man das Resultat mit Hülfe eines Mikrometers. Auf diese Weise hat man gefunden, dafs die Mondberge zum Theil höher als 20000 Fufs sind.

§. 178. *Unveränderliche Flecken.* Da der Mond Ebenen, Thäler und Berge von verschiedener Gestalt und Grösse hat, so mufs er unsern Augen, wie auch wirklich beobachtet wird, eine ausserordentliche Menge von Flecken zeigen. Hiebei ist es höchst merkwürdig, dafs der gröfste Theil dieser Flecken immer dieselbe Stelle, dieselbe Gestalt und dieselbe Schattirung behält, sodafs also der Mond uns immer dieselbe Seite zuwendet. Dies zeigt ganz deutlich dafs der Mond zugleich zwei Bewegungen hat, eine um die Erde, die andere um die eigene Axe, welche beide nach derselben Richtung, nämlich von Westen gegen Osten, und in derselben Zeit geschehen. In der That, man nehme an, dafs der Mond durchsichtig und ein Beobachter in seinem Mittelpunkte sei, so wird dieser die Erde und die zu ihr gezogene Gesichtslinie um sich herum kreisen sehen, und zwar so dafs beide in derselben Zeit ihren Umlauf vollenden. Wenn aber der Mond der Erde immer dieselbe Seite zuwendet, so mufs die Gesichtslinie immer durch denselben Punkt der Mondoberfläche gehen, also wird dieser Punkt und der ganze Mond sich um den Beobachter in derselben Zeit und derselben Richtung als die Erde in Beziehung auf den Mond drehen.

Von dieser Wahrheit kann man auch noch auf eine andere Art ohne irgend eine Voraussetzung oder eine Anstrengung der Einbildungskraft einen sehr deutlichen Beweis erhalten. Man beschreibe einen Kreis auf dem Boden und gehe längs seines Umfangs, indem man immer zum Mittelpunkte hin sieht; dann wird man leicht bemerken, daſs dies nicht anders geschehen kann, als indem, sowie man nach Verhältniſs auf dem Umfange fortgeht, auch die Augen zugleich sich nach den verschiedenen Weltgegenden richten, sodaſs der Körper, wenn man endlich zum Punkte zurückkehrt, von welchem man ausgegangen, eine ganze Drehung um sich selbst gemacht hat.

§. 179. Hieraus folgt: 1) daſs die Ebene, welche die gegen die Erde gekehrte Halbkugel von der andern unsichtbaren trennt, immer dieselbe Lage behält; 2) daſs wenn Einwohner auf dem Monde sind, diejenigen auf der erstern Halbkugel eine grössere Menge Licht erhalten als die andern; 3) daſs sowohl die einen als die andern einen Tag und eine Nacht haben, welche jede vierzehn von unsern Tagen ausmachen; 4) daſs die Atmosphäre des Mondes fast unmerklich oder wenigstens so dünne sein muſs, daſs sich in ihr keine Dünste sammeln und verdichten können, sodaſs daraus Wolken, Hagel oder Regen entständen, indem man an den Flecken selbst nie eine merkliche Veränderung oder einen Wechsel bemerkt.

§. 180. Was kann aber die Ursache von der vollkommnen Gleichheit zwischen der mittlern Umlaufs- und Umwälzungsgeschwindigkeit sein, und wovon hängt diese merkwürdige Erscheinung ab.

Nach den Regeln der Wahrscheinlichkeit scheint es nicht, daſs diese beiden Bewegungen, obgleich nie sehr verschieden, gleich Anfangs genau gleich gewesen wären; doch läſst sich leicht einsehen, wie sie bald haben gleich werden müssen. Der Mond, der sich um eine Axe dreht, hat eine etwas grössere senkrecht zu dieser und gegen die Erde gewendet: wenn sich nun diese Axe etwas Weniges von der Linie entfernte, welche die Mittelpunkte der Erde und des Mondes verbindet, so muſste sie sehr bald dahin zurückgeführt werden, ebenso wie die Schwere dahin strebt ein Pendel immer wieder in die Vertikallinie zu bringen. Wäre aber Anfangs die eine der beiden Bewegungen so schnell gewesen, daſs sie das Hinneigen der längern Axe zum Radiusvektor überwunden hätte, so würden nie die Zeiten der Umdrehung und des Umlaufs gleich geworden sein, und dann würde der Unterschied bewirkt haben, daſs wir nicht immer dieselbe Seite des Mondes, sondern alle Theile der Oberfläche desselben gesehen hätten.

§. 181. *Veränderliche Flecken.* Nachdem die Flecken beschrieben und die Oerter bestimmt sind, denen sie entsprechen, wird es, wenn man sie einen ganzen Monat hindurch beobachtet, nicht schwer sein bei denen in der Nähe der Ränder kleine Aenderungen wahrzunehmen, durch welche einige sich wechselsweise dem Rande nähern und sich von ihm entfernen, während andere ganz verschwinden und nachher wieder erscheinen; gleichsam als wenn die ganze Kugel sich in einer fortwährenden Schwankung befände. Diese Erscheinung wurde von Galileo zuerst bemerkt und von ihm *Librazion* oder *Schwankung* des Mondes genannt.

Um sich eine Vorstellung von den vorzüglichsten Ursachen dieser Erscheinung zu machen, muſs man bemerken, daſs wenn auch der blossen Umwälzung zufolge der Mond uns immer dieselbe Seite zuwendet, sein Ansehen doch nicht immer dasselbe sein kann, wofern nicht 1) die Rotazionsaxe in der Projekzionsebene der sichtbaren Halbkugel und diese senkrecht zum Radiusvektor ist; 2) die Bewegung des Mondes in seiner Bahn in jedem Augenblicke dieselbe wie die Rotazionsbewegung ist; 3) der Beobachter sich im Mittelpunkte der Erde befindet. Ohne die Erfüllung dieser drei Bedingungen kann die sichtbare Scheibe nicht immer derselben Halbkugel entsprechen, sondern muſs mehr oder minder auf die angränzenden fallen, jenachdem nämlich mehr oder minder die bemerkten Bedingungen erfüllt werden.

§. 182. Wenn 1) die Rotazionsaxe nicht senkrecht zum Radiusvektor, sondern ein wenig geneigt ist, so sehen wir wechselsweise die Gegenden um die Pole, und zwar in der einen Hälfte des Monats die einen, in der andern Hälfte die andern. 2) Wenn nicht in jedem Augenblicke die Bewegung in der Bahn dieselbe ist als die Rotazionsbewegung, so kann diese nicht ganz genau den dem Radiusvektor entsprechenden Theil, der sich von ihm wegen der fortschreitenden Bewegung entfernt hat, auf ihn zurückführen. 3) Wenn der Beobachter nicht im Mittelpunkte der Erde ist, so wird die Parallaxe den Mond immer mehr oder minder unter den Punkt des Himmels erniedrigen, welchem er, vom Mittelpunkte aus gesehen, entsprechen würde.

Nun ist in der That weder die Axe senkrecht zum Radiusvektor, noch die eigene Bewegung des Mondes gleichförmig und immer der Rotazionsbewegung gleich, noch endlich der Mittelpunkt der Erde der Ort des Beobachters. Der Unterschied bei allen diesen Grössen ist zwar klein genug, aber doch hinreichend die Librazion, welche man beobachtet, zu bewirken.

Umlaufszeit.

§. 183. Der Mond beschreibt in jedem Monate einen Umlauf um die Erde, wie man aus seinem Lichtwechsel abnehmen kann, und wie es auch schon die Alten sehr gut wufsten. Die Dauer seines Umlaufs kann aber, ausser auf die Sonne noch auf jeden beliebigen Punkt des Himmels bezogen werden und die Astronomen pflegen vorzüglich zwei derselben zu betrachten, nämlich irgend einen Stern und den Durchschnittspunkt des Widders, woraus drei verschiedene Umläufe hervorgehen, der *synodische*, der *siderische* und der *tropische.*

§. 184. *Tropische Umlaufszeit.* Diese ist die Zeit, welche der Mond gebraucht um seinen Umlauf am Himmel in Beziehung auf die Aequinokzialpunkte oder auf den Durchschnittspunkt des Widders zu machen. Da aber seine Bewegung nicht gleichförmig ist, so sucht man die mittlere Umlaufszeit, oder diejenige, welche der Mond gebrauchen würde, wenn er sich gleichförmig bewegte. Diese läfst sich aber nicht anders erhalten, als indem man Beobachtungen mit einander vergleicht, die soweit als möglich von einander entfernt liegen, wodurch sich alle Ungleichheiten ausgleichen und ein etwaniger Rest, indem er durch die grofse Zahl der Umläufe dividirt wird, fast verschwindet. Deshalb verglich Cassini eine Mondfinsternifs die in Babylon 720 Jahre vor unserer Zeitrechnung beobachtet war, mit einer andern zu Paris im Jahr 1717 beobachteten. Zwischen beiden Beobachtungen liegen 2439 Jahre $52^t\ 23^{st}\ 14'$ in welchen der Mond 32585 Umläufe und $6^z\ 6^\circ\ 7'$, um soviel er in der zweiten Beobachtung weiter vorgerückt war als in der ersten, gemacht hat; daraus folgt die mittlere tropische Umlaufszeit zu $27^t\ 7^{st}\ 43'\ 5''$.

§. 185. Eine einzige Vergleichung kann nicht die gröfste Genauigkeit geben. Es ist deshalb nöthig die besten, sowohl alten als neuen Beobachtungen in Rechnung zu ziehen, nachdem man sie von allen Ungleichheiten befreit oder sie aus scheinbaren in mittlere verwandelt hat, wie wir es bei der Bestimmung der Grösse des Sonnenjahrs gethan haben. Mayer, Lalande, Delambre und Bürg haben dies mit dem gröfsten Fleifse ausgeführt und die mittlere tropische Umlaufszeit des Mondes für den Anfang dieses Jahrhunderts zu $27^t\ 7^{st}\ 43'\ 4'',68$ bestimmt.

§. 186. *Siderische Umlaufszeit.* Diese ist die Zeit zwischen einem und dem nächstfolgenden Vorübergange des Mondes vor einem Sterne, vorausgesetzt, dafs der Mond nach der mittlern Bewegung fortrückt; sie ist leicht aus der tropischen Umlaufszeit zu finden. Denn während einer tropischen Umlaufszeit geht der Widderpunkt um 3,756 Bogensekunden zurück, sodafs der Mond ihn eher trifft als einen Stern, der an demselben Punkte gewesen. Nun beschreibt der Mond $3'',756$ in $6'',85$ Zeit; wenn man also diese zur tropischen Umlaufszeit addirt, so erhält man $27^t\ 7^{st}\ 43'\ 11'',53$ für die siderische.

§. 187. *Synodische Umlaufszeit.* Die Zeit zwischen zwei auf einander folgenden mittlern Konjunkzionen des Mondes mit der Sonne giebt den synodischen Umlauf; sie kann auf verschiedene Weise gefunden werden, die einfachste ist aber sie aus der tropischen Umlaufszeit herzuleiten. Nun mufs der Mond, um von einer Konjunkzion bis zur nächstfolgenden zu gelangen den ganzen Umlauf am Himmel und noch das Stück beschreiben, welches die Sonne während dieser Zeit durchlaufen ist; aber in der Zeit, dafs der Mond diesen Bogen zurücklegt, steht die Sonne nicht still, also mufs der Mond von neuem einen Bogen durchlaufen, und so fort. Nennt man daher T, t die tropischen Umlaufszeiten der Sonne und des Mondes, so drückt die Reihe $t, \frac{t^2}{T}, \frac{t^3}{T^2}$ u. s. w. die Zeiten aus, welche der Mond gebraucht die gleichzeitig von der Sonne beschriebenen Bögen zu durchlaufen. Die Summe dieser Reihe ist $\frac{Tt}{T-t}$, also die synodische Umlaufszeit $= \frac{(365^t\ 5^{st}\ 48'\ 50'') \cdot (27^t\ 7^{st}\ 43'\ 5'')}{(365^t\ 5^{st}\ 48'\ 50'') - (27^t\ 7^{st}\ 43'\ 5'')} = 29^t\ 12^{st}\ 44'\ 3''$.

§. 188. Man erhält diese drei Umlaufszeiten mit grösserer Genauigkeit, wenn man die hundertjährige Bewegung des Mondes in Beziehung auf die Aequinokzien, auf die Sterne und auf die Sonne anwendet. Nun beträgt nach Bürg's letzten Untersuchungen die hundertjährige Bewegung des Mondes in Beziehung auf die Aequinokzien 1336 Umläufe $10^z\ 7^\circ\ 52'\ 43'',48$ oder $1732564363'',48$; zieht man hievon $5021'',1$ als die hundertjährige Bewegung der Aequinokzien ab, so erhält man die siderische Bewegung $= 1732559342'',38$. Die Bewegung der Sonne in hundert Jahren beträgt $45'\ 51'',6$, diese ziehe man von $10^z\ 7^\circ\ 52'\ 43'',48$ ab und addire den Rest zu 1236 Kreisumfängen, als der Zahl der synodischen Umläufe in hundert Jahren, so erhält man $1602961612'',88$ für die relative Bewegung des Mondes. Nun dividire man mit diesen drei Bewegungen in das Produkt aus 100 Jahren oder 36525 Tagen in Sekunden ausgedrückt, mit 360° ebenfalls in Sekunden ausgedrückt, dann sind die drei Resultate die drei Umlaufszeiten des

Mondes; denn die hundertjährige Bewegung verhält sich zu 100 Jahren, wie 360° zu der Dauer einer Umlaufszeit. Daraus erhält man

Tropische Umlaufszeit	27^t	7st	43′	4″,718356
Siderische — —	27^t	7st	43′	11″,559525
Synodische — —	29^t	12st	44′	2″,858729

Tägliche tropische Bewegung	13°	10′	35″,027
— siderische —	13°	10′	34″,890
— synodische —	12°	11′	26″,697

§. 189. Diese Umlaufszeiten behalten aber nicht immer denselben Werth wegen einer kleinen Sekulargleichung, welcher die mittlere Bewegung unterworfen ist; HALLEY vermuthete dieselbe zuerst, dann überzeugte man sich immer mehr von ihrem Dasein, und jetzt ist sie allgemein unter dem Namen *Beschleunigung* angenommen. Sie bewirkt, dafs von den ältesten Zeiten bis auf die unsrigen die mittlere Bewegung von Epoche zu Epoche immer zugenommen hat, und rührt, wie LAPLACE bewiesen hat, von der Aenderung der Ekzentrizität der Erdbahn her; für lange Zeit wird sie durch die Formel $10'',1816\, t^2 + 0,0.85\, t^3$ ausgedrückt, wo t die Anzahl der seit 1750 verflossenen Jahrhunderte ist. Ihre Periode ist sehr grofs: wir kennen nur einen kleinen Theil derselben und nur erst die entfernteste Nachwelt wird die Gränze beobachten können, wo sich die Zunahme in Abnahme verwandelt.

Elemente der Mondbahn.

§. 190. Wenn man die verschiedenen Oerter beobachtet, wo sich der Mond während eines siderischen Umlaufs befindet, und vom Mittelpunkte der Erde nach diesen Oertern hin Halbmesser zieht, welche den scheinbaren Durchmessern des Mondes proporzional sind, so nimmt man wahr dafs die beschriebene Bahn elliptisch erscheint, und dafs die Flächenräume sehr nahe den Zeiten proporzional sind. Befreit man nun die Beobachtungen von den vielen Ungleichheiten, welche die elliptische Bewegung stören und welche wir nachher auseinandersetzen werden, so wird der Unterschied, sowohl in der Figur als in der Proporzionalität der Flächenräume fast unmerklich werden. Der Mond bewegt sich also in einer Ellipse in deren einem Brennpunkte sich die Erde befindet. Die genaue Bestimmung der Elemente dieser Kurve ist eine der schwierigsten und am meisten zusammengesetzten Aufgaben der Astronomie, da sie von der Verbindung unzähliger Beobachtungen und Rechnungen abhängt. Wir werden uns hier begnügen eine Vorstellung von der Art und Weise zu geben, wie man sie näherungsweise bestimmen kann, und zugleich die letzten Resultate welche man erhalten hat, mittheilen.

§. 189. *Ekzentrizität.* Wenn der gröfste und kleinste Durchmesser beobachtet worden, so setze man: wie sich die halbe Summe zur Einheit verhält, so verhält sich der halbe Unterschied zur Ekzentrizität in Theilen der mittlern Entfernung = 1 ausgedrückt (§. 25 u. f. des vierten Buchs). Da nun der gröfste Durchmesser 33′,5 und der kleinste 29′,5 so setze man 31′,5 : 2′ = 1 : 0,06, eine Grösse die nicht viel von der mittlern Ekzentrizität abweichen wird.

§. 190. Diese Grösse kann noch gefunden werden, wenn man während eines ganzen Mondumlaufs die beobachteten Längen mit den mittlern vergleicht, weil die halbe Summe der beiden gröfsten Unterschiede, von denen einer in + der andere in — ist, die gröfste Mittelpunktsgleichung giebt (V. Buch 42. §.) aus welcher man die gesuchte Ekzentrizität berechnet.

§. 191. Aber weder bei der einen noch bei der andern Methode darf man hoffen die genaue Ekzentrizität der Ellipse zu erhalten, indem die Zahl der Ungleichheiten in der Bewegung des Mondes so grofs ist, alle so sehr unter einander gemengt sind, so verschiedene Perioden haben und von Kräften abhängen die so verwickelt sind, dafs man noch nicht alle kennt, und von denen welche bekannt sind, mit wenigen Ausnahmen, nicht im Stande ist die genaue Grösse anzugeben. Deshalb bleibt nichts übrig, als Anfangs eine beliebige Ekzentrizität vorauszusetzen, sie mit einer grofsen Zahl der besten, sowohl alten als neuen Beobachtungen zu vergleichen und auf solche Weise einen Werth zu bestimmen, welcher allen am besten Genüge leistet. Auf diese Weise ist sie endlich nach sehr vielen Untersuchungen und Rechnungen zu 0,0550368 und hiernach die mittlere gröfste Mittelpunktsgleichung zu $6^{\circ}\ 18'\ 32'',76$ bestimmt worden; die Letztere nennt man auch die *erste Ungleichheit* weil sie wirklich das erste Element ist, um welches die mittlere Bewegung, die in einem Kreise vorausgesetzt wird, von der elliptischen oder wahren verschieden ist.

§. 192. *Apogäum.* Mit Hülfe des gröfsten und kleinsten Durchmessers kann man ebenso wie die Ekzentrizität, so auch den Ort des Apogäums finden; doch ist diese Bestimmung vielleicht noch weniger genau als die vorige, da der Durchmesser mehrere Tage hindurch nahe dieselbe Grösse behält. Wenn man indessen keine Genauigkeit verlangt, so beobachte man die Länge des Mondes wenn sein Durchmesser am kleinsten und wenn er am gröfsten ist; der erstere Ort ist das Apogäum, der letztere das Perigäum.

§. 193. Minder ungewifs, aber immer noch wenig sicher, ist eine ähnliche Bestimmung, wenn man statt der Durchmesser die Vergleichung der wahren und mittlern Längen nimmt. Denn da im Apogäum sowohl als im Perigäum die wahre Länge immer der mittlern gleich ist, so werden zwei in einem Mondumlaufe gefundene wahre Längen die den mittlern gleich sind die beiden Oerter welche man sucht, oder die Apsidenlinie geben. Es kann sein, dafs die Epoche der mittlern Längen fehlerhaft, also entweder zu grofs oder zu klein ist, doch hat dies keinen Einflufs auf die Resultate, weil der Unterschied immer derselbe sowohl beim Apogäum als beim Perigäum sein wird; also werden die beiden mittlern Längen, welche um gleichviel von den wahren abweichen, die beiden verlangten Punkte geben.

§. 194. Nachdem der Ort des Apogäums in vielen auf einander folgenden Mondumläufen bestimmt ist, wird man finden, dafs er bei jedem immer ein wenig weiter nach der Ordnung der Zeichen vorgerückt ist, und dafs er nach fast neun Jahren zu demselben Grade der Länge zurückkehrt. Also hat die Apsidenlinie eine Bewegung von Westen nach Osten, deren siderische Periode nach den genauesten Bestimmungen $3232^t,579$ ist; sie ist ebenso wie die mittlere Bewegung des Mondes einer kleinen Sekularänderung unterworfen, nach welcher sie von Jahrhundert zu Jahrhundert abnimmt, während jene zunimmt. Nennt man S die Sekulargleichung der mittlern Bewegung so erhält man $- 3{,}00052 . S$ für die Sekularbewegung des Apogäums. Es ist mithin auch die mittlere Anomalie des Mondes einer Sekularänderung $= S + 3{,}00052 . S = 4{,}00052 . S$ unterworfen.

§. 195. *Neigung.* Beobachtet man die verschiedenen Punkte, welchen nach und nach der Mond wegen seiner eigenen Bewegung von Westen gegen Osten entspricht, und bezieht dieselben auf die Sterne, welche auf beiden Seiten der Ekliptik liegen, so erkennt man sehr leicht, dafs der Mond, indem er diesen Sternen vorbeigeht, nicht immer dieselbe Entfernung von der Ekliptik beibehält, dafs er während eines Umlaufs die Ekliptik in zwei, nahe diametral entgegengesetzten Punkten durchschneidet und dafs seine gröfste Entfernung von derselben etwa 5° beträgt. Aus diesen Erscheinungen, die sich in jedem Monate wiederholen, folgt, dafs die eigne Bewegung des Mondes nicht in der Ebene der Ekliptik, sondern in einer andern geschieht, welche jene in zwei einander entgegengesetzten Punkten, den Knoten, durchschneidet und um 5° gegen sie geneigt ist.

§. 196. Die Neigung der Mondbahn ist nicht immer dieselbe, doch ist sie nie kleiner als 5° und nie grösser als 5° 18′; diesen letztern Werth erhält sie wenn die Sonne in den Mondknoten, den erstern, wenn dieselbe 90° von ihnen entfernt ist, und geht von einem zum andern über, während die Sonne aus einer Lage in die andere rückt. Brahe erkannte zuerst diese Ungleichheit von etwa 18′; multiplizirt man dieselbe mit dem Cosinus des doppelten Winkelabstandes der Sonne vom aufsteigenden Knoten und zieht das Produkt von 5° 18′ ab, so ist der Rest im Allgemeinen mit der beobachteten Breite bis auf zwei bis drei Minuten übereinstimmend. Dieser kleine Unterschied wird durch mehrere andere Ungleichheiten verursacht, welche aus den verschiedenen Arten entstehen, nach welchen sich die Elemente verändern, von denen die Wirkung der Sonne auf den Mond abhängt. Neun Gleichungen gebrauchte Mayer um diese kleinen Ungleichheiten zu verbessern; Bürg hat die Zahl nach Laplace auf zwölf gebracht.

§. 197. *Ort und Bewegung der Knoten.* Nachdem die Neigung der Mondbahn gegen die Ekliptik festgesetzt ist, muſs man auf derselben den Ort der Knoten bestimmen. Die sicherste Methode hiezu ist die der zentralen Mondfinsternisse; denn weil diese nur dann einfallen wenn die Mittelpunkte der Sonne, der Erde und des Mondes in derselben graden Linie sind, und die beiden Erstern sich immer in der Ekliptik befinden, so muſs auch der Mond in derselben sein. Der im Augenblicke der zentralen Finsterniſs beobachtete Ort des Mondes in der Ekliptik muſs also der Ort des Knotens sein. Man kann ihn auch noch mit Hülfe der Sonnenfinsternisse und der Abstände der Sterne vom Monde bestimmen: aber beide Methoden verlangen daſs man Rechnung für die Parallaxe und Refrakzion halte, welche auf die Mondfinsternisse nicht einwirken, indem diese vom Erdschatten abhängen, also weder durch unsern Ort auf der Erdkugel noch durch die Höhe des Mondes über dem Horizonte geändert werden können.

§. 198. Wenn man bei zwei auf einander folgenden Finsternissen die Längen des Mondes beobachtet, so werden sie nie dieselben in beiden Fällen sein, sondern beim ersten immer grösser als beim zweiten; die Knotenlinie ist also von Osten nach Westen zurückgewichen, indem in oder bei derselben der Mond während jeder Finsterniſs sein muſs. Diese Bewegung ist so geschwinde, daſs wenn man z. B. eine Finsterniſs beobachtet hat während der Knoten im Widder oder in 0^z war, und nach 18 Monaten eine andere beobachtet, man den Knoten in den Fischen oder in 11^z finden wird, sodaſs er also um ein ganzes Zeichen zurückgewichen ist.

§. 199. Um die Grösse dieser Bewegung oder die Zeit eines ganzen Umlaufs der Knoten zu bestimmen, muſs man Beobachtungen untersuchen die in verschiedenen Jahreszeiten, in verschiedenen Jahren und in verschiedenen Jahrhunderten gemacht sind. Aus den erstern erhält man näherungsweise die Zeit eines Umlaufs, und kann dadurch die Anzahl finden, welche während einer grofsen Zwischenzeit vollendet worden, mit deren Hülfe man die Zeit um desto genauer bestimmt, je genauer und je weiter entfernt die Beobachtungen sind. So hatte CASSINI Anfangs zwei Finsternisse mit einander verglichen welche um 4163^t 18st $16'$ von einander entfernt waren, und hatte gefunden, dafs die Knotenlinie in dieser Zeit einen Bogen von $219°$ $39'$ gegen die Ordnung der Zeichen durchlaufen hatte, woraus er schlofs, dafs die ganze Umlaufszeit sehr nahe 18 Jahre und 254 Tage betrüge. Mit dieser Zeit untersuchte er nun die Zeit zwischen drei zu Babylon 720 Jahre vor unserer Zeitrechnung beobachteten Finsternissen und denen, welche im Jahre 1718 zu Paris beobachtet waren und fand die mittlere Umlaufszeit des Knotens 6798^t 7st $0'$ oder 18 Jahre von 365 Tagen und 228^t 7st.

§. 200. Setzt man: wie 6798^t 7st zu 365^t, so $360°$ zum vierten Gliede, so erhält man die jährliche Bewegung der Knoten $= 19°$ $19'$ $45''$, und wenn man diese Zahl durch 365 dividirt, so geht die tägliche Bewegung hervor. Diese Bewegungen sind tropische; will man die siderischen haben, so mufs man die Präzession in Rechnung bringen; man hat, wenn p die Präzession in 18 Jahren und 228^t ist, $360 : 360° - p = 6798^t$ $7^{st} : 6793^t, 465$ der siderischen Umlaufszeit.

Die Bewegung des Knotens hat noch eine Sekulargleichung, die von der Gleichung der mittlern Bewegung abhängt und $10,7354 \cdot S$ beträgt; und weil die Bewegung des Knotens rückgängig ist, so nimmt seine für eine gegebene Epoche bestimmte Länge durch diese Gleichung von Jahrhundert zu Jahrhundert zu, wie es auch die Beobachtungen bestätigen.

Hauptsächliche Ungleichheiten der Bewegung des Mondes.

§. 202. Die Gesetze der elliptischen Bewegung sind nicht hinlänglich die Beobachtungen des Mondes darzustellen. Wirklich wenn man sie mit den nach den oben angegebenen Elementen berechneten vergleicht und auch die Sekulargleichungen nicht vernachlässigt, so werden sich doch noch Unterschiede, nicht von wenigen Sekunden, sondern von mehreren Minuten, ja bisweilen von mehr als einem Grade finden. Dies zeigt, daſs der Mond ausser der Ekzentrizität noch andern Ungleichheiten unterworfen ist, welche offenbar von den verschiedenen Stellungen der Sonne, sowohl in Beziehung auf den Mond selbst, als auf die Knotenlinie, auf die Apsidenlinie und auf den Durchschnittspunkt des Widders abhängen. Die hauptsächlichsten, welche die Beobachtung unmittelbar giebt, sind drei an der Zahl.

§. 203. *Erste Ungleichheit.* Wenn man während eines Mondumlaufs die gröſste und kleinste Geschwindigkeit des Mondes welche den Enden der Apsidenlinie entsprechen, beobachtet und bestimmt hat, und sie mit denen beim folgenden Mondumlaufe vergleicht, so findet man, daſs sie nicht mehr dieselben sind; und überhaupt, wenn man die in verschiedenen Zeiten des Jahrs beobachteten Geschwindigkeiten mit einander vergleicht, so findet sich ihr Unterschied immer desto gröſser, je weiter die Sonne von der Apsidenlinie entfernt gewesen ist. Nach der Theorie der elliptischen Bewegung müssen aber diese Geschwindigkeiten immer sich selbst gleich bleiben: man hat also hier die erste, unter dem Namen *Evekzion* bekannte Ungleichheit. Ptolemeos fand sie zuerst und nannte sie die zweite Ungleichheit, wie sie es auch wirklich in Beziehung auf den Kreis, nicht aber auf die Ellipse ist.

§. 204. Diese Gleichung steigt auf 1° 20′ 25″,3 und ist immer dem Sinus des doppelten mittlern Abstandes des Mondes von der Sonne weniger der mittlern Anomalie des Mondes proporzional; ihre Periode beträgt ungefähr 32^{t}. Ptolemeos und seine Nachfolger die die Gröſse und das Gesetz dieser Gleichung nicht kannten, nahmen an, daſs sie in den Konjunkzionen und Opposizionen verschwände, was aber nicht der Fall ist, indem sie nur mit der Mittelpunktsgleichung, die sie beständig vermindert, zusammenfällt: deſshalb wurde auch die Mittelpunktsgleichung von ihnen immer um die ganze Gröſse der Evekzion zu klein angenommen. Dies darf uns nicht Wunder nehmen, da die Elemente der Mondbahn von den Alten nur durch die Finsterniſse bestimmt wurden, welches die einzigen Beobachtungen waren, denen sie Aufmerksamkeit schenkten, um nämlich diese Erscheinungen vorherbestimmen zu können.

§. 205. *Zweite Ungleichheit.* Berechnet man die Längen des Mondes in der Ellipse und verbessert sie wegen der Evekzion, so stimmen sie mit den beobachteten in den Konjunkzionen, in den Opposizionen und in den Quadraturen; aber in den zwischenliegenden Punkten zeigt sich ein Unterschied, welcher zu- oder abnimmt, jenachdem der Mond sich den Oktanten nähert oder von ihnen entfernt; in denselben beträgt er 35′ 41″. Diese zweite Ungleichheit, welche in den Konjunkzionen, Opposizionen und Quadraturen = 0, und in den Oktanten am gröſsten ist, hat eine Periode von 14^{t}, 765 und ist dem Sinus des doppelten Abstandes des Mondes von der Sonne proporzional. BRAHE entdeckte diese Gleichung und nannte sie *Variazion*; sie beträgt nahe die Hälfte der vorigen, mufste aber doch den Alten unbekannt bleiben, weil sie in den Finsternissen = o ist.

§. 206. *Dritte Ungleichheit.* Die Beobachtung hat noch gezeigt, dafs ungeachtet der von den beiden vorhergehenden Gleichungen abhängenden Verbesserungen, die berechneten Oerter mit den beobachteten nur im Januar und Junius übereinstimmen, im März und September aber, jedoch im entgegengesetzten Sinne, abweichen. Hieraus hat man eine dritte Ungleichheit, die *jährliche Gleichung* erkannt, deren gröfster Werth auf 11′ 8″,6 steigt, und deren Gesetz ganz wie das der Mittelpunktsgleichung ist, nur dafs man sie im entgegengesetzten Sinne anbringen mufs. In den Finsternissen fällt sie ebenso wie die Evekzion mit der Mittelpunktsgleichung zusammen, welche sie aber vergrössert. Ihre Periode ist genau ein anomalistisches Jahr.

§. 207. Ausser diesen drei Ungleichheiten, welche man unmittelbar aus der Beobachtung erhält, hat man, als die Instrumente verbessert, und die Beobachtungen vervielfältigt und mit der Theorie der Anziehung kombinirt wurden, nach und nach noch mehrere derselben entdeckt. MAYER hatte nach seinen und EULER's Rechnungen zehn bestimmt, denen MASON acht und BÜRG noch sechs beifügte, sodafs die Zahl der Gleichungen mit Einschlufs der Mittelpunktsgleichung auf 28 gebracht ist.

§. 207. Unter BÜRG's Gleichungen verdient vorzüglich die *mit der langen Periode* bemerkt zu werden, durch welche die Tafeln keine geringe Verbesserung erlangt haben; sie wurde aus der Vergleichung der Tafeln mit den Beobachtungen von 1691 bis 1801 erkannt, indem von 1691 bis ungefähr 1750 die berechneten Längen gröfser als die beobachteten, von 1750 bis 1756 nahe gleich, und von 1756 bis 1801 kleiner waren. Ihre absolute Gröfse und ihre Periode würde man aber ohne Laplace's tiefe Untersuchungen sehr schwer erhalten haben; dieser fand, dafs die in Frage stehende Ungleichheit wirklich vorhanden, dafs ihr Ausdruck

$$14''.\,\mathrm{Sin}\,(2\ \mathrm{long}\ ☊☾ + \mathrm{Apog.}\ ☾ - 3\ \mathrm{Apog.}\ ☉),$$

und ihre Periode 185 Jahre sei.

§. 208. Wenn man nun aber auch mit den 28 erwähnten Gleichungen, die jetzt in den Tafeln enthalten sind, dahingelangt ist auf eine sehr befriedigende Weise die frühern und die jetzigen Beobachtungen darzustellen, so darf man sich doch nicht schmeicheln, dafs nichts mehr zu thun übrig sei. Die Kräfte welche auf den Mond wirken, können auf so mannigfaltige Weise kombinirt werden und können so verschiedene Wirkungen verursachen, deren Perioden äusserst lang sind, dafs aller Wahrscheinlichkeit nach mit der Zeit sich neue merkliche Unterschiede zeigen werden. Man mufs also fortwährend die Tafeln mit den Beobachtungen vergleichen, und wenn sich dann eine regelmässig wiederkehrende Ungleichheit zeigt, so ist nur nöthig das Argument derselben zu finden. Dies kann aber nur aus den Längen der verschiedenen Punkte zusammengesetzt sein, auf welche die Bewegungen der Sonne und des Mondes bezogen werden, es kommt also nur darauf an diejenige Kombinazion aufzusuchen, welche am besten pafst. Auf eine solche Weise erhält man sehr nahe, sowohl die ganze Ungleichheit, als auch das Argument von welchem sie abhängt, und welches mit Hülfe der Theorie untersucht, bestätigt und verbessert werden mufs. Wenn nach dieser Methode eine oder mehrere neue Gleichungen bestimmt worden, so muſs man ihren Einfluſs auf die schon vorhandenen suchen, indem man den allgemeinen Ausdruck der in den Tafeln enthaltenen Fehler konstruirt und die Summe dieser und der neuen Gleichung dem Unterschiede zwischen der nach den Tafeln berechneten und der beobachteten Länge des Mondes gleich setzt. Soviel Beobachtungen man hat, ebensoviel Bedingungsgleichungen wird man erhalten, welche gehörig behandelt, wie oben (§. 64.) gezeigt worden, die zu machenden Verbesserungen geben werden. Wenn aber die Anzahl der Beobachtungen nicht wenigstens tausend beträgt, so mag die Art wie man sie kombinirt noch so gut sein, man wird dennoch nicht eben besonders genaue Resultate erhalten. Dies ist im Wesentlichen die Methode deren sich Bürg und Delambre bei den Mond- und Sonnentafeln bedient haben.

Durchmesser des Mondes.

§. 209. Die vielen Ungleichheiten welche die elliptische Bewegung des Mondes stören, haben zugleich Einfluſs auf seine Entfernungen von der Erde, und erlauben also nicht, daſs man durch die Beobachtung genau den gröſsten und kleinsten Durchmesser bestimmen, denn wenn der Mond im Apogäum ist, so ist er nicht grade auch in der gröſsten Entfernung, und nicht in der kleinsten, wenn er im Perigäum ist; vorzüglich wirken hierauf die Evekzion und die jährliche Gleichung, welche die Apsidenlinie bald vergrössern, bald verkleinern oder die Mondbahn bald erweitern, bald verengern.

Wenn der Mond im Apogäum und zugleich in der Konjunkzion ist, so verschwindet die Evekzion und die Entfernung ist folglich frei von der grössten Ungleichheit; dasselbe findet statt wenn er in der Opposizion und zugleich im Perigäum ist. In diesen beiden Punkten hat LALANDE versucht die Durchmesser zu beobachten und den erstern sehr nahe auf 29′ 22″, den letztern auf 33′ 31″ bestimmt, sodaſs das arithmetische Mittel 31′ 26″,5 beträgt; indessen kann der gröſste Durchmesser bis auf 33′ 50″ steigen, der kleinste bis auf 28′ 55″ herabsinken, wovon das arithmetische Mittel 31′ 22″,5 ist.

§. 210. Da die Aenderungen des Durchmessers denen der Bewegung analog sind, so können jene ebenso wie diese durch verschiedene Kombinazionen der Anomalien und der Abstände der Sonne und des Mondes ausgedrückt werden. So hat man gefunden, daſs für eine beliebige Zeit der Durchmesser = 31′ 7″,3 — (1′ 42″,3). Cos Anom. ☾ + (5″,14). Cos 2 Anom. ☾ + (13″,7). Cos 2. Dist. (☾ — ☉) — (20″,2). Cos. [2 Dist (☾ — ☉) — Anom. ☾] sei; wobei einige kleine Gleichungen, deren Wirkungen fast unmerklich sind, vernachlässigt worden.

§. 211. So oft man jedoch den Durchmesser nöthig hat, muſs man zugleich die Parallaxe haben und diese ist immer den scheinbaren Durchmessern proporzional; also wird es besser sein die Parallaxe für den gegebenen Augenblick zu berechnen und daraus den Durchmesser herzuleiten. Hiezu sind eigne Tafeln bei den Mondtafeln vorhanden, wobei nur zu bemerken, daſs dieselben die Parallaxe für einen Ort des Erdäquators geben, die indessen indem man sie mit dem Erdhalbmesser für den Beobachtungsort multiplizirt, auf diesen reduzirt wird. Die Tafeln enthalten zugleich die den verschiedenen Breiten entsprechenden Erdhalbmesser.

§. 212. Der so bestimmte Durchmesser ist das Maſs des Winkels, welchen der Mond am Mittelpunkte der Erde einschlieſst, und der gewöhnlich

Horizontaldurchmesser genannt wird, weil er sehr nahe demjenigen gleich ist, unter welchen der Mond einem Beobachter erscheint, in dessen Horizonte er sich befindet; der Unterschied beträgt nicht völlig 0″ 3 um welche der zweite grösser ist als der erste.

§. 213. Sowie der Mond sich über den Horizont erhebt, vermindert sich auch seine Entfernung vom Auge des Beobachters, und wenn er ins Zenith gelangt ist, so ist dieselbe um den ganzen Erdhalbmesser kleiner als im Horizonte. Der Durchmesser nimmt also vom Horizonte bis zum Zenith fortwährend zu, und dann, wenn der Mond nachher sinkt, wieder ab. Im Zenith ist also der Durchmesser am gröfsten und dem Quozienten gleich, welchen man erhält, wenn man das Produkt des Horizontaldurchmessers in die Horizontalentfernung durch eben diese Entfernung, um den Erdhalbmesser vermindert, dividirt.

§. 214. Für jeden zwischenliegenden Punkt findet man denselben auf folgende Weise. Es sei C (Fig. 80.) der Mittelpunkt der Erde, O ein Punkt ihrer Oberfläche, Z das Zenith, OH der Horizont und der Mond erstlich in H und nachher in L. Der Durchmesser in H verhält sich nun zu dem in L wie OL zu OH oder sehr nahe zu CL, aber $OL : CL = \text{Sin } LCO : \text{Sin } LOC$, also verhält sich der Horizontaldurchmesser zum Höhendurchmesser, wie der Cosinus der wahren Höhe zum Cosinus der scheinbaren Höhe. Aus der durch die Tafeln gegebenen Parallaxe erhält man also den Durchmesser; doch giebt diesen auch ohne Weiteres eine besondere Tafel, wenn man nur den Horizontaldurchmesser und die scheinbare Höhe des Mondes kennt.

§. 215, Da der Mond im Horizonte von uns entfernter ist als im Zenith, so sollte er auch im erstern Falle kleiner erscheinen als im letztern, oder überhaupt in irgend einer Höhe. Dies ist auch wirklich der Fall, wenn man ihn mit einem Fernrohre betrachtet, jedoch nicht, wenn man ihn mit dem bloſsen Auge sieht, denn alsdann erscheint er uns zwei- bis dreimal grösser als in der Höhe. Es ist dies eine Erscheinung von der man schwerlich eine Erklärung geben kann, wenn man nicht mit allen Optikern ein unwillkührliches praktisches Urtheil beim Auge annimmt, das nach den örtlichen Umständen die Eindrücke des Sehens modifizirt. Wir halten diejenigen Gegenstände für sehr groſs, die wir entfernt glauben; wenn nämlich zwischen uns und ihnen mehrere andere liegen, welche gleichsam als Maſs für die Entfernung dienen. Auch erscheint der Mond grösser wenn er hinter einem Berge hervorgeht, als wenn wir ihn an einem freien Orte aus dem Meere aufgehen sehen; am gröſsten am Ende einer langen Straſse, wo es scheint als wenn seine Ränder beide Seiten der Straſse berühren.

§. 216. Der Durchmesser des Mondes in Rektaszension ist die auf den Aequator reduzirte Zahl der Minuten und Sekunden, welche er auf dem Parallel wo er sich befindet umfaſst. Zu dieser Redukzion ist weiter nichts nöthig, als den Durchmesser im Parallel, mit dem Cosinus der Deklinazion zu dividiren, wie schon früher gezeigt worden (II. Buch II. Aufg.); und zwar ist der zu dividirende Durchmesser der Horizontal- und nicht der Höhendurchmesser, denn der Durchgang eines Stücks des Aequators durch den Meridian hängt durchaus nicht vom Orte des Beobachters auf der Erde ab.

§. 217. Will man nun, nachdem der Durchmesser auf den Aequator reduzirt worden, die Zeit wissen, welche er gebraucht um durch den Meridian zu gehen, so suche man zuerst die eigene Bewegung des Mondes in Rektaszension während einer Zeitsekunde, was am leichtesten mit Hülfe der Ephemeriden erhalten werden kann, indem diese die Rektaszension für den wahren Mittag jedes Tages geben; man hat nämlich hiedurch die Bewegung des Mondes in Rektaszension während 24 Sonnenstunden oder $24^{st}\ 4'$ Sternzeit, und wenn man diese Bewegung A nennt, die Proporzion $24^{st}\ 4' : A = 1''$: zur gesuchten Bewegung in $1''$ Sternzeit. In jeder Sekunde Sternzeit gehen aber $15''$ des Aequators durch den Meridian; man ziehe also von $15''$ die eigne Bewegung des Mondes in Rektaszension ab, dann wird der Rest die Zahl der Sekunden des reduzirten Durchmessers sein, welche in jeder Zeitsekunde durch den Meridian gehen. Man findet $15'' - \frac{A}{24^{st}\ 4'} = 15'' - 0{,}000011542.$ A. Endlich dividire man den auf den Aequator reduzirten Horizontaldurchmesser durch die Anzahl der Sekunden, welche von diesem Durchmesser in jeder Sekunde Sternzeit durch den Meridian gehen; der Quotient $= \frac{\Delta}{(15'' - 0{,}000011542\, A) . \text{Cos Dekl.}}$ ist die gesuchte Zeit.

§. 218. Es sei der Horizontalhalbmesser des Mondes $16'\ 40''$, seine Deklinazion $20°$ und seine Rektaszensionsbewegung $17°$ in 24st Sonnenzeit; dann ist der auf den Aequator reduzirte Halbmesser $= 17'\ 44''$, die Rektaszensionsbewegung in $1''$ Sternzeit $= 0'',70637$; die Zahl der Sekunden des Durchmessers, welche in jeder Zeitsekunde durch den Meridian gehen $= 14'',294$ und endlich die Zeit welche der ganze Halbmesser gebraucht $= 1'\ 14'',4$.

§. 219. Alles dies dient vorzüglich um den Augenblick des Durchgangs des Mittelpunkts des Mondes durch den Meridian zu finden, da man selten beide Ränder beobachten kann, um hieraus die Zeit für den Mittelpunkt zu schliessen. Wenn der beobachtete Rand der östliche ist, so ziehe man von der beobachteten Zeit diejenige ab, welche der Halbmesser gebraucht, und wenn es der westliche war, so addire man sie, um in beiden Fällen den Moment des Durchgangs des Mittelpunkts durch den Meridian zu haben.

§. 220. Wenn man aber ausser der Rektaszension des Mondes noch seine Deklinazion beobachten will, so wird eine kleine Verbesserung nöthig, indem es äusserst schwer ist, in demselben Augenblicke die Deklinazion zu beobachten, in welchem der Mittelpunkt durch den Meridian geht.

§. 221. Es sei φ der Bogen des gröfsten Kreises, welcher mit dem Horizontalfaden des Fernrohrs zusammenfällt und zwischen dem Punkte, in welchem die Zenithdistanz beobachtet wurde, und dem Meridiane enthalten ist; es sei ferner z die beobachtete Zenithdistanz und L die Höhe des Pols. Dann ist $90° - L + z$ die Distanz des Horizontalfadens vom Pol, welche mit φ die beiden Seiten eines rechtwinkligen sphärischen Dreiecks bildet, dessen Hypotenuse die Deklinazion D des beobachteten Punkts zu $90°$ ergänzt; also ist $\text{Sin}\, D = \text{Cos}\, \varphi . \text{Sin}\, (L - z)$, und weil $\text{Cos}\, \varphi = 1 - 2\, \text{Sin}\, \frac{1}{2} \varphi^2$, auch $\text{Sin}\, D = \text{Sin}\, (L - z) - 2\, \text{Sin}\, \frac{1}{2} \varphi^2 \cdot \text{Sin}\, (L - z)$, folglich $\text{Sin}\, D - \text{Sin}\, (L - z) = 2\, \text{Sin}\, \frac{1}{2} \varphi^2\, \text{Sin}\, (L - z)$. Aber die Differenz der beiden Glieder des ersten Theils ist so wie φ eine sehr kleine Gröfse, also ist $\text{Sin}\, D = (L - z) - \frac{1}{2} \varphi^2 . \text{Sin}\, 1'' . \text{Sin}\, (L - z)$. In dieser Formel mufs man die unbekannte Gröfse φ eliminiren, was mit Hülfe des Stundenwinkels geschieht, der indem die Zenithdistanz beobachtet wurde, immer der Differenz zwischen dem Beobachtungsmomente und dem des Durchgangs des Mittelpunkts durch den Meridian gleich ist. Es sei α dieser Winkel, dann ist $\varphi = \alpha$. Cos $(L - z)$, und wenn man nun d den Zeitpunkt nennt, welchen die Uhr beim Durchgange des Randes, b den sie bei der Beobachtung angab, und wenn man zugleich die gehörigen Substituzionen macht, und die Gröſse 15″ — 0,000011542 . A mit P bezeichnet, so erhält man endlich $D = L - z$

$$- \tfrac{1}{2} \left\{ P . (b - d) . \text{Cos}(L - z) \pm \Delta \right\}^2 . \text{Sin } 1'' . \text{Sin}(L - z).$$

§. 222. Wenn man in dieser Formel $M = P . \text{Cos } D = (15'' - 0{,}000011542 . A) . \text{Cos } D$ und $N = \Delta \pm M (b - d)$ setzt, so verwandelt sie sich in folgende

$$D = (L - z) - \tfrac{1}{2} N^2 . \text{Sin } 1'' . \text{Sin } d$$

welche Delambre in zwei Tafeln gebracht hat, von welchen die erste den Faktor M, den man mit den Argumenten A und d sucht, die zweite $- \frac{1}{2} N^2 . \text{Sin } 1'' . \text{Sin } d$ enthält, welches man durch d und N bestimmt.

Diesen beiden Tafeln sind zwei andere beigefügt, um Alles beisammen zu haben, was dazu dient, die Berechnung der Meridianbeobachtungen des Mondes zu erleichtern. Die erstere derselben giebt die Sternzeit, welche nach den verschiedenen Deklinazionen der Halbmesser braucht um durch den Meridian zu gehen, die letztere giebt ein leichtes Mittel die Seitenfäden des Fernrohrs auf den mittlern zu reduziren; alle vier finden sich bei den Bürgschen Mondtafeln.

Man bemerke noch daſs die Aberrazion des Lichts keine merkliche Unterschiede bei den Mondbeobachtungen hervorbringt; ihre Wirkung beträgt nur 0″,68 in der mittlern Entfernung des Mondes von der Erde und übersteigt auch selbst in den gröſsten Entfernungen nie die Sekunde, weſshalb sie bei den Rechnungen meistens vernachlässigt wird.

Weitere Auseinandersetzungen über die Rechnungen giebt Delambre's Einleitung in die Bürgschen Mondtafeln, über die Theorie, Laplace's Mecanique Celeste.

Elfter Abschnitt.

Trabanten des Jupiters.

§. 223. Die Jupiterstrabanten wurden 1610 von Galileo entdeckt. Er sah am 7. Januar zuerst drei, fand aber am dreizehnten den vierten, beschrieb sie sogleich in seinem Werke: *Sidereus Nuncius,* und nannte sie *Sydera Medicea* dem Großherzoge Kosmus II. von Florenz zu Ehren. Simon Mayer in Anspach wollte sie einige Tage früher als Galileo bemerkt haben; da er indessen seine Entdeckung erst im Jahre 1614 bekannt machte, so ist die Sache wenigstens zweifelhaft, und es gebührt also wohl dem Galileo die volle Ehre der Entdeckung

§. 224. Die hauptsächlichsten Erscheinungen bei diesen Trabanten lassen sich auf folgende reduziren: 1) Sie ändern fortwährend ihren Ort und zeigen sich bald zur Rechten bald zur Linken des Jupiters, dem sie sich nähern und von ihm entfernen. 2) Die größten westlichen Ausweichungen sind den größten östlichen gleich, beide gleich bei demselben, aber verschieden bei verschiedenen Trabanten. 3) Die Linie, welche die Punkte dieser größten Ausweichungen mit einander verbindet, geht durch den Mittelpunkt des Jupiters und ist parallel zur Ekliptik. 4) Wenn sie sich von der Westseite dem Jupiter nähern, verschwinden sie in geringem Abstande von ihm, und erscheinen erst an der Ostseite wieder; sie setzen dann ihren Lauf bis an eine bestimmte Gränze fort, kehren hierauf gegen Westen um und gehen vor der Scheibe des Planeten vorbei. 5) Ihre Bewegungen erscheinen ungleich, bald grösser, bald kleiner, und fast unmerklich in der Nähe der Wendungspunkte. 6) Man sieht sie nicht immer auf der Linie der Digressionen, sondern bald ein wenig oberhalb, bald ein wenig unterhalb derselben.

§. 225. Um diese Erscheinungen zu erklären und zu sehen, wie man von ihnen zu den Elementen der Bahnen gelangen könne, sei *BOAC* (Fig. 81.) die Bahn der Erde und zwar *OBC* der östliche, *OAC* der westliche Bogen, *S* die Sonne, *G* Jupiter, *MN* ein Stück seiner Bahn, *hIEr* die Bahn des ersten Trabanten, *HIER* die des zweiten, und *LVK* der der Sonne entgegengesetzte Schattenkegel des Jupiters.

1) Wenn die Bahnen der Trabanten wenig gegen die Ebene der Ekliptik geneigt sind, so werden sie von der Erde aus gesehen, als ebensoviele sehr schmale Ellipsen erscheinen, und indem sie sich bald dem Jupiter nähern, bald von ihm entfernen, einen Weg beschreiben, der sehr wenig von einer graden Linie verschieden ist. Dies zeigt die Beobachtung.

2) Die gröſste Entfernung auf einer Seite des Planeten wird derselben auf der andern Seite gleich sein; in der Nähe der äussersten Punkte muſs die Bewegung fast ganz unmerklich werden, aber desto grösser erscheinen, je weiter der Trabant von diesen Punkten entfernt ist.

3) Wenn die Erde sich in *O* in der Opposizion mit Jupiter befindet, so sind die Sonne und die Erde in der Richtung *OGV* der Axe des Schattenkegels; dasselbe gilt für die Konjunkzion in *C*.

4) Bei den Uebergängen der Trabanten von einer Seite des Jupiter auf die andere, werden dieselben wechselsweise durch den Schatten oder vor

der Scheibe vorbei gehen, wenn nicht die Neigungen und Entfernungen gar zu groſs sind.

5) Im Schatten werden sie uns unsichtbar sein, und also Bedeckungen oder Finsternisse entstehen; dahingegen können wir sie beim Vorübergange vor der Scheibe ungeachtet des hellern Lichts des Jupiters, zugleich mit ihren Schatten erkennen.

6) Von der Konjunkzion in *C* bis zur Opposizion in *O* sieht man die Eintritte, von der Opposizion in *O* aber bis zur Konjunkzion in *C*, die Austritte; und weil bei den Eintritten der Bogen *hI* westlich vom Jupiter, bei den Austritten aber *Er* östlich ist, so zeigen sich die Eintritte auf der Westseite, die Austritte auf der Ostseite des Planeten. Wegen der täglichen Bewegung bleibt aber Jupiter, wenn die Erde in *CBO* ist, westlich von der Sonne, geht also eher durch den Meridian, später aber, wenn sich die Erde in *OAC* befindet; wenn also Jupiter zwischen Mitternacht und Mittag durch den Meridian geht, so kann man immer die Eintritte, wenn er aber zwischen Mittag und Mitternacht durchgeht, die Austritte sehen.

7) Von *E* dem Orte des Austritts des ersten Trabanten ziehe man eine Tangente an die Scheibe des Jupiters und verlängere sie beliebig, so wird sie doch nicht die Erdbahn treffen, ebensowenig als wenn man sie von *I*, dem Orte des Eintritts gezogen hätte. Beim ersten Trabanten kann man also von der Konjunkzion bis zur Opposizion nur die Eintritte, von der Opposizion aber zur Konjunkzion nur die Austritte sehen. Zieht man ebenso von *E'*, wo der zweite Trabant austritt, gleichfalls eine Tangente zum Jupiter und verlängert sie beliebig, so findet man daſs sie den östlichen Theil der Erdbahn in *m* und *n* schneidet; also kann man solange sich die Erde in *mBn* befindet, den Eintritt und den Austritt sehen; dasselbe gilt von der

Westseite. In Hinsicht auf den dritten Trabanten kann man leicht bemerken, daſs die auf gleiche Weise gezogene Tangente einen Bogen abschneiden wird, der gröſser als *mn* ist, und beim vierten wird dies noch mehr der Fall seïn. Längere Zeit kann man also Eintritte und Austritte des dritten Trabanten, fast immer die des vierten sehen. Alle diese Umstände lassen sich auch durch Rechnung bestimmen; doch verlangt die Zeichnung weiter nichts als daſs Alles nach den gehörigen Proporzionen, wozu wir das Nöthige in der Folge mittheilen werden, entworfen sei.

8) Weil in den Opposizionen die Erde in *O* ist, so fällt die Gesichtslinie *OV* zum Planeten mit der Axe des Schattens zusammen: dann werden also die Oerter der obern Konjunkzionen der Trabanten dieselben sein, als wenn sie vom Jupiter aus betrachtet wären, die untern aber werden um 6ˢ verschieden sein.

9) Der Bogen *PQ* beträgt nur ungefähr einen halben Grad, wird also von der Erde in etwa 12ˢᵗ beschrieben; wenn sich daher die Erde in *P* befindet im Augenblicke eines Eintritts, so kommt sie viel eher nach *Q* als der Austritt bei der folgenden Finsterniſs geschieht: die Zwischenzeit zwischen beiden Beobachtungen ist daher einem ganzen Umlaufe sammt der Dauer der Finsterniſs gleich. Es kann auch vorkommen, daſs zwischen dem letzten, vor der Opposizion beobachteten Eintritte und dem ersten Austritte, der sich nach derselben beobachten läſst, zwei oder drei ganze Umläufe liegen, dann ist die Zwischenzeit gleich zwei oder drei Umläufen sammt der Dauer der Finsterniſs.

§. 226. *Licht der Trabanten.* Dies ist nicht hinlänglich sie dem bloſsen Auge sichtbar zu machen; doch rührt diese Unsichtbarkeit nicht eigentlich von der geringen Menge des Lichts her, welche sie uns zusenden, sondern von der viel grössern des Jupiters, welche jene überstrahlt und unscheinbar macht. In der That, wenn man die Monde mit einem mäſsigen Fernrohre betrachtet, so erscheinen sie sehr nahe wie die Sterne von der sechsten bis zur siebenten Gröſse, die wenn der Mond über dem Horizonte ist, dem bloſsen Auge nicht sichtbar sind.

Um die Trabanten zu erkennen ist jedes noch so kleine achromatische Fernrohr hinlänglich, nicht aber um sie gehörig zu beobachten; dazu muſs das Fernrohr, wenn es ein gewöhnliches, mindestens ungefähr 18 Fuſs, wenn es ein Spiegelteleskop ist, ungefähr 2 Fuſs lang sein. Solcher Instrumente bedienten sich Cassini und seine Nachfolger bis zur Erfindung der Achromaten: von dieser Zeit an sind die Astronomen gleichsam stillschweigend übereingekommen sich bei diesen Beobachtungen nur Fernröhre von wenigstens 3 Zoll Oeffnung zu bedienen, damit die erhaltenen Resultate sich mit grösserer Sicherheit unter einander möchten vergleichen lassen.

§. 227. *Durchmesser.* Selbst mit sehr lichtstarken Instrumenten ist es schwer den Durchmesser der kleinen Scheiben der Trabanten zu messen; doch geht dies noch am leichtesten, wenn sie sich als kleine schwarze Flecke vor der hellen Scheibe des Jupiters zeigen. Man hat deſshalb eine andere Methode gewählt diese Durchmesser zu bestimmen, und zwar mit Hülfe der Zeit, welche sie gebrauchen um verfinstest zu werden, oder noch besser, um vor der Jupitersscheibe einzutreten. Da man aber den ersten Augenblick des Eintritts, und bei den Verfinsterungen noch überdies auch den Augenblick der völligen Verfinsterung nicht genau angeben kann, weil man jenen erst bemerkt, wenn schon ein Stück der Scheibe eingetreten ist, bei diesem aber der Trabant eher verschwindet, als er ganz verfinstert ist, so werden die erhaltenen Durchmesser immer etwas zu klein sein; doch kann der Unterschied bei den Vorübergängen vor der Scheibe und wenn man lichtstarke Instrumente anwendet, nur gering sein. Auf diese Weise hat Schröter die Durchmesser der Trabanten, vom Mittelpunkte des Jupiters aus gesehen, folgendermaſsen gefunden: I. 33′ 16″... II. 17′ 13″... III. 18′ 59″.... IV. 7′ 32″.

§. 229. *Massen.* Diese oder die Menge der Materie, welche jeder Trabant enthält, zu bestimmen, ist der schwerste Theil ihrer Theorie; denn sie können nur aus den gegenseitigen Anziehungen gefolgert werden, welche die Trabanten auf einander ausüben, und es ist äusserst schwer diese gehörig zu sondern und zu scheiden. Alles was hierin bisher gethan ist, verdient seiner Geringfügigkeit wegen kaum erwähnt zu werden. Nach Bailly ist indessen die Masse des ersten Trabanten 0,0000424 7, die des zweiten 0,00005 der Jupitersmasse. Diese Bestimmungen hängen von den verschiedenen Hypothesen ab über die Einwirkung eines Trabanten auf einen andern, zweier auf einen u. s. w., wie man am besten in der Mécanique céleste von Laplace sehen kann, deren Resultate aber etwas verschieden von den oben mitgetheilten sind.

§. 230. *Axendrehung.* Wenn man die Trabanten beim Vorübergange vor der Scheibe des Jupiters aufmerksam betrachtet, so bemerkt man einen dunklen Flecken, den Schatten des Trabanten, der vor demselben hergeht, wenn die Sonne westlich, ihm folgt, wenn jene östlich steht. Ausser dem Schatten sieht man aber den Trabanten unter der Gestalt eines andern noch kleinern Fleckens; indessen erscheint dieser nicht immer in derselben Gröſse noch in derselben Lichtstärke, und es müssen also die verschiedenen Theile der Oberfläche des Mondes, die uns etwa in verschiedenen Zeiten sichtbar werden, nicht gleich hell sein. Es zeigt sich also die Nothwendigkeit der Annahme einer Axendrehung der Monde. Die Dauer derselben ist nach HERSCHEL, welcher lange Zeit und mit dem sorgsamsten Fleiſse die verschiedenen Grade der Helligkeit jedes Trabanten mit einander verglichen hat, einerlei mit der Zeit des Umlaufs um den Hauptplaneten, ebenso wie dies bei unserm Monde der Fall ist.

§. 231. *Mittlere Entfernung.* In den gröſsten Ausweichungen der Trabanten kann man immer ihre zugehörigen Entfernungen vom Jupiter messen, und diese sind, wie man leicht einsieht die mittlern Entfernungen oder halben groſsen Axen ihrer Bahnen in Minuten und Sekunden oder in Halbmessern des Planeten selbst ausgedrückt. Es ist sogar hinlänglich nur eine einzige Entfernung zu messen, weil man aus dieser und den bekannten periodischen Umläufen aller Trabanten, nach dem dritten Keplerschen Gesetzte, ihre mittlern Entfernungen ableiten kann. Dieselben sind in Jupitershalbmessern I. 5,6985.. II. 9,0665.. III. 14,4619 ... IV. 25,4359; es beträgt aber der Jupitershalbmesser 10,86 Erdhalbmesser, also kann man durch die Multiplikazion jener Zahlen mit 10,86 die Entfernungen in Erdhalbmessern und hierauf in Meilen oder dergleichen ausdrücken. Man bemerke nur noch, daſs diese Gröſsen sich etwa um $\frac{1}{5}$ ändern können, wegen der verschiedenen Entfernungen Jupiters von der Erde.

§. 232. *Umlaufszeit und mittlere Bewegung.* Die gröſsten Ausweichungen, die Eintritte in den Schatten, die Austritte und die Konjunkzionen bieten ebensoviele Wege dar die mittlern Bewegungen zu bestimmen.

1) *Ausweichungen.* Man beobachte die Zeit zwischen einer gröfsten östlichen oder westlichen Ausweichung und der folgenden, so ergiebt sie näherungsweise die Umlaufszeit.

2) *Eintritte oder Austritte.* Aus zwei unmittelbar auf einander folgenden Eintritten oder Austritten kann man noch besser die Dauer der Umlaufszeit finden, vorzüglich wenn man das Mittel aus beiden Resultaten nimmt.

Es wurden zu Palermo beobachtet

1811. Jan. 16.	$11^{st}\ 56'\ 45''$	} Austritte des	
Jan. 18.	$6^{st}\ 25'\ 40''$	} I: Trabanten	
1811. Nov. 10.	$18^{st}\ 4'\ 13''$	} Eintritte des	
Nov. 12.	$12^{st}\ 32'\ 35''$	} I. Trabanten	

Die Zwischenzeiten sind $1^t\ 18^{st}\ 28'\ 54''$ und $1^t\ 18^{st}\ 28'\ 22''$, also die Umlaufszeit im Mittel $1^t\ 18^{st}\ 28'\ 38''$, die, wie man nachher sehen wird, von der wahren nur um zwei Sekunden abweicht.

3) *Obere Konjunkzionen.* Wenn ein Trabant in die Mitte des Schattens gelangt so ist er in seiner obern Konjunkzion, weil er sich alsdann in der von der Sonne zum Planeten gezogenen Linie befindet. Wenn man also von zwei unmittelbar auf einander folgenden Finsternissen, den Anfang und das Ende beobachten kann, und dadurch das Mittel erhält, so giebt die Differenz der korrespondirenden Zeiten die Dauer eines wahren Umlaufs und eine grofse Menge ähnlicher Beobachtungen die mittlere Umlaufszeit.

§. 233. Dieser Methode können wir uns aber nur beim vierten und dritten Trabanten, äusserst selten beim zweiten und niemals beim ersten bedienen, wo man nur alsdann die obern Konjunkzionen gebrauchen kann, wenn man schon sonst die Dauer der Finsternisse kennt, von welcher man die Hälfte zur Zeit des Eintritts addirt, oder von der des Austritts abzieht, um mit hinlänglicher Genauigkeit den Moment der Konjunkzion zu erhalten: denn eigentlich sind die so bestimmten Konjunkzionen weder die wahren noch die mittlern, aber äusserst wenig von ihnen verschieden.

Wir haben §. 224. n° 9. gezeigt, wie man die Dauer der Finsternisse für den ersten Trabanten finden kann, wenn dieselben kurz vor oder nach der Opposizion eintreffen. Hier ist ein Beispiel davon. Am 23. Dez. 1811. war Jupiter in Opposizion; vergleicht man also den Eintritt, welchen man am 22. kurz vor der Opposizion, mit dem Austritte, welchen man am 27. beobachten konnte, und zieht von der Zwischenzeit die in derselben enthaltenen drei Umläufe ab, so giebt der Rest die Dauer der Finsternifs.

1811. Dez. 22.		5st	26′	53″.	Eintritt
Dez. 27.		15st	3′	49″.	Austritt
Unterschied	5^{t}	9st	36′	56″	
3 Umläufe	5^{t}	7st	25′	54″	
Dauer der Finsternifs		2st	11′	2″	

§. 234. Die so bestimmten Umlaufszeiten können, wie man leicht einsieht, nicht genau sein, und wenn sie es wären, so würden sie doch nicht die mittlern sondern die wahren sein. Um jene zu finden mufs man zwei möglichst entfernte Digressionen oder Konjunkzionen nehmen, und die Zwischenzeit durch die Anzahl der entsprechenden Umläufe dividiren; denn indem auf diese Weise die periodischen Ungleichheiten auf eine grofse Menge Umläufe vertheilt werden, so müssen die Resultate um so genauer sein, je entfernter von einander die verglichenen Beobachtungen sind. Zu noch grösserer Genauigkeit wird es gut sein, statt der Digressionen die Konjunkzionen zu nehmen, und unter diesen diejenigen auszusuchen, die man aus Finsternissen nahe bei der Opposizion erhält.

§. 235 Mit Hülfe der so eben erwähnten Finsternisse erhält man folgende mittlere Umlaufszeiten der vier Trabanten: I. 1^t 18st 28′ 36″...... II. 3^t 13st 17′ 54″ ..... III. 7^t 3st 59′ 6″.... IV. 16^t 18st 5′ 7.

§. 236. Wenn man diese Zeiten addirt bis ungefähr gleiche Summen kommen, so findet man folgende Perioden:

247	Uml. des I. Trab. machen	437^t	3st	44′
123	— — II. — —	437	3	41
61	— — III. — —	437	3	35
26	— — IV. — —	435	14	13

Die drei ersten Trabanten kommen also alle 437 Tage in dieselbe Lage gegen einander, wobei der Unterschied nur ungefähr 9′ Zeit, vom Jupiter aus gesehen, beträgt. Diese Periode ist sehr brauchbar die Ungleichheiten su erkennen, welche die gegenseitige Einwirkung der Trabanten auf einander hervorbringt.

§. 237. Die bisher gefundenen Umlaufszeiten beziehen sich, wie sich leicht zeigt, auf den Jupiter, oder entsprechen einem vollen Umlaufe des Trabanten und dem Bogen, welchen derselbe noch durchlaufen mufs um wieder mit dem Planeten zusammen zu treffen, der während der Umlaufszeit des Trabanten in seiner Bahn fortgerückt ist. Will man aber ausser den synodischen Umlaufszeiten, den einzigen welche man beobachtet, auch die periodischen haben, so setze man: wie sich 360° und der während der Umlaufszeit des Trabanten vom Jupiter durchlaufene Bogen zur Zeit eines synodischen Umlaufs verhalten, so verhalten sich 360° zum periodischen Umlauf.

Ungleichheiten, welche den vier Trabanten gemeinschaftlich sind.

§. 238. *Jährliche Parallaxe.* Die erste und gröfste Ungleichheit welche die Umläufe der Trabanten in Beziehung auf den Mittelpunkt des Jupiters zeigen, wird durch die jährliche Parallaxe verursacht. Wenn der Trabant auf die Linie der Mittelpunkte (Fig. 82.) *SOGV* zurückgekehrt ist, von welcher die Umläufe zu zählen angefangen worden, so hat er wirklich seinen ganzen Umlauf vollendet, und dies wird sich auch sowohl von der Sonne als von der Erde aus zeigen, wenn diese sich in Konjunkzion oder in Opposizion mit Jupiter befindet. Ausser diesen beiden Punkten fällt aber die Linie der Mittelpunkte nicht mehr mit der Gesichtslinie von der Erde zum Jupiter zusammen, sondern macht mit ihr einen Winkel, welcher der jährlichen Parallaxe gleich ist. Es sei die Erde in *A*, der Trabant in *Z*, so wird er von der Sonne aus gesehen in Konjunkzion in *Z*, von der Erde aus aber um den ganzen Bogen *XZ* davon entfernt sein, denn er wird nur dann in Konjunkzion sein, wenn er nach *X* auf der Linie *AGX* genommen ist. Dieser Bogen kann bis auf 12° betragen, welche der erste Trabant in 1st 25', der zweite in 2st, der dritte in 5st 44' und der vierte in 13st 24 durchläuft. Also können die Umlaufszeiten, mit den von der Erde aus beobachteten Konjunkzionen verglichen, um die Hälfte des Bogens *XZ* in + oder — von ihnen verschieden sein. Indessen hört diese Ungleichheit auf, wenn man die Umläufe auf die aus den Finsternissen hergeleiteten Konjunkzionen bezieht, aus welchen man die Rechnung für den Augenblick der von der Sonne aus gesehenen Konjunkzion erhält.

§. 239. *Zweite Ungleichheit.* Wenn Jupiter

sich gleichförmig in einem Kreise bewegte, in dessen Mittelpunkt die Sonne stände, so würden die Konjunkzionen, nachdem sie von der ersten Ungleichheit befreit wären, und wenn die Trabanten weiter keine hätten, immer dieselben Zwischenzeiten darbieten. Aber Jupiter beschreibt eine Ellipse in welcher die wahre Bewegung bald grösser, bald kleiner als die mittlere Kreisbewegung ist: die Konjunkzionen und Finsternisse werden also bald etwas früher, bald etwas später eintreffen als die aus den mittlern Umlaufszeiten hergeleiteten Momente angeben. Die Mittelpunktsgleichung des Jupiters beträgt 5° 34′ 1″: setzt man also, wie 360° zur Umlaufszeit eines jeden Trabanten, so 5° 34′ 1″ zum vierten Gliede, so erhält man die folgenden Unterschiede zwischen den Konjunkzionen und den Finsternissen: I. 39′ 22″..... II. 1st 19′ 13″ ..... III. 2st 39′ 42″ ..... IV. 6st 15′ 19″. Um diese Ungleichheiten in Rechnung zu bringen, werden ausser den Tafeln der mittlern Bewegungen andere angewendet werden müssen, welche die gehörigen, einzig von der Anomalie des Jupiters abhängende Verbesserungen enthalten.

§. 240. *Lichtgleichung.* Das Licht gebraucht 8′ 13″,2 um den Raum *SO*, und also 16′ 26″,4 um den Raum *CO* zu durchlaufen, daher gelangt es vom Jupiter 16′ 26″ später zu uns, wenn sich die Erde in *C*, als wenn sie sich in *O* befindet, und die Finsternisse erscheinen um ebenso viel später am erstern als am letztern Orte; in den zwischenliegenden Oertern aber zeigen sie sich nach Verhältniſs der Entfernung von der Opposizion und der Konjunkzion. Dies ist die dritte Ungleichheit, welche allen Trabanten gemeinschaftlich ist, und durch deren Beobachtung Römer eben dahin kam, die allmählige Fortpflanzung des Lichts zu entdecken, da man bis dahin eine augenblickliche angenommen hatte. Weil nun aber Jupiter, wegen der Ekzentrizität seiner Bahn der Sonne bisweilen näher, bisweilen entfernter von ihr ist, und der Unterschied bis auf die Hälfte des Radius *SO* betragen kann, so wird das Licht, wenn der Planet in Konjunkzion oder Opposizion und zugleich im Aphelium ist 4′ 4″ mehr gebrauchen als wenn der Planet im Perihelium wäre; die Ungleichheit von 16′26″ kann also um 4′ 4″ ab- oder zunehmen, jenachdem die Lage der Erde und der Sonne ist. Deshalb enthalten die Tafeln zwei besondere, von welchen die erste die Verzögerung von der Opposizion bis zur Konjunkzion, deren Maximum 16′ 26″ beträgt, die andere aber die hiebei anzubringende, von der Anomalie des Jupiters abhängende Verbesserung enthält.

Besondere Ungleichheiten jedes Trabanten.

§. 241. Diese besondern Ungleichheiten wurden bald aufgefunden, indem man die berechneten, wegen der allgemeinen Ungleichheiten verbesserten Oerter mit den beobachteten verglich, und die Theorie der allgemeinen Anziehung bestätigte nicht blos die gefundenen, sondern verbesserte und vermehrte sie auch. Wargentin, Cassini, Bradley, Lagrange und Laplace beschäftigten sich mit der Theorie, welche das Resultat giebt, dafs alle besondern Ungleichheiten ihren Ursprung aus der gegenseitigen, nur verschieden kombinirten Einwirkung der Trabanten auf einander haben.

§. 242. 1) Der erste Trabant hat eine Ungleichheit von ± 3′ 30″ in Zeit, welche vorzüglich durch die Einwirkung des zweiten Trabanten hervorgebracht wird, und deren Periode 437 Tage beträgt. Sie nimmt zu wie der Sinus des Abstands vom Punkte in welchem sie = 0 ist; eine Eigenschaft, welche allen periodischen Grössen, die von Kreisbewegungen abhängen, gemeinschaftlich ist. Es finden sich noch einige andere Ungleichheiten, die aber so unbedeutend sind, daſs man sie bisher noch nicht in Tafeln gebracht hat.

§. 243. 2) Die gröſsten Ungleichheiten bemerkt man beim zweiten Trabanten; sie rühren vornehmlich von der Einwirkung des ersten und dritten her. Ihre Summe beträgt nahe $\pm$ 16′ 30″ in Zeit, und die Periode ist 437 Tage. Wenn man sie gehörig in Rechnung bringt, so zeigen sich weiter keine merkliche Unterschiede mit der Beobachtung.

§. 244. 3) Die Ungleichheiten des dritten Trabanten sind der Zahl nach die meisten, und weder durch Theorie noch durch Beobachtung gehörig bestimmt. Bailly hat deren fünf gefunden: eine von 25″ aus der Einwirkung des ersten Trabanten, eine zweite von 4′ 10″ aus der des zweiten, eine dritte von 1′ 19″, eine vierte von 17″ und eine fünfte von 59″, sämmtlich in Zeit. Diese verschiedenen Ungleichheiten können zusammen auf $\pm$ 8′ in Zeit betragen, was sehr nahe derselbe Werth ist, den man schon früher aus den Beobachtungen hergeleitet hatte.

§. 245. 4) Für den vierten Trabanten hat Laplace zwei Gleichungen, eine von 1′ 54″, die andere von 28″ im Bogen, bestimmt; jene hängt von der Einwirkung der Sonne und der Entfernung Jupiters vom Aphelium, diese blos von der Sonne, die hier eine der Evekzion des Mondes ähnliche Ungleichheit hervorbringt, ab.

Beim dritten und vierten Trabanten muſs man auch die Elliptizität ihrer Bahnen in Betrachtung ziehen, die beim ersten und zweiten ganz unmerklich ist; die gröſste Mittelpunktsgleichung des dritten beträgt nahe 0° 10′, die des vierten 0° 56′

aber LAPLACE hat gefunden daſs diese Werthe nicht konstant sind. Deshalb werden die aus ihnen hervorgehenden Störungen der Bewegungen nicht immer demselben Gesetze folgen, und es hält also schwer sie in den Tafeln in Rechnung zu bringen.

§. 246. Man bemerke noch, daſs die ersten drei Trabanten, welche die vorzüglichsten Ungleichheiten darbieten, zugleich zwei merkwürdige Erscheinungen bei ihren mittlern Bewegungen zeigen, deren Entdeckung man LAPLACE's Scharfsinne verdankt. Die mittlere Bewegung des ersten Trabanten sammt zweimal der des dritten ist sehr nahe der dreifachen Bewegung des zweiten gleich; und die mittlern Längen der drei ersten, vom Jupiter aus gesehen, haben solche Beziehung zu einander, daſs die Länge des ersten weniger dreimal die des zweiten sammt zweimal die des dritten sehr nahe 180° gleich ist.

§. 247. *Neigung*. Da die Dauer der Finsternisse der Trabanten nicht immer dieselbe, sondern bald grösser bald kleiner ist, so ist leicht einzusehen, daſs ihre Bahnen mehr oder minder zur Ebene der Jupitersbahn geneigt sein müssen. Bei den Finsternissen die in den Knoten oder nahe bei denselben vorfallen, wird der Trabant, indem er in den Schatten eintritt, sehr nahe durch die Linie gehen, welche die Mittelpunkte der Sonne und des Jupiters verbindet, sodaſs also die Dauer der Finsterniſs am längsten ist, im Abstande von 90° von den Knoten findet die gröſste Entfernung von dieser Linie statt, und es zeigt sich also, proporzional mit der Neigung, die kleinste Finsterniſs; zwischen diesen beiden Punkten wird die Dauer im Verhältnisse der Breite des Trabanten vom Mittelpunkte des Jupiters aus gesehen, sein. Indem man also die gröſste und kleinste Dauer der Finsternisse jedes Trabanten mit dem Durchmesser seiner Bahn und mit dem zur Linie der Mittelpunkte senkrechten Durchschnitte des Schattens vergleicht, kann man hieraus die Neigung folgern. Auf diese Weise sind die nachstehenden Resultate erhalten.

§. 248. Die Neigung des ersten Trabanten beträgt 3° 18′ 38″, und es ist bei ihr noch keine merkliche Veränderung wahrgenommen. Die des zweiten zeigt sich jetzt 3° 46′, sie ist veränderlich und es hat grofse Schwierigkeiten gehabt die Erklärung dieser Erscheinung zu finden, die von einer rückgängigen Bewegung der Knoten auf der Ebene des Jupitersäquators herrührt, deren Periode drei Jahre beträgt. Die Neigung des dritten Trabanten ist gleichfalls veränderlich und der Unterschied zwischen dem gröfsten und kleinsten Werthe derselben steigt auf 24′; jetzt findet sie sich 3° 26′. Noch einen anderen besondern Umstand zeigt dieser Trabant; das Perijovium seiner elliptischen Bahn, oder das dem Jupiter am nächsten liegende Ende seiner grofsen Axe hat eine rechtläufige Bewegung. Die Neigung des vierten Trabanten scheint wie die des ersten konstant zu sein; wenigstens ergiebt sie sich aus den frühesten wie aus den letzten Beobachtungen zu 2° 36′. Diese Neigung, verbunden mit seiner bedeutenden Entfernung vom Jupiter, macht dafs er sehr selten verfinstert wird, wenn er hinter dem Jupiter weggeht. Sein Perijovium hat eine sehr merkliche rechtgängige Bewegung.

§. 249. *Knoten.* Die Finsternifs, deren Dauer die gröfste ist, giebt, wie oben bemerkt worden, näherungsweis den Ort des Knotens; will man ihn aber genau haben, so mufs man zwei Finsternisse von gleicher Dauer, die eine vor, die andere nach dem Durchgange durch den Knoten beobachten:

dann giebt das Mittel zwischen beiden zugehörigen heliozentrischen Längen des Jupiters den gesuchten Ort.

§. 250. Auf diese Weise hat man gefunden, dafs der ☊ des ersten Trabanten 10^z 14° $30'$ Länge entspricht. Nach der Theorie der Anziehung, müfste er bei gleichmäfsiger Dichtigkeit der Jupiterskugel eine jährliche rückgehende Bewegung von 104° $7'$ $30''$ haben; die Beobachtungen zeigen aber nichts dergleichen, was wohl daher kommt, dafs die Bahn dieses Trabanten sehr nahe mit der Ebene des Aequators des Jupiters zusammenfällt, sodafs also die rechtläufige Bewegung dieses Aequators die rückläufige des Knotens vernichtet.

§. 251. Den Knoten des zweiten Trabanten beobachtete Wargentin im Jahre 1760 in 10^z 13° $45'$ Länge. Die Einwirkung des ersten Trabanten bringt eine Art von Librazion von 9° bei diesem Knoten hervor, die sich erklären läfst, wenn man annimmt, dafs er in 30 Jahren einen Umlauf auf der Bahn des erstern macht.

§. 252. Der Knoten des dritten Trabanten befand sich im Jahre 1760 in 10^z 14° $24'$. Seine Lage ist aber nicht konstant, so wenig als die Neigung. Nach Laplace stellt man beide Aenderungen recht gut dar, indem man die Bahn des Trabanten um 2° $1'$ gegen den Jupitersäquator geneigt annimmt, und den Knoten eine rückgängige Bewegung giebt, die in 137 Jahren ihre Periode vollendet.

§. 253. Nach Wargentin war der Ort des vierten Trabanten im Jahre 1760 in 10^z 16° $39'$ Auch dieser hat eine, wiewohl denen der andern Knoten entgegengesetzte, also rechtläufige Bewegung, welche jährlich $4'$ $15''$ in Beziehung auf die Aequinokzien beträgt. Eine solche Bewegung schien lange Zeit den Gesetzen der Anziehung zuwider zu sein; endlich aber fand man (vielleicht war Lalande im Jahre 1762 hierin der Erste), dafs dieselbe von der vereinten Wirkung der drei übrigen Planeten herrührt, welche die an sich rückgängige Bewegung in eine rechtgängige verwandeln.

§. 254. *Tafeln.* Wenn gleich im Allgemeinen der Hauptzweck der Tafeln die Bestimmung des Orts eines Planeten am Himmel ist, so ändert sich doch die Sache etwas wenn von Trabanten die Rede ist, bei welchen man nicht sowohl ihren Ort, als vielmehr den Zeitpunkt ihres Eintritts in den Schatten des Hauptplaneten, oder des Austritts aus demselben zu wissen wünscht. Die Ursache hievon ist, dafs die Finsternisse, nämlich der Anfang und das Ende derselben, die einzigen Erscheinungen sind, welche man mit Genauigkeit bei den Trabanten beobachten kann, die einzigen, mit deren Hülfe man sicher auf die Elemente ihrer Bahnen zurückgehen kann, die einzigen endlich, die irgend einen wirklichen Nutzen gewähren können.

§. 255. Die Wargentinschen Tafeln standen lange Zeit im verdienten Ansehen, bis sie endlich im Jahre 1790 durch die Delambreschen verdrängt wurden, welche sich auf die Theorie des Jupiters, die gegenseitige Anziehung der Trabanten, und eine bewundernswürdige Menge von Beobachtungen begründeten. Sie sind nachher, vom Verfasser verbessert, von neuem bekannt gemacht worden: denn da die Störungen nicht alle periodisch sind, so können die Tafeln nicht für alle Zeiten gelten, sondern müssen von Zeit zu Zeit nach den letzten Beobachtungen verbessert werden.

§. 256. *Gebrauch der Finsternisse.* Wenn die Finsternisse, welche, die Zeit der Opposizion ausgenommen, immer in einiger Entfernung von der Scheibe des Jupiters vor sich gehen, von einem geübten Beobachter mit einem guten Fernrohre beobachtet werden, und zugleich eine gehörig regulirte Uhr vorhanden ist, nach welcher der Augenblick des Eintritts oder Austritts bemerkt werden kann, so erhält man unmittelbar den Meridianunterschied der Oerter, wo etwa Beobachtungen angestellt werden. Denn das Verschwinden des Trabanten im Schatten und das Wiedererscheinen desselben beim Austritte geschieht in demselben Augenblicke für alle Beobachter auf der Erde, und wenn man also z. B. den Eintritt eines Trabanten zu Palermo um 11u 30′, zu Greenwich um 10u 37′ beobachtet hat, so ist der Meridianunterschied zwischen Palermo und Greenwich 53′. Sind also die Finsternisse für einen gewissen Meridian im Voraus berechnet, und hierauf an irgend einem Orte beobachtet, so erhält man sogleich die Länge dieses Orts; deſshalb finden sich auch in allen Ephemeriden für den Meridian derselben die Finsternisse berechnet. Man bemerke indessen, daſs man, soviel als möglich, immer Beobachtungen den Rechnungen vorziehen müsse, weil die Genauigkeit der Tafeln noch nicht so weit getrieben ist, daſs man nicht Fehler von mehreren Sekunden zu fürchten hätte; jedoch findet auch noch bei den Beobachtungen einige Ungewiſsheit wegen der verschiedenen Kraft des Auges und des Fernrohrs jedes Beobachters, wegen der Höhe Jupiters über dem Horizonte, und wegen des Zustandes der Atmosphäre statt, sodaſs die Unterschiede überhaupt bis auf 20 und mehr Sekunden gehen können.

§. 257. *Stellung der Trabanten.* Es ist nicht genug zu wissen, daſs ein bestimmter Trabant zu einer gewissen Zeit verfinstert werde; man muſs auch diesen Trabanten von den übrigen unterscheiden können, um ihn beständig im Auge zu behalten. Man muſs also den Ort jedes Trabanten in Beziehung auf Jupiter kennen, und zugleich wissen, ob er sich von diesem entfernt oder sich ihm nähert, ob er in der obern oder untern Hälfte seiner Bahn ist. Diese Stellung findet man genau, wenn man die jovizentrischen Längen der vier Trabanten berechnet, beiläufig, mit einer Hülfe einer mechanischen Vorrichtung, des sogenannten *Jovilabiums*, welches im gehörigen Verhältnisse der Entfernungen den Jupiter und um ihn in Kreisen beweglich die vier Trabanten nebst einem alles einschliessenden gehörig eingetheilten Kreise enthält.

§. 258. Die Stellungen der Trabanten sind in allen Ephemeriden, jedesmal für die passendste Stunde des Tages, enthalten. Jupiter steht in der Mitte; die Trabanten selbst aber sind durch Zahlen unterschieden, und es ist zugleich bemerkt, wenn etwa einer oder mehrere derselben verfinstert sind oder vor der Scheibe des Hauptplaneten stehen.

Zwölfter Abschnitt.

Ring des Saturns.

§. 259. Mit Hülfe der Fernröhre sieht man den Saturn fast immer zwischen zwei kleinen Körpern eingeschlossen, die meistens wie ein paar Henkel, jedoch bald gröſser bald kleiner, erscheinen, bisweilen aber auch beide verschwinden und die Scheibe des Saturns rund wie die der übrigen Planeten sich darstellen lassen. Galileo sah diese Erscheinung zuerst, und glaubte daſs sie durch Trabanten verursacht würde, welcher Meinung auch Cassini war, der aber eine groſse Menge derselben annahm, die so dicht bei einander ständen, daſs sie sich unsern Augen als eine Art von zusammenhängendem Körper zeigten; diese Erklärung erhielt indessen wenig Beifall. Hevelius fand nach vielen Beobachtungen nichts ihm selbst Genügendes; ROBERVAL, RICCIOLI und Andere verursachten auf sehr verschiedenen Wegen, aber ebenfalls ohne Erfolg, eine Erklärung.

§. 260. Auf solche Weise hatte man bis zum Jahre 1659 sich vergeblich bemüht; da zeigte endlich HUYGHENS, nachdem er aufmerksam die Erscheinungen des Saturns beobachtet und sie mit der Lage desselben gegen die Erde und die Sonne verglichen hatte, daſs sie sich sämmlich durch einen groſsen freischwebenden, den Planeten umgebenden Ring erklären lieſsen. Dieser Ring ist gegen die Ekliptik geneigt, kann uns also nur schief, unter der Gestalt einer mehr oder minder zusammengezogenen Ellipse erscheinen, welche die gröſste Oeffnung haben wird, wenn die zum Mittelpunkte des Saturns gezogene Gesichtslinie mit der Ebene des Ringes einen der Neigung gleichen Winkel macht, und welche nachher mit diesem Winkel ab- und wieder zunimmt.

§. 261. *Grösse und Neigung des Ringes.* POUND hatte den Horizontaldurchmesser des Ringes zur Zeit seiner gröſsten Oeffnung im Verhältnisse von 7 zu 3 zum Durchmesser des Saturns gefunden, und überdies bemerkt, daſs der leere Raum zwischen der Kugel und dem Ringe sehr nahe der Breite des Letztern gleich wäre, welche man zu $\frac{1}{3}$ des Saturnsdurchmessers annehmen könne. Mit geringen Unterschieden haben dieselben Resultate auch andere Astronomen erhalten. Setzt man also den Halbmesser des Saturns in seiner mittlern Entfernung $= 9''$, so ist der innere des Ringes $= 15''$, der äussere $= 21''$, und die Breite sowie der leere Raum oder der Abstand von der Kugel $= 6''$.

§. 262. Die Neigung wird gleichfalls aus der gröſsten Oeffnung des Ringes hergeleitet, weil derselbe alsdann nicht blos auf den Seiten sondern auch oben und unten über den Saturn hervorragt, doch beträgt Letzteres äusserst wenig, nur etwas über $\frac{1}{2}''$. Es ist also die kleine Axe, von der Erde aus gesehen, nahe = 11″, und da jede grade Linie, wenn sie schief gesehen wird, im Verhältnifs des Halbmessers zum Sinus des Neigungswinkels verkleinert erscheinen mufs, so wird die Neigung des Ringes gegen die Ebene der Ekliptik ungefähr 31° 35′ betragen. Es sei (Fig. 82.) *O* das Auge des Beobachters, *OE* die Ebene der Ekliptik, *AL* der Bogen des Ringes, *AC* sein Halbmesser und *AS* derselbe in der schiefen Lage gesehen: dann ist *ACS* der Neigungswinkel und also $AC : AS = R$: Sin *ACS* oder 21 : 11 = *R*: Sin 31° 35′. Mit gröfserer Genauigkeit gemessen, hat man diesen Winkel zu 31° 23′ 17″ gefunden, welches auf die Ebene der Saturnsbahn reduzirt, sehr nahe 31° beträgt.

§. 263. *Phasen des Ringes.* Drei Hauptphasen lassen sich bei den verschiedenen Erscheinungen des Ringes unterscheiden. 1) Wenn die verlängerte Ebene des Ringes möglichst weit vom Auge vorbeigeht, oder der Winkel *AOS* am grössten ist. 2) Wenn dieser Winkel abnimmt, und die Ebene sich dem Auge nähert. 3) Wenn derselbe gleich Null wird und das Auge sich in der Ebene des Ringes befindet. Im ersten Falle ist die Oeffnung der Ellipse am gröfsten und man sieht den Saturn von allen Seiten vom Ringe umgeben. Im zweiten Falle wird der hintere Theil des Ringes vom Saturn verdeckt, der vordere fällt mit ihm zusammen, und wirft seinen Schatten auf ihn, den man mit sehr starken Fernröhren als einen dunklen Streifen wahrnimmt; was deutlich zeigt, dafs sowohl Saturn als sein Ring dunkle Körper sind. In dieser Phase, welche ungefähr 15 Jahre dauert sieht man zwar nur die Seiten des Ringes, die sogenannten Henkel; dieselben erscheinen aber ziemlich grofs, deutlich und gut begränzt: so wie jedoch das Auge sich der Ebene nähert, werden sie kleiner, verändern auch ihre Gestalt und verschwinden am Ende. In dem dritten Falle, wo sich das Auge in der Ebene des Ringes befindet, sieht man diesen nicht mehr, und Saturn erscheint rund als einfacher Körper. Aus diesem Verschwinden folgert man leicht, dafs die Dicke des Ringes sehr gering sein müsse, da das Sonnenlicht, welches sie uns zurückwirft, nicht hinlänglich ist, sie uns sichtbar zu machen. Mit ausserordentlich starken Fernröhren sieht man jedoch auch in diesem Falle den Ring wie einen dünnen leuchtenden Strich: Herschel hat ihn auf solche Weise wahrgenommen, als er für alle übrigen Beobachter verschwunden war.

§. 264. Aus zwei verschiedenen Ursachen kann der Ring verschwinden: 1) Wenn, wie schon bemerkt worden, die Gesichtslinie mit der Ebene des Ringes zusammenfällt. 2) Wenn Saturn vermöge seiner eignen Bewegung in der Bahn nach einem der Knoten der Ebene des Ringes mit der Ekliptik gelangt; diese Punkte liegen in $5^s\ 17^\circ$ und $11^s\ 17^\circ$. Im erstern Falle stehen Sonne und Erde auf derselben Seite in Beziehung auf die Ebene des Ringes, und die von der Dicke des Rings zurückgeworfenen Strahlen, die einzigen welche zu uns gelangen, sind nicht hinlänglich ihn sichtbar zu machen; im zweiten Falle geht die Ebene des Rings zwischen der Erde und der Sonne hindurch, und es kann also kein Lichtstrahl von demselben zu uns gelangen. Um beide Arten des Verschwindens von einander zu unterscheiden, ist es, wie man leicht einsieht, hinlänglich nachzusehen, ob sich Saturn in einem der Knoten befindet oder nicht.

§. 265. Der Durchgang des Saturns durch den Knoten ist von kurzer Dauer, und von noch kürzerer der der Erde durch die Ebene des Ringes; die Unsichtbarkeit desselben beträgt im ersten Falle nur zwei bis drei Tage, im zweiten nur einen Tag; doch müssen gute Fernröhre bei der Beobachtung angewendet werden, weil dieselbe sonst wie es auch wohl schon geschehen, sieben bis acht Tage dauern kann. Alles dies versteht sich indessen von dem Falle, wenn Sonne und Erde sich auf derselben Seite der Ebene des Ringes befinden; wenn dies nicht der Fall ist, sondern die Ebene zwischen Sonne und Erde hindurch geht, so kann die Unsichtbarkeit mehrere Monate dauern.

§. 266. Da die Ebene des Ringes die Sonnenbahn in zwei Punkten schneidet, so muſs bei jedem halben Umlaufe des Saturns ein Verschwinden und Wiedererscheinen statt finden. Dies wird ungefähr alle funfzehn Jahre der Fall sein, doch mit veränderten Umständen, die von der Lage der Erde und der Sonne sowohl unter sich als gegen die Ebene des Ringes abhängen. In einem Jahre kann der Ring höchstens zweimal verschwinden und zweimal wieder erscheinen.

§. 267. *Theilung und Rotazion des Ringes.* Cassini und andere bemerkten auf beiden Henkeln des Ringes etwas von schwarzen Linien, die auf eine Theilung in mehrere Ringe hindeuteten. Nachdem Herschel diese Erscheinung lange Zeit mit starken Fernröhren beobachtet hatte, fand er nie mehr als einen dunklen Streifen, der an den vom Saturn am weitesten entfernten Stellen der Henkel eine grössere Breite zeigte, dann sich zusammenzog, und gegen den Planeten hin in eine dünne Linie auslief, wobei er den Ring in zwei ungleiche Theile theilte. Er zweifelte noch, ob wirklich zwei oder nur ein Ring vorhanden wären, überzeugte sich aber doch zuletzt vom Erstern, indem es ihm bei wiederholten Beobachtungen gelang, durch die schwarze Linie die Trabanten, welche hinter dem Ringe fortgingen zu bemerken. Nach seinen Messungen liegen die Ringe in fast parallelen Ebenen, in einem bedeutenden Abstande von einander, und sind von verschiedener Grösse. Bei weitern Beobachtungen bemerkte er am Rande des äussern Ringes einige hervorragende Punkte, aus welchen er eine Umwälzung von 10st 32′ folgerte. Die Rotazion des innern Ringes, wenn sie auch nicht beobachtet ist, kann man auf keine Weise in Zweifel ziehen; sie muſs nach LAPLACE etwa 4 bis 5 Stunden betragen.

§. 268. Die Rotazion bietet uns eine sehr leichte Erklärung von dem Mechanismus dar, welcher die Ringe um den Saturn erhält. Viele haben gedacht, daſs sie sich nach Art der Bögen einer Brücke in ihrer anfänglichen Lage zusammenhielten; dies läſst sich aber auf keine Weise deutlich einsehen, da die verschiedenen Schichten aus welchen sie zusammengesetzt sind, sich nicht in gleichen Entfernungen vom Planeten befinden, die nähern also stärker angezogen würden und mit der Zeit sich von den übrigen losreiſsen müſsten; dasselbe Schicksal würden dann die nun am höchsten beim Hauptplaneten liegenden haben, und endlich müſste auf solche Weise das Ganze zerstört werden, wie dies bei allen Werken der Natur der Fall ist, welche nicht hinlängliche Kräfte in sich tragen um den äussern zerstörenden Einwirkungen widerstehen zu können. Es ist also für die Erhaltung der Ringe durchaus nothwendig, daſs der Kraft mit welcher sie fortwährend gegen den Planeten getrieben werden, eine andere, die sie immer von demselben entfernt, das Gleichgewicht halten möge; beide Kräfte vereinigt werden dann bewirken, daſs die Ringe, wie es auch wirklich beobachtet wird, sich um den Hauptplaneten drehen.

Dieselben erhalten sich also ohne alle äussere Kraft, blos durch das Gleichgewicht zwischen der Zentrifugal- und Zentripetalkraft.

§. 269. Laplace ging noch weiter. Indem er ein Fluidum voraussetzt, welches den Saturn in der Gestalt eines Ringes umgiebt, sucht er welche Gestalt dasselbe haben müsse, damit die gegenseitige Anziehung seiner Theile, ihre Schwerkraft gegen den Saturn und ihre Zentrifugalkraft sich gegenseitig ausglichen und der Ring im Gleichgewichte bliebe. Mit Hülfe der Rechnung fand er, daſs das Gleichgewicht möglich sei, wenn die erzeugende Kurve eine Ellipse wäre, mit einer durch den Mittelpunkt des Planeten gehenden groſsen Axe; daſs dies Gleichgewicht noch bliebe, wenn auch die Ellipse sowohl in Hinsicht auf Gröſse als Lage veränderlich wäre; daſs wenn dieser Ring in allen seinen Theilen durchaus gleichförmig wäre, das Gleichgewicht durch die allerkleinste äussere Einwirkung, wie z. B. die eines Trabanten gestört würde; endlich daſs man den Ring in seinen verschiedenen Theilen von ungleicher Dicke und Ausdehnung annehmen müsse. Hieraus folgerte er, 1) daſs die Ringe feste Körper wären, welche jedoch verschiedene Breite in den verschiedenen Theilen ihres Umfangs hätten; 2) daſs ihre Schwerpunkte nicht mit den Mittelpunkten zusammenfielen; 3) daſs dieselben als eine Menge Trabanten angesehen werden könnten, welche sich um den Mittelpunkt des Saturns in Abständen bewegten, die von den Ungleichheiten der verschiedenen Theile der Ringe abhingen, und mit Winkelgeschwindigkeiten, die der Rotazionsbewegung der Ringe selbst gleich wären; 4) daſs die Dichtigkeit der verschiedenen Ringe gröſser als die Dichtigkeit des Saturns sei. Gegen alles dies streitet die Beobachtung keineswegs, sondern bestätigt es vielmehr groſsentheils.

Beim Verschwinden und Wiedererscheinen des Ringes sind öfters Ungleichheiten in beiden Henkeln bemerkt worden, was auf eine Ungleichheit in den verschiedenen Theilen des Ringes selbst hindeutet; die hervorragenden Punkte, welche Herschel gesehen und aus welchen er die Umwälzungszeit hergeleitet hat, bringen dies aber zur Gewifsheit. Ebenderselbe hat auch den Ring noch gesehen, als dessen Dicke nur unter einem Winkel von 8′ erschien, was nicht anders möglich ist, als wenn er hinlänglich dicht, wenigstens dichter als Saturn ist; wozu noch kommt, dafs das vom Ringe zurückgeworfene Licht immer lebhafter ist als das vom Saturn.

Dreizehnter Abschnitt.

Von den Saturnstrabanten.

§. 270. Es befinden sich sieben Trabanten beim Saturn, die von verschiedenen Astronomen zu verschiedenen Zeiten, viel später als die des Jupiters entdeckt wurden. Einen fand Huyghens im Jahr 1655, vier andere Cassini von 1671 bis 1684, und noch zwei Herschel im Jahre 1789. Die fünf ersten wurden nach ihren Entfernungen vom Saturn benannt, obgleich der zuerst entdeckte der vierte war; da aber die beiden zuletzt entdeckten die nächsten beim Saturn sind, so fängt man bei ihnen an zu zählen, und der vormalige erste ist also jetzt der dritte, der zweite der vierte u. s. w.

§. 271. Die Beobachtungen dieser Trabanten sind nicht eben leicht. Den ersten und zweiten darf man nicht ohne Telescope von sehr grofser Kraft zu sehen hoffen; den dritten und vierten bemerkt man kaum mit den gewöhnlichen; dahingegen der fünfte, welcher heller als die vorhergehenden ist, bisweilen während seines ganzen Umlaufs beobachtet werden kann. Der sechste, der zuerst entdeckt wurde, ist der gröfste von allen und wird ohne Schwierigkeit erkannt; ebenso der siebente, welcher nach ihm der gröfste ist. Dieser letztere ist vorzüglich auf der Westseite des Saturns sehr gut sichtbar; auf der Ostseite verliert er aber gewöhnlich so sehr an Licht, dafs er nur mit Mühe gesehen werden kann. Dies kann nur aus den Flecken erklärt werden, welche die uns dann zugewendete Halbkugel bedecken, und es folgt daraus, dafs der Trabant sich in einer Zeit um seine Axe wälzen mufs, welche der seines Umlaufs um den Saturn gleich ist, denn sonst könnte er uns nicht immer in derselben Lage dieselbe Erscheinung zeigen. Er ist hierin unserm Monde und den Jupiterstrabanten ähnlich, und es ist also vielleicht allgemeines Gesetz bei den Nebenplaneten, dafs bei ihnen Umlaufszeit um den Hauptplaneten und Umdrehungszeit um die eigne Axe gleich sind.

§. 272. Die Kleinheit dieser Trabanten und ihre grofse Entfernung von uns, erlauben nicht ihre Verfinsterungen oder ihre Eintritte und Austritte am Saturnsschatten zu beobachten: deshalb ist ihre Theorie noch sehr unvollkommen, und man kennt nur näherungsweise und durch Muthmassungen die vielen Ungleichheiten welchen sie unterworfen sind. Auch darf man ohne ein *Saturnilabium*, welches ihre gegenseitigen Stellungen angiebt, nicht hoffen sie von den kleinen Sternen zu unterscheiden und ihnen in ihrem Laufe zu folgen.

§. 273. Die Bahnen der Trabanten sind nahe kreisförmig, wie die des Mondes und der Jupiterstrabanten, und zeigen sich blos elliptisch, wegen ihrer mehr oder minder grofsen Neigungen gegen die Erdbahn.

§. 274. Die grofsen Axen dieser Ellipsen oder die Durchmesser der entsprechenden Kreise erhält man durch Hülfe eines Mikrometers, wenn man die Abstände der Trabanten vom Mittelpunkte des Planeten zur Zeit der gröfsten Ausweichungen mifst. In Ermangelung eines Mikrometers kann man den Unterschied zwischen den Durchgängen der Trabanten und des Planeten durch den Meridian anwenden; doch ist diese Methode kaum bei den grösseren Trabanten brauchbar; die Durchgänge der kleineren lassen sich gar nicht beobachten.

§. 275. Weil wir nun also um die Umlaufszeit zu bestimmen, weder die Konjunkzionen noch die Eintritte oder Austritte beobachten können, so leitet man dieselbe aus den Beobachtungen her, in welchen Saturn nahe in demselben Orte seiner Bahn, und der Trabant in demselben Abstande von der Konjunkzion mit dem Hauptplaneten war. Hiebei mufs man aber die jährliche Parallaxe in Rechnung bringen, und überdies ist es gut diejenigen Zeiten auszuwählen, in welchen die Ellipsen die gröfste Oeffnung haben.

§. 276. Kennt man die mittlern Entfernungen der Trabanten und die Umlaufszeit eines einzigen, oder umgekehrt: so kann man mit Hülfe der dritten Keplerschen Gesetze die Umlaufszeiten oder die mittlern Abstände der übrigen erhalten.

§. 277. Durch die Beobachtung der Trabanten in ihren verschiedenen Lagen gegen den Hauptplaneten hat man gefunden, dafs bei den gröfsten Ausweichungen die sechs ersten immer in der Linie liegen, welche die äussersten Punkte der beiden Henkel des Ringes verbindet; dafs die Richtung des siebenten einen Winkel von ungefähr 15° mit dieser Linie macht; endlich dafs die kleinen Axen der scheinbaren Ellipsen der sechs ersten nahe die Hälfte der grofsen sind. Die sechs ersten liegen also in derselben Ebene mit dem Ringe, und haben mit ihm einen gemeinschaftlichen Knoten; der siebente aber hat nur ungefähr eine Neigung von 15° zur Ekliptik und sein Knoten liegt, verschieden von dem der übrigen, in 5^z 5° nach Cassini's Bestimmung.

Vierzehnter Abschnitt.

Uranustrabanten.

§. 278. Da Jupiter und Saturn von mehreren Trabanten begleitet sind, so vermuthete Herschel dafs dies auch bei dem von ihm entdeckten Planeten der Fall sein möchte. Zu verschiedenen Zeiten suchte er dieselbe, aber bis 1787 ohne Erfolg; als er jedoch in diesem Jahre den kleinen Spiegel aus seinem 20füssigen Teleskop herausnahm und auf solche Weise 'mehr Licht erhielt, erkannte er zwei Monde des Uranus; hierauf im Jahre 1790 wiederum zwei, und endlich im Jahre 1794 noch zwei: überhaupt also sechs.

§. 279. Während dieser Beobachtungen schien es ihm oft, dafs ausser den Trabanten noch ein oder mehrere Ringe um den Hauptplaneten wären, dafs die Kugel abgeplattet wäre und also eine Umwälzungsbewegung hätte, dafs eine dichte Atmosphäre den Planeten umgäbe, und endlich dafs die Anzahl der Trabanten noch grösser sein könnte, weil es unmöglich sei, diejenigen zu erkennen, welche näher am Planeten ständen als der jetzige erste. Doch gesteht der Beobachter selbst, dafs hiebei sehr leicht optische Täuschungen statt finden können, und dafs ausser dem Dasein der sechs Trabanten, nichts mit Gewifsheit bestimmt sei.

§. 180. Die Trabanten bewegen sich in nahe

kreisförmigen Bahnen; die Ebenen derselben sind nahe senkrecht zur Ekliptik, wie die grofsen Oeffnungen der Ellipsen, welche sie zu beschreiben scheinen, zeigen; in bestimmter Entfernung vom Planeten verschwinden sie, und kommen erst wieder bei gleicher Entfernung auf der andern Seite zum Vorschein, wobei sich nicht ausmachen läfst, ob sie durch das stärkere Licht der Planeten oder durch eine Atmosphäre verdunkelt werden; die Richtung ist, wenigstens bei zweien, von Osten nach Westen oder rückgängig, doch sieht man nicht recht ein, auf welche Weise HERSCHEL dies bestimmt hat. Denn wenn die Neigung 90° beträgt, so ist die Bewegung weder rückgängig noch rechtgängig, sondern geschieht blos von oben nach unten in Beziehung auf die Ekliptik: wenn sie aber weniger als 90° beträgt, so mufs man, um die Richtung der Bewegung zu bestimmen, erst wissen ob der obere Theil der Ellipse gegen Norden oder gegen Süden gewendet sei. Hievon kann man jedoch nichts aus den Beobachtungen abnehmen, auf welche HERSCHEL jene Behauptung begründet.

§. 281. Die Umlaufszeiten des zweiten und vierten Trabanten sind unmittelbar aus den Beobachtungen abgeleitet, die der übrigen aber aus ihren gröfsten Ausweichungen mit Hülfe des dritten Keplerschen Gesetzes. Dieses Gesetz gilt nämlich für jedes System von Körpern welches sich um einen gemeinschaftlichen Schwerpunkt bewegt, und bestätigt sich auch an den beiden Trabanten, bei welchen Umlaufszeit und Entfernung aus den Beobachtungen bekant sind.

Die Entfernungen werden in Halbmessern des Planeten = 1 ausgedrückt, und finden sich in dem hier folgenden Abrifs des ganzen Sonnensystems.

Abriſs des Sonnensystems.

Hauptplaneten.

Planeten.	Siderische Umlaufs-zeiten.	Tropische Umlaufs-zeiten.	Siderische Bewegung in 365^t,25	Tropische Bewegung in 365^t,25
☿	87^t,969258	87^t,968439	1494°43′36″,40	1494°44′26″,50
♀	224,700824	224,695480	585 10 41 ,54	585 11 31 ,64
♁	365,256383	365,422064	359 59 37 ,35	360 0 27 ,43
♂	686,979619	686,929674	191 24 11 ,20	191 25 1 ,20
⚶	1327,598293	1327,402218	99 5 35 ,76	99 6 25 ,86
⚵	1593,841740	1593,573619	82 29 48 ,94	82 30 39 ,04
⚳	1682,545086	1682,245589	78 12 10 ,70	78 13 0 ,90
⚴	1681,400908	1681,101745	78 12 9 ,53	78 12 59 ,63
♃	4332,506308	4330,610488	30 20 56 ,43	30 21 46 ,56
♄	10758,969840	10746,732380	12 13 17 ,12	12 14 7 ,22
♅	30688,712687	30589,357287	4 17 4 ,70	4 17 54 ,80

Planeten.	Epochen oder mittl. Längen für 1810.	Länge des Aphelium.	Länge des aufst. Knoten.	Neigung.
☿	9^z23°24′48″,0	8^z 14°30′14″	1^z 16° 4′ 1′	7° 0′ 0″,0
♀	7 26 13 19,0	10 8 44 18	2 14 57 18	3 23 28 ,5
♁	3 9 27 13,5	3 9 39 22	— — —	— — —
♂	11 16 27 37,1	5 2 33 49	1 18 3 48	1 51 5 ,0
⚶	3 15 44 23,3	2 10 19 0	3 13 10 12	7 7 51 ,8
⚵	3 5 20 47,1	7 23 16 0	5 21 9 50	13 4 27 ,0
⚳	1 19 9 5,3	10 1 22 17	5 22 33 54	34 37 28 ,0
⚴	2 1 12 8,0	10 26 44 12	2 20 56 55	10 37 30 ,4
♃	0 25 23 52,7	6 11 17 48	3 8 30 4	1 18 51 ,5
♄	8 5 25 15,6	8 29 15 11	3 22 1 55	2 29 38 ,1
♅	7 6 27 57,4	11 17 29 37	2 12 53 35	0 46 26 ,0

Planeten	Halbe grofse Axe	Ekzentrizität in Theilen d. halben gr. Axe der Planetenbahn.	Ekzentrizität in Theilen d. halben gr. Axe der Erdbahn.	Gröfste Mittelpunkts gleichung.
☿	0,387099	0,2056212	0,0795957	23° 40′ 45″,0
♀	0,723332	0,0068618	0,0049634	0 47 10,7
♁	1,000000	0,0167947	0,0167947	1 55 28,5
♂	1,523692	0,0932173	0,1420344	10 41 33,4
⚶	2,363198	0,1838258	0,2097072	10 10 57,8
⚵	2,670369	0,2543634	0,6815502	29 29 59,0
⚳	2,768261	0,2447424	0,6772530	28 13 58,4
⚴	2,767245	0,0785028	0,2172370	9 0 7,6
♃	5,201161	0,0481784	0,2506622	5 31 16,0
♄	9,537813	0,0561683	0,5357765	6 26 12,1
♅	19,183177	0,0466703	0,8952906	5 21 9,7

Planeten	Durchmesser in der mittl. Entfernung des Plan. von der ☉	Durchmesser in der mittl. Entfernung der Erde von der ☉	Durchmesser in Meilen.	Zeit der Axendrehung.
☿	15″,53	6″,01	585	24st 5′ 30″
♀	22,95	16,60	1599	23 21 19
♁	17,40	17,40	1719	23 56 4
♂	5,99	9,13	877	24 39 21
♃	35,38	184,09	19425	9 55 33
♄	15,61	148,91	16399	10 16 ..
♅	3,91	74,93	7306	— — —
☉	—	1922,00	187800	23t 12st 0′

Planeten	Massen wenn die der ☉ = 1	Massen wenn die der ♁ = 1	Dichtigkeit die der ♁ = 1	Körp. Grösse die der ♁ = 1
☿	0,000000472	0,162277	3,9252	0,041343
♀	0,000002804	0,964064	1,1066	0,871170
♁	0,000002902	1,000000	1,0000	1,000000
♂	0,000000393	0,135025	0,9937	0,135881
♃	0,000937128	322,201	0,2920	1103,277
♄	0,000284447	97,798	0,1696	576,450
♅	0,000051271	17,628	——	80,120
☉	1,000000000	329630	0,2200	1395324,4

Nebenplaneten.

Mond.

Siderische	Umlaufszeit ..	27^t 7st 43′ 11″,559525
Tropische		27 7 43 4,718356
Synodische		29 12 44 2,858729

Epoche oder mittl. Länge 1810 ..... 7^z 5° 26′ 22″,1
Mittl. Anom. 1810 .... 4 3 7 37,0
☊ 1810 .... 6 19 52 32,0

Jährl. tropische Bewegung
in der Länge .... 13 Uml. 4^z 9° 23′ 4″,9
des Apogäums 1 10 40 45,8
des Knotens .... — 19 19 43,4

Umlaufszeit { der Apsiden .. 3232^t,579
der Knoten ... 6798,292

Mittl. Entf. { in Theilen der mittl. Entf. der ♁ von der ⊙ = 1 .. 0,0025147
in Aequatorialerdhalbm. ... 60,31795

Ekzentrizität { in Theilen der halben grossen Axe der Mondbahn ... 0,00550368
in Aequatorialerdhalbm. .. 4,79150

Gröſste Mittelpunktsgleichung .. 6° 18′ 32″,076

Durchmesser { im Horiz. unt. Aequator .. 31′ 7″,7
aus d. mittl. Entf. d. ♁ v. d. ⊙ 4″,7
in Theilen des Durchm. d. ♁ 0,2730

Masse } die der ♁ = 1 gesetzt ..... { 0,01460
Körperl. Grösse } { 0,20351

Mittlere Horizontalparallaxe unt. Aequator . 57′ 4″,165

Jupiterstrabanten.

Siderische Umlaufszeiten { I. 1^t,7691378
II. 3,5511810
III. 7,1545528
IV. 16,6887697

Halbe groſse Axe in Jupitershalbmessern und in Theilen der mittlern Entf. der ♁ von der ⊙

I.	5,81296 und	0,0026322
II.	9,24868	0,0041879
III.	14,75240	0,0066801
IV.	25,94686	0,0117492

Saturnstrabanten.

Siderische Umlaufszeiten:

I.	0^t,94271
II.	1,37024
III.	1,88780
IV.	2,73948
V.	4,51749
VI.	15,94530
VII.	79,32960

Halbe grofse Axe in Saturnshalbmessern und in Theilen der mittl. Entf. der ♄ von der ☉

I.	3,080 und	0,0013216
II.	3,952	0,0016449
III.	4,893	0,0020365
IV.	6,268	0,0026088
V.	8,754	0,0036435
VI.	20,295	0,0084470
VII.	59,154	0,0246215

Uranustrabanten.

Siderische Umlaufszeiten:

I.	8^t,8926
II.	8 ,7068
III.	10 ,9611
IV.	13 ,4559
V.	38 ,0750
VI.	107 ,6944

Halbe grofse Axe in Saturnshalbmessern und in Theilen der mittl. Entf. der ♄ von der ☉

I.	13,120 und	0,002369
II.	17,022	0,003074
III.	19,845	0,003583
IV.	22,752	0,004109
V.	45,507	0,008218
VI.	91,008	0,016436

Fünftes Buch.

Finsternisse.

§. 1. Wenn zwei Himmelskörper an einem Orte des Himmels zusammentreffen, so entzieht uns der eine ganz oder zum Theil den Anblick des andern; man nennt dann diesen durch jenen *verfinstert*. So haben wir wenn in einem Neumonde der Mond uns verhindert die Sonne zu sehen, eine *Sonnenfinsternifs*; wenn beim Vollmonde der Mond ganz oder zum Theil aufhört zu leuchten, eine *Mondfinsternifs*. Man pflegt vier Arten von Finsternissen zu unterscheiden; an der Sonne, am Monde, an den Planeten und an den Fixsternen. Die Vorübergänge des Merkurs und der Venus vor der Sonnenscheibe gehören gleichfalls zu dieser Art von Erscheinungen, welche wir im gegenwärtigen Buche in gehöriger Ordnung auseinandersetzen werden.

Erster Abschnitt.

Mondfinsternisse.

I. Aufgabe.

Die mittleren Konjunkzionen und die Epakten zu finden.

§. 2. Die Gleichheit der mittlern Längen der Sonne und des Mondes giebt eine mittlere *Konjunkzion*, und ihr Unterschied für den Anfang des

Jahrs, die *Epakte* oder das *Alter* des Mondes für diesen Anfang; derselbe Unterschied für den Anfang eines jeden Monats giebt die Epakte des Monats. Der Anfang des Jahrs ist übrigens in einem gewöhnlichen Jahre der Mittag des 31. Dezembers des vorhergehenden, in einem Schaltjahre, der Mittag des 1. Januars des laufenden Jahrs.

Beispiel. Im Anfange des Jahrs 1809 (nämlich am Mittage des 31. Dez. 1808) ist für Palermo

die mittlere Länge des Mondes . . .	2^z	26°	$3'$	$20'',6$
die mittlere Länge der Sonne	9	9	41	33 ,1
Unterschied	5	16	21	47 ,5

Die mittlere relative Bewegung des Mondes, oder die mittlere Bewegung des Mondes weniger der der Sonne in 24st ist aber $12^\circ\ 11'\ 26'',7$; verwandelt man hienach jenen Unterschied in Zeit, so erhält man das Alter des Mondes oder die Epakte für 1809, nämlich $13^t\ 15^{st}\ 30'\ 49'',0$.

§. 3. Wenn man von 31, der Anzahl der Tage des Monats Januar, $29^t\ 12^{st}\ 44'\ 3''$ als die Zeit eines synodischen Umlaufs abzieht, so ist der Rest die Epakte des Februars; zu diesem die 28 Tage des Monats hinzugezählt und eine synodische Umlaufszeit hinweggenommen, giebt die Epakte des März u. s. w.; vorausgesetzt dafs zu Anfange des Jahrs eine mittlere Konjunkzion einfiel. Ist aber die Epakte des Jahrs nicht = o, so mufs dieselbe zu der auf die angegebene Weise gefundenen Epakte des Monats addirt werden. Ueberhaupt findet man die Epakte jedes Monats, wenn man von der Summe der Tage der vorhergehenden Monate und der Epakte des Jahrs die gröstmöglichste Anzahl von synodischen Umlaufszeiten abzieht.

§. 4. Die Tafeln von Lalande enthalten die Epakten für den Anfang jedes Jahrs und jedes Monats, durch deren Addizion man das Alter des Mondes in jedem Monate erhält.

§. 5. Die Epakte für den Anfang eines Monats giebt die Zahl der Tage die von der vorhergehenden Konjunkzion bis ans Ende des vorigen Monats verflossen sind: zieht man also von einer synodischen Umlaufszeit den schon verflossenen Theil derselben, die Epakte, ab, so bleibt die Zeit übrig welche noch bis zur neuen Konjunkzion fehlt, und diese giebt also die Zeit des Neumonds in dem gegebenen Monate. Man findet daher jedesmal den Neumond für irgend einen Monat, wenn man die Epakte dieses Monats von einer synodischen Umlaufszeit abzieht.

§. 6. Wenn es sich träfe, dafs die Differenz = o wäre, so müfste man den letzten Tag des vorigen Monats nehmen, indem der Rest o anzeigt, dafs die Konjunkzion nicht an einem Tage des Monats für welchen man sie sucht, sondern am letzten des vorhergehenden einfällt. Addirt man aber zu dem Reste eine synodische Umlaufszeit, so giebt die Summe die Konjunkzion für den laufenden Monat.

§. 7. Die bis jetzt betrachtete Epakte, die *astronomische*, ist etwas verschieden von der wahren, indem sie fast nie dem Unterschiede zwischen der wahren Länge des Mondes und der Sonne, gehörig in Zeit verwandelt, gleich ist. Defshalb stimmen auch die mittlern Konjunkzionen nicht mit den wahren; doch pflegt der Unterschied nicht grösser als ungefähr 12st zu sein. Wenn man sie aber mit kirchlichen Epakten und Mondwechseln vergleicht, so steigt der Unterschied bisweilen auf 2 bis 3 Tage.

II. Aufgabe.

Die Art und Weise zu zeigen, wie eine Mondfinsternifs entsteht.

§. 8. Es sei (Fig. 83.) *S* die Sonne, *T* die Erde, *STE* die grade Linie, welche ihre Mittelpunkte verbindet, *AE* und *EM* zwei Radien, welche die Erde in *B* und in *G* streifen, und *HI* ein Bogen in der Gegend des Mondes und in der Ebene der Ekliptik; dann ist *BEG* der Kegel des Erdschattens, *L* der Mittelpunkt, und *KC* sein Durchmesser in der Gegend des Mondes. Wenn nun der Mond in Opposizion ist, so mufs er den Bogen *HL* in der Ekliptik, oder einen etwas oberhalb oder unterhalb desselben liegenden beschreiben, jenachdem nämlich seine Breite = o, oder mehr oder weniger nördlich oder südlich ist; es kann defshalb geschehen, dafs der Mond sich ganz oder zum Theil in den Schatten eintaucht: im ersten Falle ist die Finsternifs *parzial*, im zweiten, *total*, und zwar zugleich *zentral*, wenn der Mittelpunkt des Mondes genau durch den Punkt *L* geht.

§. 9. Weil die Finsternifs dann anfängt, wenn der Mond den Schatten berührt, oder bestimmter, wenn die Erde anfängt, die Sonnenstrahlen von ihm abzuhalten, und dies nur vom wahren Orte des Mondes abhängt; so wird die Parallaxe, welche nur den scheinbaren Ort ändert, hierauf keinen Einflufs haben: sie kann blos bewirken, dafs wir den verfinsterten Theil, jenachdem der Ort ist, wo wir uns auf der Erde befinden, an einem etwas veränderten Orte des Himmels sehen. Defshalb werden alle Beobachter, denen der Mond über dem Horizonte ist, zu gleicher Zeit den Anfang und die übrigen Phasen der Finsternifs sehen; jedoch mit diesem Unterschiede, dafs die Uhren unter demselben Meridiane dieselbe Zeit, die unter einem östlichern, mehr, die unter einem westlichern, weniger zeigen. Hieraus erhält man ein sehr einfaches Mittel die Längen der verschiedenen Oerter der Erde zu bestimmen.

Das Vorhersagen der Finsternisse ward lange Zeit hindurch als der wichtigste Theil der Astronomie betrachtet. Die Alten bedienten sich hiezu der chaldäischen Periode von 18 Jahren, nach deren Verlauf dieselben Finsternisse in derselben Ordnung wiederkehren. Weil indessen diese Methode nicht eben grofser Genauigkeit fähig ist, so wird sie höchstens noch von Kalendermachern angewendet.

III. Aufgabe.

Den Durchmesser des Mondschattens in der Gegend des Mondes zu finden.

§. 10. In der vorigen Figur soll man, wenn die Linien, CT, TA gezogen worden, die Linie CL finden. Im Dreiecke CTA hat man $C + A = CTD = CTL + LTD$; aber C ist die Horizontalparallaxe des Mondes, A die der Sonne, LTD der Halbmesser der Sonne, also ist $CTL =$ Par. ☾ + Par. ☉ — Halbm. ☉. Wenn man daher von der Summe der Horizontalparallaxen der Sonne und des Mondes den Halbmesser der Sonne abzieht, so ist der Rest der Halbmesser in der Gegend des Mondes. Streng genommen ist eigentlich derselbe gleich der Parallaxe des Mondes weniger dem Bogen dessen Sinus die Differenz der Sinus des Halbmessers und der Parallaxe der Sonne ist; aber der Unterschied ist so klein, dafs man ihn weder in der Theorie noch in der Praxis zu berücksichtigen braucht.

§. 11. Die gröfste Mondparallaxe geht nicht über 62′, die der Sonne nicht über 9″; der Halbmesser der Letztern ist nie kleiner als 15′ 46″; folglich kann der gröſste Halbmesser des Schattens nie über 62′ + 9″ — 15′ 46″ oder über 46′ 23″ betragen. Da nun der Mondhalbmesser nie gröſser als 17′ ist, so kann keine Finsterniſs statt finden, wenn die Breite über 64′ beträgt; eine totale aber nur bei einer Breite von 30′ und weniger; eine parziale bei einem Werth zwischen 30′ und 64′ für die Breite. Es hängt aber die Breite des Mondes von seinem Abstande vom Knoten ab: sie ist gröſser als 64′, wenn dieser gröſser als 14°, kleiner als 30′, wenn dieser kleiner als 7°. Wenn daher im Augenblicke der mittlern Konjunkzion der Abstand vom Knoten gröſser als 14° ist, so kann keine Finsternisse eintreffen; wenn er kleiner ist, so kann man vorläufig beurtheilen, ob die Finsterniſs total oder parzial sein werde. Die Entfernungen von 7° und von 14° heiſsen *Gränzen* der Finsternisse.

§. 12. Wenn man also mit Bestimmtheit wissen will, ob bei einem Abstande zwischen 7° und 14° vom Knoten eine Finsterniſs statt finde oder nicht, so muſs man die Zeit der mittlern Konjunkzion und zugleich die Breite für dieselbe berechnen; die Letztere mit dem Durchmesser des Schattens verglichen wird keinen Zweifel über das Verlangte übrig lassen. Was jedoch den Durchmesser des Schattens betrifft, so ist zu bemerken, daſs die Beobachtungen ihn immer etwas gröſser als die Rechnungen geben; dies kommt wahrscheinlich von der Atmosphäre der Erde, welche einen Theil der dicht bei derselben vorbeigehenden Sonnenstrahlen aufhält und unwirksam macht, und hiedurch bewirkt, daſs der Durchmesser des Schattens etwas gröſser wird als er der Rechnung nach sein sollte. Um diesen Fehler auszugleichen muſs man den berechneten Durchmesser um etwas vermehren; doch kommen nicht alle Astronomen über die Gröfse dieser Vermehrung überein. Wir wollen der von Mayer angegebenen Regel folgen, welche am besten mit den Beobachtungen stimmt: hiernach wird der berechnete Durchmesser um soviele Sekunden vermehrt, als er Minuten enthält.

§. 13. Man bemerke noch, dafs wenn gleich der Punkt *C* derjenige ist, in welchem der Mond zuerst in den Schatten tritt, er dennoch schon vorher einen Theil seines Lichts verloren hat; denn indem er von *H* nach *C* fortrückt, erhält er nach und nach immer weniger Licht, wegen des Halbschattens, welcher sich von *H* nach *C* ausbreitet.

IV. Aufgabe.

Die zur Berechnung einer Mondfinsternifs nöthigen Elemente zu finden.

§. 14. Diese sind folgende: 1) die Zeit der mittlern Opposizion, welche man aus der nach §. 2. bestimmten Zeit der mittlern Konjunkzion erhält, indem man zu derselben eine halbe synodische Umlaufszeit addirt. 2) Die wahren Längen der Sonne und des Mondes für die Zeit der mittlern Opposizion, und die stündliche Bewegung in der Länge sowohl der Sonne als des Mondes. Es ist nicht nöthig, dieselben aus den Tafeln zu berechnen, sondern es genügt sie aus den Ephemeriden zu entnehmen. 3) Die wahre Opposizion, oder der Moment wo die beiden Längen der Sonne und des Mondes genau um 180° verschieden sind. Man findet diesen Zeitpunkt, wenn man den Unterschied der wahren Längen der Sonne und des Mondes zur Zeit der mittlern Opposizion mit Hülfe der relativen stündlichen Bewegung in Zeit verwandelt und diese zum Momente der mittlern Opposizion addirt oder subtrahirt. 4) Für den Moment der wahren Opposizion die stündliche Bewegung des Mondes in der Breite, seine Horizontalparallaxe und die Parallaxe und den Durchmesser der Sonne. Alles dies kann man aus den Ephemeriden nehmen. 5) Die relative Bahn des Mondes sammt der Neigung derselben. Man nennt *relative Bahn* des Mondes den Weg welchen er nehmen würde, wenn seine stündliche Bewegung in der Länge dem Unterschiede zwischen seiner wirklichen Bewegung und der der Sonne in einer Stunde gleich wäre. Es sei (Fig. 84.) CA die absolute Bewegung des Mondes, CG die der Sonne, dann ist der Unterschied GA die einzige Grösse, Kraft welcher sich der Mond der Sonne nähert und welche allein bei den Finsternissen betrachtet wird. Der Mond hat aber zugleich eine Bewegung in der Breite, nach welcher er sich der Linie CA nähert, oder sich von ihr entfernt; es sei CE diese Bewegung, so beschreibt der Mond, von beiden Bewegungen getrieben die Diagonale EA, die *absolute* Bahn. Da indessen hier nur die relative Bewegung GH betrachtet wird, so wird HA, die *relative* Bahn beschrieben werden, bei welcher $GA : GH = R : \text{Tang}\, HAG$ und $\text{Cos}\, HAG : R = GA : HA$ ist, wodurch die Neigung HAG und die stündliche Bewegung auf der relativen Bahn bekannt werden.

IV. Aufgabe.

Die Zeit des Mittels, des Anfangs und des Endes einer Finsterniſs zu finden.

§. 15. Es sei O (Fig. 85.) der der Sonne entgegengesetzte Punkt der Ekliptik oder der Mittelpunkt des Schattens, in der Gegend des Mondes, OG der Halbmesser des Schattens, ELS die relative Bahn, L der Ort des Mondes in der Opposizion, OL seine Breite, OM eine vom Mittelpunkte O auf die relative Bahn gefällte senkrechte Linie.

Im Augenblicke des Anfangs der Finsternifs ist der Mittelpunkt des Mondes in *E*, und sein Rand berührt den des Schattens in *P*; im Momente des Endes der Finsternifs ist aber der Mittelpunkt in *S*, und der Rand berührt den Schatten in *R*. Die Punkte *E* und *S* stehen also um gleichviel vom Mittelpunkte *O* des Schattens ab, und dieser Abstand ist der Summe der Halbmesser des Schattens und des Mondes gleich; also sind die beiden bei *M* rechtwinkligen Dreiecke *OMS* und *OME* gleich, und $ME = MS$. Indem also *E* den Anfang und *S* das Ende der Finsternifs darstellt, ist *M* die Mitte derselben.

§. 16. In dem Dreiecke *MOL* ist der Winkel *MOL* gleich der Neigung der relativen Bahn zur Ekliptik, weil jeder für sich mit dem Winkel *OLM* einen rechten ausmacht. Man erhält also *ML* durch die Proporzion R : Sin Neig. = Sin Breite : ML und es verhält sich alsdann die stündliche relative Bewegung des Mondes auf der relativen Bahn zu 1st wie *ML* zu der Zeit, welche der Mond gebraucht um *ML* zu durchlaufen. Diese Zeit von der der Opposizion abgezogen oder zu ihr addirt giebt den Zeitpunkt der Mitte der Finsternifs; man addirt, wenn die Breite abnimmt, subtrahirt, wenn sie zunimmt.

§. 17. Setzt man nun im Dreiecke *MOL*, R : Cos Neig. = Breite : MO, so erhält man *MO* oder die kleinste Entfernung des Mittelpunkts des Mondes vom Mittelpunkte des Schattens, und hierauf $ME = \sqrt{}\,(OE^2 - OM^2) = \sqrt{}\,[(OE + OM)\,(OE - OM)] = MS$, welches, wie soeben *ML*, gehörig in Zeit verwandelt, von der Mitte der Finsternifs abgezogen den Anfang, zu ihr addirt, das Ende derselben giebt.

§. 18. Wenn die Finsternifs total ist, so mufs man ausserdem noch den Eintritt des westlichen

Randes beim Anfange, und den Austritt des östlichen beim Ende berechnen. Es sei (Fig. 86:) D der Ort des Mondes im Augenblicke wo er ganz in den Schatten getreten ist, oder der äusserste Rand des Mondes inwendig den Rand des Schattens berührt. Um MD zu finden, löse man das Dreieck OMD auf, in welchem OM der kleinste Abstand der Mittelpunkte und OD der Unterschied der Halbmesser des Schattens und des Mondes ist. Man suche hierauf die Zeit welche der Mond gebraucht um MD zu durchlaufen, welche zur Zeit der Mitte der Finsternifs addirt oder von ihr abgezogen die gesuchten Momente giebt.

§. 19. Aus der kleinsten Entfernung der Mittelpunkte, aus dem Halbmesser des Schattens und dem des Mondes findet man $MA = AO - OM$ und hiezu MC addirt giebt die Gröfse der Finsternifs $= AO + MC - MO$. Also ist der verfinsterte Theil des Mondes immer der Summe der Halbmesser des Schattens und des Mondes weniger dem kleinsten Abstande ihrer Mittelpunkte gleich. Derselbe pflegt in Zollen, deren 12 auf den Durchmesser des Mondes gehen ausgedrückt zu werden; dies geschieht durch die Proporzion: der Durchmesser des Mondes verhält sich zu 12, wie der verfinsterte Theil zum vierten Gliede.

§. 20. In allen bisherigen Rechnungen haben wir angenommen dafs die Bewegungen des Mondes sowohl in der Länge als in der Breite während der ganzen Dauer der Finsternifs gleichförmig seien, und dafs die Parallaxe und der Durchmesser des Mondes denselben Werth vom Anfange bis zum Ende behielten. Dies ist nicht streng richtig, da alle diese Gröfsen sich fortwährend ändern; bei den Mondfinsternissen aber, bei welchen man die Beobachtung doch nur etwa bis auf eine Zeitminute genau erhalten kann, wäre es verlorne

Mühe, diese kleinen Aenderungen in Rechnung zu bringen.

§. 21. *Beispiel.* Man verlangt zu wissen ob im April 1809 eine Mondfinsternifs statt findet, und wenn dies der Fall ist, die nähern Umstände derselben zu kennen.

I) Man berechne die Opposizion des Mondes oder den Vollmond im April 1809. Nach DELAMBRE's Tafeln ist

die Epakte 1809	13^t	16st	15′	35″
— — des Aprils	1	9	47	52
Summe	15^t	2st	3′	27″
Kompl. zu einem Umlauf	14^t	10st	40′	36″
Halber synod. Umlauf	14	18	22	1
Meridianunterschied zwischen Paris und Palermo		+	44′	6″
Mittl. Oppos. im April 1809.	29^t	5st	46′	43″

II) Man berechne die Länge des Mondes und seines Knotens für diese Zeit. Es findet sich die Erstere $7^z\ 8^\circ\ 47'\ 57'',0$, die Letztere $7^z\ 3^\circ$; der Unterschied ist $5^\circ\ 47'\ 57''$, also weniger als 7° und so ist gewifs eine totale oder parziale Finsternifs.

III) Berechnung der wahren Opposizion am 29. April. Aus dem *Nautical Almanac* findet man den Unterschied der Länge des Mondes und der Sonne für Mitternacht des 29. April 1809 in Greenwich oder für $12^{st}\ 53'\ 21''$ in Palermo zu $5^z\ 29^\circ\ 35'\ 57'',5$, also die Ergänzung zu 6^z gleich $24'\ 2'',5$. Ebenso findet man den Unterschied der stündlichen Bewegungen der Sonne und des Mondes, oder die relative Bewegung $= 35'\ 7'',64$; man hat also die Proporzion: $35'\ 7'',64$, zu 1st wie $24'\ 2'',5$ zum vierten Gliede, welches die Zeit ist die der Mond noch braucht um in die Opposizion zu gelangen. Es ist

log 1st oder 3600 3,5564230
log 24′ 2″,5 3,1591156
Compl. log 35′ 7″,6 6,6762118

log der gesuchten Zeit . . . 3,3917504

die Zeit selbst also 41′ 4″,6, welche zu 12st 53′ 21″ addirt den Moment der Opposizion 1809. April 29. 13u 34′ 25″,6 w. Z. giebt.

IV) Für diese Zeit findet man aus demselben *Nautical Almanac* die Parallaxe des Mondes zu 61′ 10″, die der Sonne zu 9″, den Halbmesser des Monds zu 16′ 40″, den der Sonne zu 15′ 53″, die Breite des Mondes zu 33′ 36″, 1 nördlich und zunehmend, die stündliche Bewegung in der Breite zu 3′ 7″,1.

V) Nun berechne man den Halbmesser des Schattens, die Neigung der relativen Bahn und die Bewegung in derselben. Es ist

Parall. ☾ . . . 61′ 10″	C. log rel. Bew. 6,6762118
— ⊙ . . . + 9″	log stündl. Bew. in Br. . . 2,2720738
Halbm. ⊙ . . . 15′ 53″	log Tang Neig. 8,9482856
45′ 26″	Neigung . . . . 5° 4′ 23″
Vermehrung + 45″	log rel. Bew. in Länge . . 3,3237882
Halbm. des	log Cos Neigung 9,9982954
Schattens . . . 46′ 11″	log Bew. auf der relativen Bahn 3,3254928
	Die Bewegung selbst . . 35′ 15″,9

VI) Berechnung der Mitte der Finsternifs.

log Sin Neig. 8,9465794
log 33′ 36″,1 3,3045125

log Bogen *ML* 2,2510919
log 3600″ 3,5564230
Compl. log Bew. auf der relat. Bahn . . . 6,6745072

log Zeit um *ML* zu beschreiben 2,4820221
die Zeit selbst . . . . 5′ 3″,4
Wahre Opposizion 29t 13st 34′ 25″,6

Mitte der Finsternifs 29t 13st 29′ 21″,2

VII) Anfang, Ende und Gröſse der Finsterniſs.

log Cos Neig...	9,9982954	Halbm. d. Schattens..	46′ 11″
log Breite	3,3045125	Halbm. ☾	16 40
log 2009″ .. .	3,3028079	Summe	62′ 51″
also der kleinste Abstand der Mittelpunkte des Schattens und des Mondes von einananer = 33′ 29″		Kleinster Abstand .	∓ 33′ 29″
		Summe ...	1° 36′ 20″
		Diff.	29′ 22″

log 1° 35′ 20″..	3,7573960	C.l.Bew.in d.Bahn.	6,6745072
log 29′ 22″ ...	3,2460060	log 3600″	3,5564230
	7,0034020	log *ME*	3,5017010
log *ME* ..	3,5017010	log 1st 30′ 3″	3,7326312
		als die Zeit um *ME* zu beschreiben.	

Daher ist der Anfang der Finsterniſs = 29^t 13st 29′ 21″ + 1st 30′ 3″ oder April 29. 11^u 59′ 18″; ebenso das Ende, April 29. 14^u 59′ 24″, also die Dauer 3st 0′ 6″. Ferner ist

Halbm. des Schatt...	46′ 11″	C. log Durchm. ☾..	6,69897
Halbm. ☾	16′ 40″	log 12 Zoll	1,07918
Kleinst. Abst....	— 33′ 29″	log 29′ 22″	3,24601
Gröſse der Finst....	29′ 22	log 10,57	1,02416

also die Verfinsterung $10\frac{1}{2}$ Zoll am südlichen Theile des Mondes.

V. Aufgabe.

Aus der Zeit der wahren Opposizion, der Breite des Mondes, seiner relativen stündlichen Bewegung, seiner Parallaxe, seinem Durchmesser und dem der Sonne durch eine Konstrukzion die nähern Umstände einer Finsterniſs zu finden.

§. 22. 1) Aus dem Halbmesser der Sonne und der Parallaxe findet man den Durchmesser *GH* (Fig. 85.) des Schattens.

2) Mit der Hälfte von *GH*, oder dem Halbmesser des Schattens, auf einem beliebigen Maſsstabe genommen, beschreibe man den Halbkreis

HAG, und theile *OG* in soviele Theile, als der Halbmesser des Schattens Minuten enthält; im vorhergehenden Beispiele in $46\frac{1}{6}$ Theile.

3) Auf der graden Linie *HG*, welche einen Theil der Ekliptik in der Gegend des Mondes darstellt, errichte man im Punkte *O* eine senkrechte Linie *OL* gleich der gegebenen Breite; im Beispiele 33,6 Theile.

4) Vom Punkte *O* ziehe man eine grade Linie *OM*, welche mit *OL* einen Winkel von 5° 40, macht. Es ist hier nämlich hinlänglich die Neigung der relativen Bahn bis auf 5 Minuten genau zu wissen; man kann sie deſshalb immer zu 5° 40′ annehmen. Man zieht übrigens *OM* auf der linken Seite von *OL*, wenn die Breite abnimmt, auf der rechten, wie sie zunimmt.

5) Im Punkto *M* errichte man zu *OM* eine senkrechte Linie, die beliebig nach beiden Seiten verlängert, die relative Bahn darstellt.

6) Bei *L* schreibe man die Zeit der wahren Opposizion (im Beispiele 13st 34′ 25″), nehme mit dem Zirkel auf dem Maſsstabe soviele Minuten und Sekunden als der relativen stündlichen Bewegung des Mondes entsprechen, und trage dieselben gegen *E* hin, wo man beim ersten Male eine Stunde, beim zweiten zwei Stunden u. s. w. weniger schreibt. Dasselbe thue man nach der Seite von *S* und schreibe hier die nach der Opposizion folgenden Stunden. Endlich theile man den Raum, welchen jede Stunde einnimmt, in 60′.

7) Mit einer Oeffnung des Zirkels gleich der Summe der Halbmesser des Schattens und des Monds gehe man von *O* nach *E* und von *O* nach *S*, so erhält man den Anfang und das Ende der Finsterniſs und also auch das Mittel derselben. Auf gleiche Weise kann man alle übrigen Um-

stände sowohl einer parzialen als einer totalen Finsterniſs erhalten.

§. 23. Wenn es nur darum zu thun ist Finsternisse, welche sich ereignen müssen, anzuzeigen, so ist diese Methode mehr als hinlänglich; denn wenn die Figur einen Fuſs im Durchmesser hat, so beträgt die Ungewiſsheit in den Resultaten nur etwa eine Minute. Nun leidet aber diese Art von Erscheinung schon bei der Beobachtung keine groſse Genauigkeit, indem es selten geschieht, daſs man den Anfang und das Ende einer Mondfinsterniſs bis auf eine halbe Zeitminute vor oder nach dem wirklichen Anfange oder Ende angeben könne; woraus denn sogleich folgt, daſs von allen Methoden, den Meridianunterschied der Oerter auf der Erde zu bestimmen, die der Mondfinsternisse die am wenigsten genaue und sichere ist.

§. 24. Man bemerke noch, daſs wenn der Mond in seinem Apogäum ist, die von der Erdatmosphäre gebrochenen Strahlen noch seinen Mittelpunkt treffen können, was nicht so leicht geschieht, wenn er sich am nächsten bei der Erde oder im Perigäum befindet. Es empfängt also der Mond nach seiner verschiedenen Entfernung von der Erde bei seinem Durchgange durch den Schatten mehr oder weniger Licht von den gebrochenen Strahlen, so daſs man gewöhnlich, selbst bei einer totalen Verfinsterung, denselben noch unterscheiden kann; doch kommen auch, wiewohl selten, Fälle vor, wo keine Spur vom Monde zu bemerken ist. Einen solchen beobachtete Hevelius am 25. April 1642 und ich am 10. Junius 1816.

Zweiter Abschnitt.

Sonnenfinsternisse.

§. 25. Man unterscheidet vier verschiedene Arten von Sonnenfinsternissen: zentrale, totale, ringförmige und parziale. Wenn die Gesichtslinie vom Auge des Beobachters zum Mittelpunkte der Sonne durch den Mittelpunkt des Mondes geht, so heiſst die Finsterniſs *zentral*, wenn blos der Mond die Sonne ganz verdeckt, *total*, wenn er rund umher von derselben einen Ring frei läſst, *ringförmig*, und wenn er sie nur zum Theil des Lichtes beraubt, *parzial*. Jede zentrale Finsterniſs ist entweder total oder ringförmig, jenachdem grade der scheinbare Durchmesser des Mondes grösser oder kleiner als der der Sonne ist; dahingegen eine totale oder eine ringförmige nicht eben zentral zu sein braucht.

§. 26. Es sei (Fig. 87.) T der Mittelpunkt der Erde, L der des Mondes, der in Konjunkzion mit der Sonne angenommen wird, und ML sei ein Theil der Mondbahn, welche der Mond von Westen gegen Osten beschreibt, ehe er in L in die Konjunkzion kommt. Zieht man nun von E aus, EL nach den Mittelpunkt des Mondes und EA parallel mit TS, so ist $LEA = TLE$ und TE : LA, oder LA gleich der Horizontalparallaxe des Mondes, welche wir mit P bezeichnen wollen. Ferner ziehe man von E die Linie ER, welche mit EA einen der Sonnenparallaxe, die nicht volle 9″ beträgt, gleichen Winkel macht, so trifft ER genugsam verlängert den Mittelpunkt der Sonne in S, und fällt mit dem von S nach E gehenden Strahle zusammen; in der Figur läſst sich dies aber nicht anders zeigen, als wenn ST etwa 400 mal gröſser als TL gemacht wird. Ein Beobachter in E sieht also den Mittelpunkt der Sonne in der Linie *Er*, und *RA* ist der Sonnenparallaxe *p*, auf die Mondbahn übergetragen, gleich. Auf gleiche Weise erscheint, wenn man von den Punkten *F*, *D*, u. s. w. der Oberfläche der Erde grade Linien *FH*, *DC* u. s. w. zieht, welche mit den zu *TS* parallelen, Winkel von etwa 9″ machen, in *F* der Mittelpunkt der Sonne in der Linie *FH*, in *D* in der Linie *DC* u. s. w. und der Abstand der Punkte *H*, *C* u. s. w. von den entsprechenden Parallelen zu *TS* wird der Parallaxe der Sonne $= RA = p$ gleich sein. Dies vorausgesetzt ist leicht einzusehen, wann eine Finsternifs anfangen, wann sie endigen müsse, und wie alle Bewohner der Erde dies nicht zu gleicher Zeit und auf gleiche Weise sehen können. Der Erste nämlich, welcher den Anfang der Finsternifs oder die Berührung der Ränder des Mondes und der Sonne sieht, ist der Beobachter in *E*; dieser sieht aber den Mittelpunkt der Sonne in *R*: wenn also der Mond der sich mit seiner Bewegung von Westen nach Osten demselben immer mehr nähert, von ihm nur noch um die Summe seines Halbmessers $BM = d$ und des Halbmessers der Sonne $RB = D$ entfernt ist, so sieht man zuerst in *E* die Berührung der Ränder. Es ist aber der Abstand von *R* bis *L* gleich $LA - RA = P - p$, und der ganze Abstand des Mittelpunkts des Mondes vom Punkte *L* gleich $LA - RA + RB + BM = P - p + D + d$; defshalb fängt bei dieser Entfernung des Mittelpunkts des Mondes vom Punkte der Konjunkzion in *L* die Finsternifs auf der Erde an. Sowie nun der Mond gegen *L* vorrückt, bedeckt er einen Theil der Sonne und wenn er nach *A* gekommen, so ist die Finsternifs für den Beobachter in *E* total; sie hört endlich für diesen auf, indem der Mond immer weiter fortrückt, hat aber dann für irgend einen andern vielleicht eben erst angefangen. Wenn der Mond in L in die Konjunkzion gekommen ist, sieht ein Beobachter in K die totale Finsterniſs; während aber der Mond noch weiter fortgeht, haben nach und nach alle Beobachter von K nach G diesen Anblick. Der Beobachter in G ist der Letzte welcher das Ende sieht, und zwar in dem Augenblicke wenn der Abstand des Mondes ostwärts von L gleich $P - p + D + d$ ist.

§. 27. Bisher ist der Mond in der Ekliptik, oder ohne Breite angenommen: wir wollen also noch den Fall untersuchen, wo er eine Breite hat. Weil das was vorhin für den Punkt M bestimmt worden, ebenso gut für jeden andern Punkt gilt, der sich in demselben Abstande von den Punkten T und L befindet, so beschreibe man mit dem Halbmesser $LB = P - p + D + d$ einen Kreis BCD (Fig. 88.) senkrecht zur Linie ST (Fig. 87), welchen wir den *Projekzionskreis* nennen wollen. Es ist deutlich, daſs die verschiedenen Punkte dieses Kreises, welchen man in der Gegend des Mondes annimmt, den verschiedenen Punkten auf der Oberfläche der Erde auf dieselbe Weise entsprechen, als der Punkt A (Fig. 87.) dem Punkte E; sodaſs immer ein Punkt der Erdoberfläche sich am Ende der auf die Projekzionsebene senkrecht von ihm herabgefällten Linie befindet. Man beschreibe nun einen zweiten Kreis AER mit einem Halbmesser $= P - p$, und es sei $K' G'$ ein Stück der Mondbahn, welches die Projekzion der Erde in den Punkten K und G schneidet. Wenn der Mond, indem er sich von K' nach G' bewegt, den Kreis BCD im Punkte K trifft, so fängt die Finsterniſs in dem entsprechenden Punkte der Erde an, und wenn er den Punkt V im Kreise AER erreicht, so ist die Finsterniſs zentral für den Ort der Erde, dessen Projekzion V ist. Wenn LM, welches senkrecht von L auf die scheinbare

Mondbahn gefällt ist, die Breite vorstellt, so ist deutlich, daſs blos diejenigen Punkte der Erde eine zentrale Finsterniſs haben werden, deren Projekzionen in der graden Linie *VX* sind, die andern naheliegenden werden eine totale oder ringförmige, die weiter entfernten eine parziale, und die noch weiter entfernten gar keine Finsterniſs sehen.

VI. Aufgabe.

Die Phasen einer Sonnenfinsterniſs im Allgemeinen für die ganze Erde zu finden.

§. 28. 1) Man suche die Zeit der wahren Konjunkzion für einen beliebigen Meridian, und alsdann die Breite des Mondes, die stündliche Bewegung in derselben, die stündliche Bewegung der Sonne und des Mondes in der Länge, die Parallaxe des Mondes, den Durchmesser der Sonne und des Mondes und die Neigung der relativen Bahn.

2) Im Kreise *BPD* (Fig. 88.) ist *BD* ein Stück der Ekliptik, *LA* gleich dem Unterschiede der Parallaxen des Mondes und der Sonne, *AB* gleich der Summe ihrer Halbmesser, *LH* gleich der Breite des Mondes, *L* die Projekzion des Orts der Sonne, *G' K'* die relative Bahn des Mondes, und *LM* senkrecht zu *G' K'*. Der Anfang der Finsterniſs ist in *K*, das Ende in *G*, das Mittel in *M*; in *V* der Anfang der zentralen Finsterniſs, in *N* das Ende derselben, die Zeit in welcher *GK* beschrieben wird die ganze Dauer der ganzen, die Zeit für *VX* die Dauer der zentralen Finsterniſs, und *LM* der kleinste Abstand des Mondes von der Sonne.

3) Aus dem bei *M* rechtwinkligen Dreiecke *LMH*, in welchem *LH* = der Breite des Mondes

und *HLM* = der Neigung der relativen Bahn bekannt sind, findet man *HM*, welches in Zeit verwandelt und von der Zeit der Konjunkzion abgezogen oder zu ihr addirt, die Zeit der Mitte der Finsternifs giebt; auch erhält man *LM* oder den kleinsten Abstand der Mittelpunkte, und hieraus und aus *LK* im rechtwinkligen Dreiecke *LMK*, die Seite *MK*, welche in Zeit verwandelt und von der Zeit der Mitte abgezogen, die des Anfangs, zu ihr addirt, die des Endes giebt. Auf gleiche Weise findet man *MV*, und hieraus den Anfang und das Ende der totalen Finsternifs. Das Doppelte der Zeit für *MK* giebt die ganze Dauer der Finsternifs für die Erde, und das Doppelte der Zeit für *MV* die der zentralen Finsternifs.

Alle bisherigen Rechnungen können auch, wie bei den Mondfinsternissen gezeigt worden, durch eine Konstrukzion dargestellt werden.

§. 29. Es hilft indessen wenig diese allgemeinen Umstände einer Finsternifs zu wissen, wenn man nicht auch zugleich die Oerter der Erde kennt, wo sie sichtbar sein wird, und ihre Phasen für jeden Ort. Von den verschiedenen Auflösungen dieser Aufgabe, welche man in Delambre's Astronomie nachsehen kann, wollen wir eine mittheilen, die einfach, leicht, gut anwendbar, und hinlänglich ist sehr nahe alle Umstände einer Finsternifs anzugeben.

VII. Aufgabe.

Auf einer Erdkugel durch eine Konstrukzion die Phasen einer Finsternifs für die verschiedenen Oerter der Erde zu finden, durch welche die Projekzion der relativen Bahn des Mondes geht.

§. 30. 1) Nachdem aus der vorigen Aufgabe der Anfang, das Ende und die Mitte der Finsternifs im Allgemeinen gefunden worden, mufs man zunächst die Lage der relativen Bahn des Mondes gegen den Aequator bestimmen. Dazu suche man den Winkel *PLH* (Fig. 88.) und ziehe *LP* links von *LH*, wenn die Sonne in den aufsteigenden, rechts, wenn sie in den niedersteigenden Zeichen ist; dann ist *LP* der allgemeine Meridian. Durch *L* ziehe man ferner *QLO* senkrecht zu *LP*, dann ist *OQ* ein Durchmesser des Aequators und die Abstände seiner Endpunkte *Q* von *X* und *O* von *V*, auf dem Kreise *AER*, also in Graden u. s. w. gezählt, geben die gesuchte Lage der relativen Bahn.

2) Man nehme einen guten, wenigstens einfüssigen Erdglobus, und ein Lineal, so lang als der Durchmesser der Kugel, welches von zwei senkrecht auf dem Horizonte aufgerichteten Stäben so gehalten wird, dafs es in der Lage der relativen Bahn parallel mit dem Horizonte, ein wenig oberhalb der Kugel liegt; zugleich stelle der Meridian der Kugel den allgemeinen Meridian *LP*, und ihr Halbmesser den Unterschied der Parallaxen des Mondes und der Sonne dar.

3) Von den Punkten Ost und West ausgehend, bemerke man auf dem Horizonte die Grade u. s. w. welche *OZ* von Westen und *QX* von Osten aus enthält, und zwar bezeichne man dieselben auf der Nordseite, wenn die Breite nördlich, auf der Südseite, wenn sie südlich ist.

4) Man erhebe den Nord- oder Südpol der Kugel um so viel Grade als die nördliche oder südliche Deklinazion der Sonne beträgt, und bringe hierauf das Lineal so an, dafs es senkrecht über der Linie *XV* steht. Dann stellt dasselbe die relative Bahn des Mondes, und die Kugel, in deren Zenith die Sonne ist, die erleuchtete Halbkugel der Erde während der Finsternifs dar.

5) Man suche die beiden Punkte des Lineals,

von welchen eine senkrechte Linie herabgelassen, diese eine Tangente der Kugel wird: dieselben zeigen den Anfang und das Ende der zentralen Verfinsterung an. Man bemerke also beim westlichen Punkte den Anfang, beim östlichen das Ende, und in der Mitte zwischen beiden das Mittel der zentralen Finsternifs. Hierauf theile man eine grade Linie, welche dem Halbmesser der Kugel gleich ist, in soviele Grade und Minuten, als die Differenz der Parallaxen beträgt, nehme auf ihr die stündliche Bewegung des Mondes und trage dieselbe zur Rechten und zur Linken von der Mitte des Lineals auf dasselbe, so oft es geht, auf, indem man zur Rechten 1st 2st u. s. w. vor, zur Linken ebensoviel Zeit nach der Mitte der Finsternifs bemerkt. Endlich theile man jede Stunde in 60'.

6) Man bringe nun den Ort, für welchen die Finsternifs berechnet ist, unter den Meridian, und stelle den Zeiger des Stundenkreises auf 12^u; dann drehe man die Kugel soweit gegen Westen zurück, bis der Zeiger die Uhrzeit des Anfangs angiebt, so ist klar, dafs die Lage der Kugel dieselbe wie die der Erde zu Anfange der Finsternifs sein werde. In dieser Lage kann sie für alle Meridiane gelten, wenn man nur von der progressiven Bewegung abstrahirt und blos die rotirende in Anschlag bringt, durch welche nach und nach alle Meridiane unter dem allgemeinen der Kugel hindurchgehen.

7) Um nun den Anfang, das Ende und alle andern Umstände für die verschiedenen Oerter der Erde zu finden, wo die Finsternifs sichtbar sein wird; so lasse man 1) von dem Punkte des Lineals, wo der Anfang der zentralen Finsternifs bemerkt ist, ein Bleiloth auf die Kugel herab; dann ist der entsprechende Ort der Erde derjenige, in welchem in diesem Augenblicke die Finsternifs

zentral ist. 2) Auf den bemerkten Punkt des Erdglobus setze man die Spitze eines Zirkels, dessen Oeffnung der Summe der Halbmesser der Sonne und des Mondes gleich ist, und beschreibe mit demselben einen Kreis, so werden alle Oerter auf der Ostseite den Anfang, auf der Westseite das Ende in demselben Augenblicke sehen, wo im Mittelpunkte die Finsternifs zentral ist. Oeffnet man den Zirkel um einen, um zwei u. s. w. Zolle, oder um $\frac{1}{12}$, $\frac{2}{12}$ u. s. w. des Sonnendurchmessers so erhält man auf gleiche Weise die Oerter der Erde, welche gleichzeitig eine Verfinsterung von einem, von zwei u. s. w. Zollen haben. 3) Man drehe die Kugel um eine, zwei oder mehr Minuten nach Osten, und suche für diese Zeit den Punkt des Lineals, welchem der Mittelpunkt des Mondes entsprechen mufs, lasse von ihm ein Bleiloth herabfallen und wiederhole das Verfahren von n° 2., so findet man den Ort der Erde, wo für die vom Zeiger des Globus angegebene Zeit die Finsternifs zentral sein wird, und zugleich alle übrigen Umstände. 4) Indem man auf diese Weise fortfährt die Kugel zu bewegen und die Reihefolge der Punkte zu suchen, welchen auf dem Lineale der Mittelpunkt des Mondes entsprechen mufs, bis der Zeiger das Ende der Finsternifs zeigt, oder der Mond bis zu dem Punkte gelangt ist, wo das Ende der Finsternifs angegeben ist, so kann man eine Landkarte entwerfen, auf welcher alle Oerter der Erde bemerkt sind, wo die Finsternifs zentral, total oder parzial erscheinen mufs, nebst der Zeit jeder dieser Phasen.

§. 31. Diese Methode ist zwar keiner grofsen Genauigkeit fähig, jedoch hinreichend die Zeiten aller verschiedenen Umstände einer Finsternifs bis auf 5 bis 6 Minuten genau zu geben. Man hat eigene Maschinen zu diesem Behufe erdacht, von welchen die von SEGNER und FERGUSON bemerkt zu werden verdienen; die Beschreibung der erstern steht in den *Philosophical Transactions* 1741, die der letztern in des Erfinders *Astronomy explained*.

§. 32. Wenn man aber die Finsternisse nicht blos zum öffentlichen Gebrauche vorhersagen, sondern sie auch mit Nutzen beobachten will, so ist die bisher auseinandergesetzte Methode durchaus ungenügend: denn wenn man nicht den Anfang und das Ende der Finsternifs innerhalb der Gränzen einer Zeitminute vorherweifs, und zugleich den Punkt des Sonnenrandes kennt, wo ihn der Mondrand berühren wird, so kann man nicht auf eine hinlänglich genaue Beobachtung rechnen. Zu einer solchen genauen Vorherbestimmung sind verschiedene Methoden erdacht, von welchen wir hier die seit langen Zeiten gebräuchliche, mittelst des Nonagesimus, mittheilen wollen, da dieselbe wohl von keiner der übrigen übertroffen wird.

§. 33. Es ist aber der Punkt, welcher *Nonagesimus* genannt wird, derjenige in der Ekliptik, welchen ein vom Pole der Ekliptik aus durch das Zenith des Beobachters gehender Breitenkreis trifft, und es ist leicht einzusehen, dafs dieser Punkt die jedesmal über dem Horizonte befindliche Hälfte der Ekliptik in zwei gleiche Theile theilt und dafs seine Höhe dem Zenithabstande des Pols der Ekliptik gleich ist.

VIII. Aufgabe.

Aus der scheinbaren Schiefe der Ekliptik, der Breite des Beobachtungsorts und der Rektaszension des kulminirenden Punkts des Aequators die Höhe und Länge des Nonagesimus zu finden.

§. 34. Es sei *RZM* (Fig. 89) der Meridian des Ortes, *ROM* der Horizont, *Z* das Zenith, *P* der Pol des Aequators, E derjenige der Ekliptik, und OG ein Bogen der Ekliptik, welcher verlängert den Horizont auf der entgegengesetzten Seite trifft. Diese Fortsetzung GQ ist in der Figur punktirt gezogen, ebenso wie die auf dieselbe treffenden Verlängerungen ZN und PQ, der Breitenkreise EZN und EPQ, da sie eigentlich nicht sichtbar sein sollten. Nun ist N der Punkt des Nonagesimus, $ON = 90^\circ$, ZP das Komplement der Polhöhe oder Breite, PE gleich der Schiefe, ZPE der Rektaszensionsunterschied des Pols der Ekliptik und des kulminirenden Punkts des Aequators, PEZ der Längenunterschied des Nonagesimus und des Pols des Aequators, und endlich ZE gleich der Höhe des Nonagesimus über dem Horizonte, weil ZN sowohl diese Höhe als ZE zu 90° ergänzt.

§. 35. Im Dreiecke ZPE setze man $ZP + PE = E$, $ZP - PE = D$, den Winkel $ZPE = B$, die halbe Summe der Winkel Z und E gleich x, die halbe Differenz gleich y und $ZE = h$, so ist

$$\text{Tang } y = \text{Cotg. } \tfrac{1}{2} B . \frac{\text{Sin } \tfrac{1}{2} D}{\text{Sin } \tfrac{1}{2} E}, \text{Tang } x = \text{Cotg } \tfrac{1}{2} B . \frac{\text{Cos } \tfrac{1}{2} D}{\text{Cos } \tfrac{1}{2} E}, \text{ Tang } \tfrac{1}{2} h = \text{Tang } \tfrac{1}{2} D \cdot \frac{\text{Sin } x}{\text{Sin } y} \text{ und}$$

$$ZEP = x + y.$$

§. 36. Hieraus folgt: 1) Da die Rektaszension des kulminirenden Punkts immer gleich der Rektaszension der Sonne sammt der wahren Zeit in Theilen des Aequators ausgedrückt, und die Rektaszension des Pols der Ekliptik $= 270^\circ$ ist, so wird, wenn man A die Rektaszension des kulminirenden Punkts nennt, $B = 270^\circ - A$ sein.

2) Da die Länge des Pols des Aequators 90° beträgt, so hat man, wenn M die Länge des No-

nagesimus ist, $M = 90^\circ \mp (y + x)$, wo das obere Zeichen genommen wird, wenn $A \succ 90^\circ$ und $\prec 270^\circ$ ist, das untere in den übrigen Fällen; jedoch ist zu bemerken, daſs wenn das Zeichen — gebraucht wird und $y + x$ wäre grösser als 90°, man das Supplement von $(y + x) - 90^\circ$ zu 360° nehmen müſste.

3) Da der Unterschied zwischen der Länge L eines Himmelskörpers und der des Nonagesimus dem Abstande N des Himmelskörpers vom Nonagesimus gleich ist, so hat man $N = L - M$.

4) Da die Länge des Südpols des Aequators 270° und die Rektaszension des Südpols der Ekliptik $= 90^\circ$ ist, so muſs man, wenn die Beobachtung auf der südlichen Halbkugel der Erde gemacht worden, diese Aenderungen in Rechnung bringen.

Alle diese Folgerungen werden mit Hülfe eines Globus vollkommen deutlich werden.

5) Wenn der Nonagesimus zur Berechnung der Finsternisse dienen soll, so muſs man die Elliptizität der Erde in Betracht ziehen, welche wegen der geringen Entfernung des Mondes von uns, merklich auf die Rechnungen einwirken kann. Es sei (Fig. 91) GN die Erdaxe, BGD ein beliebiger elliptischer Meridian, BPD der entsprechende kreisförmige, und O der Ort des Beobachters auf dem elliptischen Meridiane, welchem auf dem kreisförmigen der Punkt A entspricht, so wird, während CZ die Vertikale dieses Punktes ist, EV die des Punktes O sein, und durch die Tangente TO im sichtbaren Horizonte des Beobachters, bestimmt werden. Die Elliptizität der Erde entfernt also das Zenith vom Pol um den kleinen Bogen Aa, welcher dem Winkel der Vertikale EV mit dem Halbmesser CO gleich ist. Wenn man also zu der aus den Sternen hergelei-

teten Zenithdistanz des Pols den kleinen Bogen *Aa* addirt, so wird der Mond immer dieselbe Entfernung vom Pol behalten und die Beobachtungen werden auf dem elliptischen Meridiane ebenso berechnet, wie auf dem kreisförmigen. Die Winkel der Vertikale mit dem Halbmesser sind übrigens für die verschiedenen Hypothesen über die Elliptizität der Erde in Tafeln gebracht: man kann dergleichen in DELAMBRE's Sonnentafeln und in CAGNOLI's Trigonometrie finden.

§. 37. *Beispiel.* Wir wählen hiezu die Sonnenfinsterniſs vom 5. Sept. 1793. Man sucht also die Länge und Höhe des Nonagesimus für 1793. Sept. 5. 0^u 50′ 14″ w. Z. als die Zeit der wahren Konjunkzion zu Palermo, wie sie die Tafeln geben. Nun ist für diesen Moment:

AR. ☉	164° 36′ 13″
0st 50′ 14″ in Theilen des Aequators	12° 33′ 30″
AR. des kulminirenden Punkts oder der Mitte des Himmels	177° 9′ 43″ = *A*
AR. des Pols der Ekliptik	270°
Winkel *ZPE*	92° 50′ 17″ = *B*
Komplement der Polhöhe	51° 53′ 16″
Winkel der Vertikale aus DELAMBRE's Tafeln	+ 10′ 37″
Verb. Kompl. der Polhöhe	52° 3′ 53″ = *PZ*
Scheinbare Schiefe der Ekliptik ..	23° 27′ 46″ = *PE*
Differenz ...	28° 36′ 7″ = *D*
Summe	75° 31′ 39″ = *S*

$\frac{1}{2} B = 46° 25' 8'',5$; $\frac{1}{2} D = 14° 18' 3'',5$; $\frac{1}{2} S = 37° 45' 49'',5$

log Cotg $\frac{1}{2} B$	9,9784728		9,9784728
log Sin $\frac{1}{2} D$	9,3927241;	log Cos $\frac{1}{2} D$ ..	9,9863289
C. log Sin $\frac{1}{2} S$	0,2129599;	C. log Cos $\frac{1}{2} S$.	0,1020747
log Tang *F* ...	9,5841568;	log Tang *G* ..	0,0668764

$F = 20^\circ\ 59'\ 56'',7$ } Weil A grösser als 90° und
$G = 49^\circ\ 25'\ 38'',9$ } kleiner als 270° ist.
$+ 90^\circ$

$160^\circ\ 23'\ 35'',6 = M =$ der Länge des Nonagesimus

log Tang $\frac{1}{2} D$ 9,4063952
log Sin G 9,8803589
C. log Sin F 0,4456889

log Tang $\frac{1}{2} h = 9,7324430$; $\frac{1}{2} h = 28^\circ\ 22'\ 18'',4$
Höhe des Nonagesimus $= h = 56^\circ\ 44'\ 36'',8$

IX. Aufgabe.

Aus der Höhe und der Länge des Nonagesimus sammt der Länge, der Breite und der Horizontalparallaxe eines Himmelskörpers, die Längen- und Breitenparallaxe desselben zu finden.

§. 38. Es sei (Fig. 90.) Z das Zenith, E der Pol der Ekliptik, L der Himmelskörper, p seine Horizontalparallaxe, so wird er, aus dem Mittelpunkte der Erde betrachtet, in L, von einem Punkte der sphärischen Oberfläche derselben aber unterwärts in S in demselben Vertikalkreise erscheinen. Es ist also die Höhenparallaxe $LS = p$. Sin ZS (II. Buch. 55. §.), $EZ = h$ die Höhe des Nonagesimus, $LEZ = D$ der Unterschied zwischen den Längen des Himmelskörpers und des Nonagesimus, $LES = \Pi$ die Längenparallaxe, $SEZ = D + \Pi = D'$ die scheinbare Differenz oder der scheinbare Abstand des Himmelskörpers vom Nonagesimus, $ES - EL = \pi$ die Differenz zwischen der wahren und der scheinbaren Polardistanz des Himmelskörpers, oder die Breitenparallaxe; ausserdem ist Sin $EL =$ Cos l, wenn l die Breite bedeutet, und Sin $ES =$ Cos $(l - \pi)$.

§. 39. *Längenparallaxe.* Im Dreiecke EZS

hat man Sin SL : Sin SEL = Sin EL : Sin S, oder Sin p. Sin ZS : Sin Π = Cos l : Sin S, also Sin Π $= \frac{\text{Sin } p . \text{Sin } S . \text{Sin } ZS}{\text{Cos } l}$; da aber auch Sin ZS : Sin $(D + \Pi)$ = Sin h : Sin S, folglich Sin ZS : Sin S = Sin h . Sin $(D + \Pi)$, so erhält man Sin Π $= \frac{\text{Sin } p \text{ Sin } h . \text{Sin } (D + \Pi)}{\text{Cos } l}$ .... (α). Um diese allgemein gebräuchliche Formel anzuwenden, muſs man zuerst einen genäherten Werth von Π berechnen, indem man blos die Distanz D anwendet, und dann mit demselben die Rechnung wiederholen. Es ist jedoch leicht die Formel in eine andere umzuwandeln in welcher nur bekannte Gröſsen vorkommen, bei welcher also keine Wiederholung der Rechnung nöthig ist. Man hat nämlich Sin $\Pi = \frac{\text{Sin } p . \text{Sin } h . \text{Sin } (D + \Pi)}{\text{Cos } l} = \frac{\text{Sin } p . \text{Sin } h}{\text{Cos } l}$. (Sin D . Cos Π + Sin Π . Cos D) also Cos l = Sin p . Sin h (Sin D . Cotg Π + Cos D) und Cotg Π $= \frac{\text{Cos } l - \text{Sin } p . \text{Sin } h . \text{Cos } D}{\text{Sin } p . \text{Sin } h . \text{Sin } D} = \frac{\text{Cos } l}{\text{Sin } p . \text{Sin } L . \text{Sin } D}$ — Cotg D .... (α').

§. 40. Dieser letzten Formel giebt man eine für die Rechnung bequemere Gestalt, wenn man $A = \frac{\text{Cos } l}{\text{Sin } p . \text{Sin } h \text{ Sin } D}$, B = Cotg D und $\frac{B}{A}$ $= \frac{\text{Sin } p . \text{Sin } h . \text{Cos } D}{\text{Cos } l}$ = Sin γ setzt, wo jedoch B kleiner sein muſs als A. Dann ist $A + B = B \left(\frac{1}{\text{Sin } \gamma} - 1\right) = B$. Cotg γ . Cotg $(45^\circ + \frac{1}{2}\gamma)$, also Cotg Π = Cotg D . Cotg γ . Cotg $(45^\circ + \frac{1}{2}\gamma)$ ... (α'').

§. 41. Wenn der Himmelskörper östlich vom Nonagesimus steht, so muſs man die Parallaxe zur wahren Länge addiren, um die scheinbare zu erhalten; subtrahiren wenn jener westlich steht; denn im erstern Falle entfernt die Parallaxe den Himmelskörper vom Widderpunkte, im zweiten nähert sie ihn.

§. 42. *Breitenparallaxe.* In den beiden Dreiecken SEZ, LEZ hat man Cos Z

$$=\frac{\text{Cos}\,EL - \text{Cos}\,EZ\,.\,\text{Cos}\,ZL}{\text{Sin}\,EZ\,.\,\text{Sin}\,ZL} = \frac{\text{Cos}\,ES - \text{Cos}\,EZ\,.\,\text{Cos}\,ZS}{\text{Sin}\,EZ\,.\,\text{Sin}\,SZ}$$

folglich Cos EL . Sin ZS — Cos ES . Sin ZL = Cos EZ . Cos ZL . Sin ZS — Cos EZ . Cos ZS . Sin ZL = Cos EZ . Sin ($ZS - ZL$) = Cos EZ . Sin SL = Cos EZ . Sin p . Sin ZS; also ist Cos EZ . Sin p = Cos EL

$$-\frac{\text{Cos}\,ES\,.\,\text{Sin}\,ZL}{\text{Sin}\,ZS}.\ \text{Da aber Sin}\,ZL = \frac{\text{Sin}\,EL\,.\,\text{Sin}\,ZEL}{\text{Sin}\,Z},$$

$$\text{Sin}\,ZS = \frac{\text{Sin}\,ZES\,.\,\text{Sin}\,ES}{\text{Sin}\,Z},\ \frac{\text{Sin}\,ZL}{\text{Sin}\,ZS} = \frac{\text{Sin}\,EL\,.\,\text{Sin}\,ZEL}{\text{Sin}\,ES\,.\,\text{Sin}\,ZES},$$

$$\text{und Sin}\,p\,.\,\text{Cos}\,EZ = \text{Cos}\,EL - \frac{\text{Cos}\,ES\,.\,\text{Sin}\,EL\,.\,\text{Sin}\,ZEL}{\text{Sin}\,ES\,.\,\text{Sin}\,ZES},$$

$$\text{oder Sin}\,p\,.\,\text{Cos}\,h = \text{Sin}\,l - \frac{\text{Cotg}\,ES\,.\,\text{Cos}\,l\,.\,\text{Sin}\,D}{\text{Sin}\,(D + H)}$$

so ist, wenn man 90° — ES oder die scheinbare Breite

$$= \lambda \text{ setzt Tang}\,\lambda = \frac{(\text{Sin}\,l - \text{Sin}\,p\,.\,\text{Cos}\,h)\,.\,\text{Sin}\,(D+H)}{\text{Sin}\,D\,.\,\text{Cos}\,l}$$

. . . . . (β').

Es sei wie oben, Sin $l = A$, Sin p . Cos $h = B$,

$$\text{und } \frac{B}{A} = \frac{\text{Sin}\,p\,.\,\text{Cos}\,h}{\text{Sin}\,L} = \text{Sin}\,y,\ \text{so ist Tang}\,L =$$

$$\frac{\text{Sin}\,D\,.\,\text{Sin}\,p\,.\,\text{Cos}\,h}{\text{Cos}\,l\,.\,\text{Sin}\,D}\,.\,\text{Cotg}\,y\,.\,\text{Cotg}\,(45^\circ \mp \tfrac{1}{2}y) \ldots (\beta')$$

wo das obere Zeichen bei südlicher, das untere bei nördlicher Breite gebraucht wird.

§. 43. Man suche nun π als Funkzion von l auszudrücken. Es ist

$$\text{Tang}\,l = \frac{\text{Sin}\,D'}{\text{Sin}\,D}\left(\text{Tang}\,l - \frac{\text{Sin}\,p\,.\,\text{Cos}\,h}{\text{Cos}\,l}\right)$$

$$\text{Tang } l - \frac{\text{Sin } D}{\text{Sin } D'} . \text{Tang } \lambda = \frac{\text{Sin } p . \text{Cos } h}{\text{Cos } l}$$

$$\text{Tang } l - \text{Tang } \lambda + \text{Tang } \lambda - \frac{\text{Sin } D}{\text{Sin } D'} . \text{Tang } \lambda = \frac{\text{Sin } p . \text{Cos } h}{\text{Cos } l}$$

$$\text{Tang } l - \text{Tang } \lambda = \frac{\text{Sin } \pi}{\text{Cos } l . \text{Cos } \lambda} = \frac{\text{Sin } p . \text{Cos } h}{\text{Cos } l} - \frac{(\text{Sin } D' - \text{Sin } D)}{\text{Sin } D'} . \text{Tang } \lambda.$$

Es ist aber $\text{Sin } D' - \text{Sin } D = \text{Sin } (D + \Pi) - \text{Sin } D = 2 \text{ Sin } \tfrac{1}{2} \Pi . \text{Cos } (D + \tfrac{1}{2} \Pi)$, und $2 \text{ Sin } \tfrac{1}{2} \Pi = \frac{\text{Sin } \Pi}{\text{Cos } \frac{1}{2} \Pi} = \frac{\text{Sin } p . \text{Sin } h . \text{Sin } D'}{\text{Cos } l . \text{Cos } \frac{1}{2} \Pi}$, folglich $\text{Sin } \pi = \text{Sin } p . \text{Cos } h . \text{Cos } \lambda - \text{Sin } p . \text{Sin } h . \text{Sin } \lambda . \text{Cos } (D + \tfrac{1}{2} \Pi) . \text{Sec } \tfrac{1}{2} \Pi.$

Man setze $\text{Cotg } x = \text{Tang } h . \text{Cos } (D + \tfrac{1}{2} \Pi) . \text{Sec } \Pi$, so ist $\text{Sin } \pi = \frac{\text{Sin } p . \text{Cos } h . \text{Sin } (x - \lambda)}{\text{Sin } x} = \frac{\text{Sin } p . \text{Cos } h . \text{Sin } [(x - l) + \pi]}{\text{Sin } x}$ ...... (β'') wo man bei der ersten Rechnung statt $\text{Sin } [(x - l) + \pi]$ blos $\text{Sin } (x - l)$ nimmt und dann die Rechnung ein- oder zweimal wiederholt.

§. 43. Wenn die Breite südlich ist, so werden l und x addirt, subtrahirt wenn sie nördlich ist, wobei man nicht aus der Acht lassen muſs, daſs der Sinus eines negativen Winkels auch negativ ist. Der Werth von π wird dann zu den südlichen Breiten addirt und von den nördlichen abgezogen, um die wahren Breiten in scheinbare zu verwandeln. Bei der Berechnung der Sonnenfinsternisse muſs man p gleich der Differenz der Parallaxen des Mondes und der Sonne nehmen, und wenn man die Parallaxe aus den Tafeln nimmt, wo nur die im Aequator gegeben zu werden pflegt, so muſs man sie, um sie auf den Beobachtungsort zu reduziren mit dem zugehörigen Erdhalbmesser multipliziren.

§. 44. *Beispiel.* Man sucht die Längen- und Breitenparallaxe des Mondes für diejenige Zeit, für welche nach dem vorigen Beispiele die Länge und Höhe des Nonagesimus berechnet ist; nämlich für 1793. Sept. 5. $0^u\ 50'\ 14''$ w. Z. zu Palermo.

Man hat aus den Ephemeriden

Länge des ☾ . . . . $5^z\ 13^\circ\ 17'\ 24'',3$
die Länge M des Nonagesimus . . $5^z\ 10^\circ\ 23'\ 35'',6$

Wahrer Abstand d. ☾ v. Nonag. . . . . . . $2^\circ\ 53'\ 48'',2 = D$
Wahre Breite d. ☾ aus d: Ephem. . . . . $+\ 40'\ 10'',4 = l$
Horizontalparallaxe des ☾ auf dem Aequator weniger der Paralle der Sonne $= 54'\ 12'' - 8'' = 54'\ 4''$
log $54'\ 4''$ 3,5110810
log des Erdhalbm. für Palermo . . . 9,9994759

log der Diff. der Parallaxen

für Palermo $= \log p$ 3,5105569
$p = 54'\ 0'',1$

Längenparallaxe nach der Formel (a'')

$\log \text{Sin}\ p = 8,1961154$ $\log \text{Tang}\ D = 8,7041586$
$\log \text{Sin}\ h = 9,9223232$ $\log \text{Tang}\ y = 8,1179503$
$\log \text{Cos}\ D = 9,9994447$ $\log \text{Tang}\ \xi = 0,0056980$

$\text{C.}\log \text{Cos}\ l = 0,0000296$ $\log \text{Tang}\ \Pi = 6,8278069$

$\log \text{Sin}\ y = 8,1179129$ $\Pi = +\ 2'\ 18'',75$
$y = 45'\ 6'',14$
$\frac{1}{2} y = 22'\ 33'',07$
$45^\circ + \frac{1}{2} y = 45^\circ\ 22'\ 33'',07 = \xi$

Breitenparallaxe nach der Formel (β')

$D + \Pi = 2^\circ 56' 7'',05$; $D + \frac{1}{2}\Pi = 2^\circ 54' 57'',67$; $\frac{1}{2}\Pi = 1' 9'',37$

log Sin p = 8,1961154	log Sin p = 8,1961154
log Cos h = 9,7390867	log Cos h = 9,7390867
C. log Sin l = 1,9323459	C. log Cos l = 0,0000296
log Sin γ = 9,8675480	log Sin D' = 8,7093386
$\gamma = 47^\circ 29' 17'',0$	C. log Sin D = 1,2963966
$\frac{1}{2}\gamma = 23^\circ 44' 38'',5$	log Cotg γ = 9,9622340
$45^\circ + \frac{1}{2}\gamma = 68^\circ 44' 38'',5 = \xi$	log Cotg ξ = 9,5899470
	log Tang λ = 7,4931490
	$\lambda = 10' 42'',05$
	$l = 40' 10'',40$
	$\pi = -29\ 28'',35$

X. Aufgabe.

Den scheinbaren Abstand der Mittelpunkte der Sonne und des Mondes zu finden.

§. 45. Es sei (Fig. 92.) L der scheinbare Ort des Mondes, S der wahre der Sonne und E der Pol der Ekliptik, dann ist LE gleich dem Komplement der Breite des Mondes, $ES = 90^\circ$, der Winkel bei E gleich dem Unterschiede der scheinbaren Länge des Mondes und der wahren der Sonne und LS der gesuchte Abstand. Im Dreiecke LES sind also LE und ES und der zwischenliegende Winkel bekannt; man kann daher LS finden. Bei einer Finsternifs ist jedoch der Winkel E und ebenso die Seite LM sehr klein; daher wird man LS nicht eben sehr genau bestimmen können. Man thut also besser das kleine, bei M rechtwinklige Dreieck LSM zu betrachten, was man als gradelinig annehmen kann; alsdann hat man Tang MLS $= \frac{MS}{LM}$ und $LS = \frac{LM}{\text{Cos } MLS}$, weil Cos MLS oder Sin $MSL : R = ML : LS$.

Beispiel. Man verlangt den scheinbaren Abstand der Mittelpunkte für die schon oben angewendete Zeit 1793. Sept. 5. 0^u 50′ 14″. Man hat

Länge der ☉	5^s 13° 17′ 24″,50
Scheinbare Länge des ☾	5^s 13° 19′ 43″,05
Unterschied = *MS* =	2′ 18″,55

log *MS*	2,1416065	log *LM*	2,8075689
log *LM*	2,8075689	log Cos *MLS*	9,9901166
log Tang *MLS* . . .	9,3340376	log *LS*	2,8174523
MLS . .	12° 10′ 38″,3	also *LS*	10′ 56″,83

§. 46. Um gehörig einzusehen, wie die Parallaxen auf den scheinbaren Abstand der Mittelpunkte einwirken, suche man die wahre Breite des Mondes und den Unterschied der wahren Längen des Mondes und der Sonne für den gegebenen Augenblick. Im Beispiele hat man die Erstere = 40′ 10″,4 nördlich, den Letztern = 0. Es sei nun *OE* (Fig. 93.) ein Bogen der Ekliptik, die Sonne in *S*, der Mond in *L*; dann wird, weil die Längenparallaxe das Zeichen +, die Breitenparallaxe aber das Zeichen — hat, der *scheinbare* Ort des Mondes auf der Ekliptik in *K* gegen Osten sein; seine *scheinbare* Breite *Kl* ist 40′ 10″,4 — 29′ 28″,35 = 10′ 42″,05, daraus der *scheinbare* Abstand der Mittelpunkte = $\sqrt{(SK^2 + Kl^2)} = \sqrt{[(2'\,18'',75)^2 + (10'\,42'',05)^2]}$ = $\sqrt{(431424'',3)}$ = 10′ 56″,83 wie oben.

XI. Aufgabe.

Näherungsweise den Augenblick des Anfangs und des Endes einer Sonnenfinsterniſs zu bestimmen.

§. 47. 1) Man suche den Zeitpunkt der wahren Konjunkzion des Mondes mit der Sonne, und berechne für denselben den Abstand der Mittelpunkte beider Himmelskörper. 2) Man vergleiche diesen Abstand mit der Summe der Halbmesser des Mondes und der Sonne, nachdem man den erstern zuvor im Verhältnifs seiner Höhe über dem Horizonte vergrössert hat. Wenn beide Grössen gleich sind, so ist der Moment für welchen der Abstand berechnet worden, zugleich der Anfang oder das Ende der Finsternifs, jenachdem sich der Mond der Sonne nähert oder sich von ihr entfernt. Es wird aber eine solche Gleichheit beider Grössen nicht leicht statt finden: man berechne also den Abstand für einen andern Moment, so ergiebt sich aus dem Unterschiede um wieviel sich der Mond in einer gegebenen Zeit der Sonne nähert oder sich von ihr entfernt.

3) Nun setze man: die Differenz der beiden berechneten Abstände verhält sich zur Differenz der zugehörigen Zeiten, wie die Differenz zwischen dem kleinsten Abstande und der Summe der Halbmesser der Sonne und des Mondes zur Zeit, welche vom Momente des kleinsten Abstandes abgezogen oder zu ihm addirt, den Anfang oder das Ende der Finsternifs giebt.

§. 48. Hier ist jedoch zu bemerken, dafs wenn der Abstand der Mittelpunkte in der Konjunkzion gar zu klein ausfällt, man am besten thut einen dritten Abstand zu berechnen, der gegen den Anfang oder das Ende der Finsternifs fällt, denn nur für diese Momente kann man die Aenderungen der Distanzen sehr nahe als den Zeiten proporzional betrachten. Wenn übrigens eine Phase gefunden, so ist die Berechnung der andern sehr leicht.

§. 49. Die Gröfse A um welche man den Halbmesser δ des Mondes wegen der Höhe vergröfsern mufs, ist immer $A = \delta . \text{Sin}\ \pi . \text{Cotg}\ (x - l) - \frac{1}{2}\ \delta . \text{Sin}\ \pi^2$, wo $x - l$ der bei der Berechnung der Breitenparallaxe π gebrauchte Hülfswinkel ist. Man sehe Delambre's *Astronomie* XV. Cap. 39. §.

Beispiel für 1793. Sept. 5. $0^u\ 50'\ 14''$. Es ist

Halbmesser des ☾	$14'\ 43''$
Vergrösserung wegen der Höhe	$+\ 11'',8$
Verbesserter Halbmesser	$14'\ 54'',8$
Halbmesser der ☉	$15'\ 54'',6$
Summe der Halbmesser . . .	$30'\ 49'',4$

oder Abstand der Mittelpunkte, welcher wenn er auch nicht genau weder der des Anfangs, noch der des Endes ist, hier nichtsdestoweniger unbedenklich angenommen werden kann, da man nur eine Annäherung verlangt.

Weil im vorhergehenden Beispiele der Abstand der Mittelpunkte um $0^u\ 50'\ 14''$ bloſs zu $10'\ 56'',8$ gefunden worden, so war die Finsterniſs schon seit einiger Zeit angegangen; da man also nicht weiſs, ob dieselbe schon an die Mitte gekommen, oder gar über dieselbe hinausgerückt ist, d h. ob der Abstand noch weiter abnimmt oder schon wieder zunimmt, so muſs man diesen Abstand für zwei andere von $0^u\ 50'\ 14''$ etwas entfernte Zeitpunkte suchen. Man berechne denselben also zuerst für $11^u\ 50'\ 14''$ wo man $21'\ 24''$, dann für $11^u\ 20'\ 14''$, wo man $27'\ 54''$ findet. In $30'$ Zeit hat daher der Abstand sich um $6'\ 30''$ vermindert, und um $11^u\ 20'\ 14''$ war der Mondrand auf dem Sonnenrande schon um $2'\ 55'',3$ vorgerückt; man setze also: $6'\ 30'',0 : 30' = 2'\ 55'',3$: zum vierten Gliede $= 13'\ 30''$, welche Gröſse von $11^u\ 20'\ 14''$ abgezogen, den Anfang der Finsterniſs um $23^u\ 6'\ 44''$ des 4. Septembers giebt. Ich beobachtete ihn um $23^u\ 6'\ 46'',5$.

Um den Moment des Endes zu haben berechne man den Abstand für eine Stunde nach der Konjunkzion oder für $1^{st}\ 50'\ 14''$; man findet $24'\ 0''$; der Mond muſs also noch um $6'\ 49''$ weiter fortrücken um zum Abstande $30'\ 49''$, oder zum Ende der Finsternifs zu gelangen. Er durchläuft aber 6′ 49″ in 31′ 10″ Zeit; folglich war das Ende der Finsternifs um 2^u 21′ 20″: die Beobachtung gab 2^u 21′ 27″,0 des 5. Septembers.

§. 50. Was man in diesem Beispiele durch die Rechnung erhalten hat, kann auch durch eine Konstrukzion gefunden werden. Es sei *OE* (Fig. 97.) ein Bogen der Ekliptik, *O* auf der Westseite, *E* auf der Ostseite, *S* der unbeweglich angenommene Mittelpunkt der Sonne. Man bemerke rechts oder links von *S*, jenachdem der Mond westlich oder östlich von der Sonne steht, die scheinbaren Unterschiede zwischen den Längen der Sonne und des Mondes, und errichte in den entsprechenden Punkten senkrechte Linien die den scheinbaren Breiten des Mondes gleich sind; dann ziehe man eine grade Linie durch die äussersten Punkte dieser Perpendikel, und bemerke aus *S* als Mittelpunkt mit einer Oeffnung des Zirkels die der Summe der Halbmesser der Sonne und des Mondes gleich ist, die Punkte *P* und *F* welche den Anfang und das Ende der Finsternifs geben.

Im Beispiele ist um 11^u 20′ 14″ die scheinbare Differenz in der Länge = 26′ 32″, die scheinbare Breite 13′ 20″ nördlich, und die Sonne östlich vom Monde. Nimmt man also auf einem in Minuten und Sekunden getheilten Maasstabe *NS* = 26′ 32″ und *NM* = 13′ 20″ so ist *M* der scheinbare Ort des Mondes in Beziehung auf die Sonne um 11^u 20′ 14″. Um 12^u 50′ 14″ ist die scheinbare Längendifferenz = 2′ 17″, die scheinbare Breite 10′ 46″ nördlich, und der Mond östlich von der Sonne; macht man also *SQ* = 2′ 17″ und *QR* = 10′ 46″, so ist *R* der scheinbare Ort des Mondes um 12^u 50′ 14″. Man ziehe nun *MR* und verlängere dieselbe unbestimmt nach beiden Seiten hin; dann bemerke man von *S* aus in der Entfernung *SP* = *SF* = 30′ 54″ die

Punkte *P* und *F*; theile hierauf *MR* in 90 Theile, als soviele Minuten zwischen beiden Zeitpunkten verflossen sind, und sehe nach wie viele von diesen Theilen *PM* und *RE* enthalten; die erstern von 11^u 20′ 14″ abgezogen und die letztern zu 12^u 50′ 14′ addirt, geben auf ungefähr eine Minute genau, den Anfang und das Ende der Finsternifs.

XII. Aufgabe.

Die Abstände des ersten und letzten Berührungspunkts der Ränder von dem jedesmaligen durch den Mittelpunkt der Sonne gehenden Vertikalkreis zu finden.

§. 51. 1) Von *S* (Fig. 97.) ziehe man die senkrechten Linien *SL* zu *NE* und *Sl* zu *PF*, dann ist *SL* die scheinbare Breite des Mondes im Momente der Konjunkzion, und *Sl* sein kleinster Abstand von der Sonne. Da nun $SP = SF$, *PF*, $Pl = Fl$ und *ML* gleich der vierten Proporzionallinie zu *NQ*, *MR*, *NS* bekannt sind, so kann man im Dreiecke *PSl* den Winkel *PSl* und die Seite *Sl*, und dann im Dreiecke *LSl* den Winkel *LSl* finden, welcher von *PSl* abgezogen den Winkel *PSL* giebt. Er müfste addirt werden, wenn die senkrechte Linie *Sl* auf die andere Seite fiele.

2) Mit der Formel: Sin Posizionswinkel = Cos *AR*. Sin Schiefe suche man den Winkel welchen der durch die Sonne gelegte Deklinazionskreis mit dem Breitenkreise *SL* macht: dieser Winkel liegt östlich von der Sonne, oder gegen *E* hin, wenn die Rektaszension der Sonne $\prec 90°$ oder $\succ 270°$ ist, westlich im entgegengesetzten Falle, weil der Cosinus im ersten Falle positiv, im letzten negativ ist. Man ziehe hierauf die Linie πS so, dafs sie mit *SL* den gefundenen Win-

kel macht, und es sei der Punkt π der Pol des Aequators.

3) Man berechne nun im sphärischen Dreiecke $Z\pi S$ den Winkel an der Sonne $ZS\pi$, welchen die Vertikale ZS und der Deklinazionskreis πS bilden, aus der Seite $Z\pi$, dem Abstande des Pols vom Zenith, der Seite πS, dem Komplement der Deklinazion der Sonne, und aus dem Winkel $Z\pi S$, dem Stundenwinkel für den Anfang der Finsterniſs.

4) Vom Winkel PSL ziehe man die Summe der beiden Winkel $ZS\pi$ und πSL ab; dann ist der Unterschied der Winkel PSZ welcher den Abstand des Berührungspunkts C von der Vertikallinie misst. Diesen Berührungspunkt findet man, indem man von S aus mit einem dem Halbmesser der Sonne gleichen Halbmesser den Bogen Cr und ebenso von P, dem Mittelpunkte des Mondes aus, mit einem dem Halbmesser desselben gleichen Halbmesser den andern der beiden Bögen beschreibt die sich in C berühren.

Im bisher durchgeführten Beispiele, welchem auch die Figur entspricht, ist der Stundenwinkel $Z\pi S = 13° 18' 30''$; $\pi SL = 22° 34'$, westlich von der Sonne, weil die Rektaszension zwischen 90° und 270° liegt; $ZS\pi = 14° 25'$; $PSL = 63° 55'$, und also $PSL - LSZ = PSZ = 26° 36'$. Die erste Berührung muſste also am obern Theile des Sonnenrandes, westlich vom Vertikalkreise und etwa 27° von ihm entfernt geschehen; wo diese 27° auf dem Umfange der Sonne gezählt werden. Auf gleiche Weise findet man den Punkt der letzten Berührung.

Man kann diese Aufgabe durch Rechnung oder durch Zeichnung auflösen, doch muſs man auch im ersten Falle immer eine Figur entwerfen, um zu sehen wie die verschiedenen Kreise und Linien gegen einander liegen.

§. 52. Die bisher auseinandergesetzte Methode kann mit geringen Modifikazionen auf gleiche Weise für die Bedeckungen der Sterne und der Planeten gelten.

Bei den Erstern setze man 1) statt des Orts der Sonne den Ort des Sterns nach Länge und Breite. 2) Uebertrage man den Unterschied zwischen den Längen des Sterns und des Mondes auf die Region des Sterns, indem man ihn mit dem Cosinus der Breite desselben multiplizirt. 3) Da der Stern keine Parallaxe hat, so wende man bei der Parallaxenrechnung blos die des Mondes an. 4) Bei der Berechnung des scheinbaren Abstandes des Mittelpunkts des Mondes vom Sterne, muſs man *LM* (Fig. 92.) gleich dem Unterschiede zwischen der wahren Breite des Sterns und der scheinbaren des Mondes machen, und *SL* blos mit dem wegen der Höhe gehörig vergrösserten Horizontaldurchmesser des Mondes vergleichen. 5) Wenn man die Figur entwirft um näherungsweise die Momente des Eintritts und Austritts des Sterns zu erhalten, so sind *NM*, *QR* (Fig. 94.) die Unterschiede der scheinbaren Breiten des Mondes mit der wahren der Sterne, *NS*, *SQ* die scheinbaren Längenunterschiede mit dem Cosinus der Breite des Sterns multiplizirt, *PF* die scheinbare Bahn des Mondes und *S* der Ort des Sterns. 6) Um die Punkte der Mondscheibe zu finden, wo der Eintritt und Austritt des Sterns vor sich geht, muſs man diese Punkte nicht auf die Vertikale die durch den Stern, sondern auf diejenige welche durch den Mittelpunkt *P* des Mondes geht, beziehen. Man suche also wie vorhin πSL, πSZ und die übrigen Grössen, setze $PS =$ dem Halbmesser des Mondes, beschreibe mit diesem einen Bogen der durch den Stern geht, und ziehe *PV* parallel mit *ZS*, so ist *PV* der Vertikalkreis, welcher durch den Mittelpunkt des Mondes geht, und die Anzahl Grade, welche *VS* oder *VPS* enthält, der Abstand des Punkts des Eintritts vom Vertikal *PV*.

Für die Planeten nehme man bei der Parallaxenrechnung die Differenz der Horizontalparallaxen des Mondes und des Planeten, und für den Abstand der Mittelpunkte die Summe der Halbmesser des Mondes und des Planeten; auch wende man die gehörigen scheinbaren Differenzen in Länge und Breite an, und nehme den Unterschied der wahren Bewegungen als die relative Bewegung. Im übrigen verfährt man wie bei einem Sterne.

XIII. Aufgabe.

Aus der Beobachtung des Anfangs und Endes einer Sonnenfinsternifs den Moment der wahren Konjunkzion herzuleiten.

§. 53. 1) Für beide Beobachtungszeiten suche man mit Hülfe der VIII. Aufgabe die Höhe und die Länge des Nonagesimus, mit der IX. Aufgabe die entsprechenden Längen- und Breitenparallaxen des Mondes und mit der X. Aufgabe die Abstände D, D' der Mittelpunkte.

2) Gleichfalls für beide Zeiten nehme man aus den Tafeln die Horizontalhalbmesser der Sonne $= \odot$ und des Mondes $= ☾$ und $☾'$, und vermehre die letztern in Verhältnifs der Höhe des Mondes über dem Horizonte um A und A' (§. 49.) Die eine Summe $\odot + ☾ + A$ vergleiche man mit D, die andere $\odot + ☾' + A'$ mit D'; wenn die verglichenen Werthe gleich sind, so ist die aus den Tafeln berechnete Konjunkzion dieselbe wie die, welche die Beobachtung giebt; doch wird dies schwerlich jemahl ganz genau der Fall sein.

3) Man nehme also einen kleinen Unterschied an, oder setze $D - (\odot + ☾ + A) = \pm m$, $D' - (\odot = ☾' + A') = \pm m'$. Wenn Beobachtung und Tafeln genau sind, so wird dieser Unterschied nur durch die kleinen Fehler hervorgebracht, welche noch bei den Längen und Breiten des Mondes statt finden: diese Fehler ändern sich aber nicht in der kleinen Zwischenzeit, welche den Anfang und das Ende einer Finsternifs trennt, sodafs man sie als Variazionen der Längen und Breiten des Mondes betrachten kann. In dem kleinen Dreiecke *POS* (Fig. 95.), in welchem $PO = \lambda$ = der scheinbaren Breite des Mondes im Anfange und $OS = \gamma$ = dem scheinbaren Längenunterschiede mit der Sonne ist, findet man den scheinbaren Abstand der Mittelpunkte $D = \sqrt{(\lambda^2 + \gamma^2)}$, und kann nun den Fehler m als die Wirkung der Differenziale $d\lambda$ und $d\gamma$ betrachten: es ist alsdann $D.dD = \lambda.d\lambda + \gamma.d\gamma = m.D$. Auf gleiche Weise hat man im kleinen Dreiecke *SEF* für das Ende der Finsternifs, $D.dD = \lambda'.d\lambda + \gamma'.d\gamma' = m'D'$. Weil aber $d\lambda = d\lambda'$ und $d\gamma = d\gamma'$, so ist $mD = \lambda.d\lambda + \gamma.d\gamma$ und $nD' = \lambda'.d\lambda + \gamma'.d\gamma$, also

$$1)\ d\gamma = \frac{\lambda' d\lambda - m'D'}{\gamma'} = \frac{mD - \lambda.d\lambda}{\gamma}$$

$$2)\ d\lambda = \frac{m\gamma' D - m'\gamma D'}{\lambda\gamma' - \lambda'\gamma}$$

Diese beiden Formeln geben die Fehler der Tafeln sowohl in Länge als in Breite, und man hat hiebei nur auf die Zeichen von m und m', γ und γ' zu sehen, wenn, wie es gewöhnlich der Fall ist, die berechnete Konjunkzion zwischen den Anfang und das Ende fällt, so ist γ negativ und γ' positiv: überhaupt nehme man den Abstand des Mondes von der Sonne negativ, wenn der scheinbare Ort des Erstern westlich, positiv, wenn er östlich von der letztern liegt, indem die Bewegung des Mondes in Beziehung auf die Sonne nach der Konjunkzion derjenigen vor der Konjunkzion entgegengesetzt ist.

4) Nachdem die Fehler $d\gamma$ und $d\lambda$ bestimmt worden, verbessere man mit dem erstern die wahren berechneten Längenunterschiede mit der Sonne, und suche nun mit Hülfe der relativen stündlichen Bewegung des Mondes, oder dem Unterschiede zwischen den stündlichen Bewegungen des Mondes und der Sonne, aus den verbesserten Längenunterschieden sowohl vor als nach der berechneten Konjunkzion den Moment der wahren Konjunkzion. Wenn die Rechnung ohne Fehler gemacht worden, so muſs dieselbe Zeit aus dem Ende wie aus dem Anfange folgen.

§. 54. *Beispiel.* Beobachteter Anfang der Sonnenfinsterniſs vom 5. Sept. 1793 um 11ᵘ 6′ 46″,5 Morgens, das Ende um 2ᵘ 21′ 27″,0 Abends; man sucht den Moment der wahren Konjunkzion. Nach dem *Nautical Almanac* ist

	Anfang	Ende
Wahre Länge d. ☾ . .	5ᶻ 12° 26′ 23″,5	5ᶻ 14° 2′ 23″,3
Parallaxe	+ 19′ 31″,2	− 11′ 17″,3
Scheinb. Länge d. ☾ .	5ᶻ 12° 45′ 54″,7	5 13° 51′ 6″,0
Länge der ☉	5ᶻ 13 13 13 ,0	5ᶻ 13 21 6 ,0
$OS = \gamma =$	− 27′ 18″,3	$ES = \gamma' =$ + 30′ 0″,0

	Anfang	Ende
Wahre Breite d. ☾ .	0° 35′ 28″,8 nördl.	0° 44′ 18″,5 nördl.
Parallaxe	− 22 5 ,8	− 36 10 ,2
Schb. Br. .	$OP = \lambda =$ 0° 13′ 23″,0	$EF = \lambda' =$ 0° 8′ 8″,3

$2 \log OS = 6{,}4287868 \ldots$ zugehörige Zahl $= 2684026$
$2 \log OP = 5{,}8094310 \ldots$ — — $= 644809$

Summe $= Z = 3328835$

$2 \log ES = 6{,}5105450 \ldots$ zugehörige Zahl $= 3240000$
$2 \log EF = 5{,}3773734 \ldots$ — — $= 238436$

Summe $= Z' = 3478436$

$\log Z = 6{,}5222923$ $\log Z' = 6{,}5413839$
$\frac{1}{2} \log Z = 3{,}2611462$ $\frac{1}{2} \log Z' = 3{,}2706920$
$\sqrt{Z} = D = 30' \, 24'',51$ $\sqrt{Z'} = D' = 31' \, 5'',06$

Halbmesser des ☾ .... $14' \, 46'',00$ .... $14' \, 56'',50$
Vergr. weg. d. Höhe .. $+ 11,62$ .... $+ 10,13$

☾ $+ A = 14' \, 57'',62$ .. ☾' $+ A' = 14' \, 56',63$
Halbmesser der ⊙ ... $15 \; 56,00$ .... $15 \; 56,00$

(⊙ + ☾ $+ A) = 30' \, 53'',62$. (⊙ + ☾' $+ A') = 30' \, 52'',63$
$D = 30 \; 24,51$ .... $D' = 31 \; 5,06$

$dD = m = - 29'',11$ $dD' = m' = + 12'',43$

§. 55. Nun suche man die Fehler der Tafeln in Länge und in Breite, nämlich $d\gamma$ und $d\lambda$. Man hat 1) $d\lambda = \frac{m\gamma' D - m'\gamma D'}{\lambda g' - \lambda'\gamma}$

$\log m \ldots 1{,}4640422$ neg.
$\log \gamma' \ldots 3{,}2552725$
$\log D \ldots 3{,}2611436$

$7{,}9804610$ neg.
zugehörige Zahl ... $- 0{,}00956007$

$\log m' \ldots 1{,}0944711$
$\log \gamma \ldots 3{,}2143934$ neg.
$\log D' \ldots 3{,}2706802$

$7{,}5795447$ neg.
zugehörige Zahl ... $- 0{,}00379791$

Differenz $- 0{,}00576216$

log Differenz . . . . . 7,7605849 neg

log γ' . . . 3,2552725
log λ . . . 2,9047155

6,1599880

zugehörige Zahl . . . + 0,00014454

log γ . . . 3,2143934 neg.
log λ' . . . 2,6886867

5,9030801 neg.

zugehörige Zahl . . . — 0,00008000

Differenz . . . + 0,00022454

log Differenz 6,3512937

log $d\lambda$ = 1,4092912 neg

$d\lambda$ = — 25″,66

---

2) $d\gamma = \dfrac{mD - \lambda . d\lambda}{\gamma}$

log m . . . 1,4640422 neg.
log D . . . 3,2611463

4,7251885 neg.

zugehörige Zahl . . — 0,00000531115

log λ 2,9047155
log $d\lambda$ . . . 1,4092912 neg.

4,3140067

zugehörige Zahl . . — 0,00000206066

Differenz = — 0,00000325049

log Differenz . . . . 4,5119489 neg
log γ . . . . 3,2143934 neg

log $d\gamma$ 1,2975555

$d\gamma$ . . . . + 19″,84

Berechnung der wahren Konjunkzion.

	Anfang	Ende
Wahre Länge d. ☾ ...	$5^z\ 12°26'23'',5$	$5^z\ 14°2'23'',3$
Fehler der Tafeln	— $19'',8$	.... $19'',8$
Verbesserte Länge	$5^z\ 12°26'3'',7$	$5^z\ 14°2'3'',5$
Länge der ☉	$5^z\ 13°13'13'',0$	$5^z\ 13°21'6'',5$
Wahrer Abst. v. d. Konj. ...	— $47'9'',3$	... + $40'57'',5$

Relative Bewegung des Mondes in 3st $14'40'',5$ oder vom Anfange bis zum Ende = $1°28'6'',8$; daraus stündliche Bewegung $27'9'',424$

C. log $27'9'',424$ ...	6,7879660	6,7879660
log 1st (=3600'') ...	3,5563025	3,5563025
log $47'9'',3$	3,4516790	log $40'57'',5$. 3,3904935
log $6251'',0$	3,7959475	log $5429'',5$ .. 3,7347620
Abst. v. d. Konj. in Zeit ...	$1^{st}\ 44'11'',0$ ...	$1^{st}\ 30'29'',5$
Beobachtungszeiten.....	$11^{st}\ 6'46'',5$ ...	$2^{st}\ 21'27'',0$
Zeit d. wahren Konj.	$12^u\ 50'57'',5$ ..	$12^u\ 50'57'',5$

§. 50. Wenn auch die Methode welche wir so eben auseinandergesetzt haben, vielleicht die einfachste und leichteste von allen ist, so glauben wir doch eine andere, deren man sich ehemals bediente und welche Lalande für besser und sicherer hielt, nicht ganz mit Stillschweigen übergehen zu dürfen. Bei der obigen Methode leitete man aus der scheinbaren Länge und Breite des Mondes in beiden Beobachtungsmomenten die zugehörigen scheinbaren Abstände der Mittelpunkte her; bei dieser geht man von den Abständen, in welchen sich nach den Tafeln die Mittelpunkte befinden müssen zu den scheinbaren Breiten und den scheinbaren Längenunterschieden mit der Sonne über.

Es sei OE (Fig. 95.) ein Stück der Ekliptik, S die Sonne, OS die scheinbare Längendifferenz im Anfange, SE beim Ende, PO die scheinbare

Breite für den ersten, *EF* die für den letzten Fall. Durch *F* ziehe man *FQ* parallel zu *OE*; dann ist $FQ = OS + SE$ und man suche nun im Dreiecke *QFP* zuerst den Winkel *QFP*, dann den Werth von *PF* durch *QF* ausgedrückt.

Im Dreiecke *PSF*, wo $SP = ☉ + ☾ + A$, $SF = ☉ + ☾' + A'$, sind nun alle drei Seiten bekannt; man kann also die Winkel *P* und *F* finden. Zieht man hierauf von *PFS* den schon gefundenen Winkel *QFP* ab, so erhält man den Winkel $QFS = FSE$, und wenn man vom Winkel *QPF*, dem Komplement des Winkels *QFP* zu 90°, den Winkel *SPF* abzieht, so ist der Ueberschuſs der Winkel *OPS*. In den beiden rechtwinkligen Dreiecken *POS*, *FES* kennt man also ausser dem rechten Winkel noch eine Seite und einen Winkel, und kann mithin die Seiten *OS*, *ES*, *OP*, *FE* finden. Man vergleiche nun *OS* und *ES* mit den berechneten scheinbaren Längenunterschieden, und *PO*, *FE* mit den zugehörigen Breiten, so werden die jedesmaligen Unterschiede die Fehler der Tafeln in Länge und Breite geben, aus welchen man die wahren Abstände, und hieraus endlich die wahre Konjunkzion auf die obige Weise erhält.

Im vorhergehenden Beispiele ist
$QF = 57' \, 18'',3$; $PQ = 5' \, 14'',7$; $PFQ = 5° \, 13' \, 46'',5$; $PF = 57' \, 32'',67$; $PS = 30' \, 53'',62$; $SF = 30' \, 52'',63$; $FPS = 21° \, 18' \, 44'',4$; $SFP = 21° \, 19' \, 27'',4$; $OPS = 63° \, 27' \, 29'',1$; $SFE = 73° \, 54' \, 19'',1$; also

Beobachtung
$OS = 27'38'',3$; $SE = 29'40'',0$; $PO = 13'47'',8$; $FE = 8'33'',6$

Berechnung
$OS = 27'18'',3$; $= 30' \, 0'',0$; $13'23'',0$ $8' \, 8'',3$

$d\gamma = +20'',0$ $d\gamma' = +20'',0$ $d\lambda = -24'',8$ $d\lambda' = -25'',3$

ebenso wie durch die obige Methode, indem die

Unterschiede von wenigen Zehnteln der Sekunde nicht beachtet zu werden verdienen.

§. 57. Duséjour und nach ihm Lalande und Andere behaupteten, daſs der Durchmesser der Sonne sowie man ihn aus den Tafeln erhält, gröſser als der wahre sei, und zwar wegen der *Irradazion*, welche die leuchtenden Körper gröſser erscheinen macht als sie wirklich sind. Nun hängt aber der Anfang einer Finsterniſs nicht vom scheinbaren Durchmesser, sondern vom wahren ab, und wenn also der aus den Tafeln erhaltene mit der Irradazion behaftet ist, so muſs man die gehörige Korrekzion anbringen, welche nach Duséjour 3″,5 beträgt. Ebenderselbe will daſs man noch ausserdem den Durchmesser um 2″ wegen der Beugung der Sonnenstrahlen indem sie durch die Atmosphäre des Mondes gehen, vermindere. Diese Korrekzionen sind aber weder gehörig begründet noch allgemein angenommen; doch möchte es im Allgemeinen rathsam sein gleich Anfangs den Halbmesser der Sonne oder die Summe der Halbmesser um eine oder zwei Sekunden zu vermindern, da man, strenge genommen, nicht eigentlich die Berührung der Ränder, sondern vielmehr einen wie auch immer kleinen Einschnitt in den Sonnenrand als den Anfang der Finsterniſs beobachtet.

§. 58. Die beiden vorhergehenden Methoden können auf gleiche Weise dazu dienen, mit Hülfe der Bedeckungen der Sterne oder der Planeten, den Moment der wahren Konjunkzion des Mondes mit diesen Himmelskörpern zu finden. Carlini hat hiezu einen äusserst einfachen und leichten Weg gefunden, bei welchem es nicht einmal nöthig ist den Fehler der Tafeln zu kennen: wir wollen ihn hier in derselben Ordnung vorlegen, wie ihn der Verfasser in den *Effemeridi di Milano* 1809. mittheilt.

1) Der Stern hat beim Eintritte und beim Austritte dieselbe Länge: also werden die wahre Länge und die wahre Breite des Sterns die scheinbaren Längen und Breiten der Punkte der Mondscheibe sein, wo der Eintritt und der Austritt geschieht. Statt also die Parallaxen für den Mittelpunkt des Mondes zu suchen, können wir dies für die beiden Punkte des Eintritts und Austritts, mit Hülfe der scheinbaren Längen und Breiten dieser Punkte thun, und wirklich ist dies der gradeste Weg den man nehmen kann.

Nun haben wir aus der Formel (α) (§. 39.) die Längenparallaxe eines Himmelskörpers $\Pi = \frac{\text{Sin } p . \text{Sin } h . \text{Sin } (D + \Pi)}{\text{Cos } l}$ und aus der Formel (β'') (§. 43.) die Breitenparallaxe $\pi = p \left\{ \text{Cos } h . \text{Cos } \lambda - \text{Sin } h . \text{Sin } \lambda . \text{Cos } (D + \tfrac{1}{2} \Pi) \right\}$, in welcher l die wahre, λ die scheinbare Breite und D der wahre Abstand vom Nonagesimus ist. Jetzt sei aber λ die wahre Breite des Sterns, und δ der wahre Abstand desselben vom Nonagesimus, dann wird $\lambda - \pi$ gleich der wahren Breite des Punkts der Mondscheibe, wo der Eintritt vor sich geht, und δ der scheinbare Abstand dieses Punkts vom Nonagesimus sein; also ist für den Punkt des Eintritts

$$\Pi = \frac{p . \text{Sin } h . \text{Sin } \delta}{\text{Cos } (\lambda - \pi)}$$

$$\pi = p . \left\{ \text{Cos } h . \text{Cos } \lambda - \text{Sin } h . \text{Sin } \lambda . \text{Cos} (\delta - \tfrac{1}{2} \Pi) \right\}$$

Dieselben Formeln dienen für die Parallaxen Π' und π' des Punkts des Austritts, indem man bei ihnen die entsprechende Höhe des Nonagesimus und seinen Abstand vom Stern einführt.

2) Es sei KK' (Fig. 96.) ein Stück der Ekliptik, S der Stern, B, B' die beiden Punkte der

Mondscheibe, wo der Eintritt und der Austritt geschehen, L, L' die wahren Oerter des Mittelpunkts des Mondes in beiden Beobachtungen. Man ziehe durch die Punkte S, B, L, parallel mit der Ekliptik die graden Linien SM, BN, $G''L$ und senkrecht zu diesen SR, CA, $C'A$, $'LK$, $L'K'$: dann ist BC die Breitenparallaxe und CS die Längenparallaxe für den Punkt B; $B'C'$ und $C'S$ ebendies für den Punkt B', weil man sowohl beim Eintritte als beim Austritte die Punkte B, B' in S sieht. Es ist ausserdem $L\,G'$ gleich der wahren Bewegung des Mondes in der Länge vom Eintritte bis zum Austritte, und $G'L'$ der entsprechenden Bewegung in der Breite; endlich ist BL gleich dem Horizontalhalbmesser des Mondes beim Eintritte und $B'L'$ gleich ebendemselben beim Austritte: doch kann man beide ohne merklichen Fehler für gleich annehmen, da ihr gröſster Unterschied nie $\frac{1}{2}''$ übersteigt.

3) Dies vorausgesetzt, suche man SM, den Unterschied zwischen der Länge des Sterns und des Mondes, und ML den Unterschied in der Breite. Dazu mache man $KK'' = KK' + AA' =$ der wahren Bewegung des Mondes vom Eintritte bis zum Austritte sammt der Differenz der Parallaxen; sodaſs wenn man m die wahre Bewegung, wie sie die Tafeln geben, nennt, man $KK' = m + \Pi' - \Pi$ hat. Man mache ferner $G''L'' = G'L' + B'E' =$ der Bewegung n in der Breite sammt dem Unterschiede der Breitenparallaxen $= n + \pi' - \pi$. Nun ziehe man $L''L$ und $L''B$, welches gleich $L'B'$ sein wird, reduzire $G''L = K''K$ auf den mittlern Parallel zwischen L'' und L, indem man es mit dem Cosinus von $\frac{1}{2}\,(LK + L''K'') = \frac{1}{2}$

$$(g + g + n + \pi' - \pi) = g + \frac{n + \pi' - \pi}{2} = \gamma$$

multiplizirt, wo g die wahre Breite des Mondes

beim Eintritte ist; dann erhält man im Dreiecke $G''LL''$, wo $L = \alpha$ ist, $\text{Tang}\,\alpha = \frac{n + \pi' - \pi}{(m + \Pi' - \Pi).\text{Cos}\,\gamma}$ und $L''L = \frac{(m + \Pi' - \Pi).\text{Cos}\,\gamma}{\text{Cos}\,\alpha}$, daher im Dreiecke $L''BL$, wo $L''B = LB = r$, den Winkel $BLL'' = BL''L = \beta$ durch die Formel $\text{Cos}\,\beta = \frac{(m + \Pi' - \Pi).\text{Cos}\,\gamma}{2\,r.\text{Cos}\,\alpha}$.

4) Es ist $G''LB = \beta - \alpha = LBN$, im Dreiecke LBN also $BN = r.\text{Cos}\,(\beta - \alpha)$, und auf die Ekliptik reduzirt $BN = \frac{r.\text{Cos}\,(\beta - \alpha)}{\text{Cos}\,(\lambda - \pi}$, $LN = r.\text{Sin}\,(\beta - \alpha)$. Nennt man l die wahre Länge des Sterns, so ist die wahre Länge des Mondes in L $= l - \Pi - \frac{r.\text{Cos}\,(\beta - \alpha)}{\text{Cos}\,(\lambda - \pi)}$, und die wahre Breite $= \lambda + r.\text{Sin}\,(\beta - \alpha) - \pi$, und somit alles Nöthige bekannt.

§. 59. Bei dieser Methode hängt die Parallaxenrechnung nur vom Nonagesimus und dem Orte des bedeckten Sterns ab; die Fehler der Tafeln haben keinen Einfluſs auf die Gröſsen m und n, weſshalb dieselben aus den Ephemeriden genommen werden können; die Breite des Mondes wird nur gebraucht um $K''\,K'$ auf den Parallel zu reduziren, wobei ein Fehler von zwei und mehr Minuten in derselben, keinen merklichen Unterschied hervorbringen kann; endlich ist hiebei die Vergröſserung des Monddurchmessers wegen der Höhe ganz ausgeschlossen. Alles dies macht die Methode zu der leichtesten, kürzesten und sichersten von allen bisher bekannten. Es wird aber gut sein für jeden Fall eine besondere Figur zu entwerfen, um etwanigen Schwierigkeiten bei der Auflösung der Dreiecke zu entgehen, und immer den richtigen Weg für die Rechnung zu finden.

XIV. Aufgabe.

Aus den unter zwei verschiedenen Meridianen, von denen einer bekannt ist, gemachten Beobachtungen derselben Finsternifs, den Unterschied beider Meridiane zu finden.

§. 60. Dies ist die Aufgabe, auf welche alles bisher über die Finsternisse Gesagte hinzielt; denn die Hauptrücksicht in welcher man dieselben so sorgfältig und fleifsig beobachtet, ist, sich ihrer für die Bestimmung der verschiedenen Meridiane der Erde zu bedienen. Wirklich geben auch alle übrigen, hiezu erdachten Methoden nicht den Grad von Genauigkeit wie die Sonnenfinsternisse und die Sternbedeckungen, wenn sie gehörig beobachtet und berechnet werden.

1) *Sonnenfinsternifs.* Wenn der Anfang und das Ende derselben in beiden Meridianen beobachtet worden, so kann man sich um den Unterschied der Letztern zu bestimmen, einer der beiden §. 54. u. f. oder §. 56. u. f. gegebenen Methoden bedienen.

Bei der erstern leite man aus der Beobachtung der Finsternifs unter dem bekannten Meridian den Fehler der Tafeln her und verbessere dieselben; dann nehme man den unbekannten Meridian in derjenigen Entfernung an, welche man für die wahrscheinlichste hält, wenn nämlich sonst kein genäherter Werth bekannt ist, und berechne für denselben den Abstand der beiden Mittelpunkte in den Momenten in welchen der Anfang und das Ende der Finsternifs in ihm beobachtet wurde: diese Abstände vergleiche man mit der Summe des zugehörigen wahren Halbmessers der Sonne und scheinbaren des Mondes, und suche aus den Unterschieden auf dieselbe Weise wie der Fehler der Tafeln gefunden ist, den Fehler in der Länge des

Mondes, der durch die unrichtig angenommene Lage des Meridians hervorgebracht worden; dann setze man, wie sich die stündliche Bewegung des ☾ in der Länge zu 1st verhält, so verhält sich der gefundene Fehler zum vierten Gliede, welches die Zeit ist die man von der vorausgesetzten Meridiandifferenz abziehen oder zu ihr addiren muſs. Der grössern Sicherheit wegen wird man wohlthun, die ganze Rechnung für den verbesserten Meridian zu wiederholen.

Nach der zweiten Methode (§. 56. u. f.) verbessert man auch zuerst die Tafeln aus der Beobachtung unter dem bekannten Meridiane; dann berechnet man die Beobachtung unter dem andern Meridiane in zwei verschiedenen Voraussetzungen für seinen Werth. Weil nun aus diesen beiden Hypothesen zwei verschiedene Längen des Mondes für den Moment der wahren Konjunkzion hervorgehen, so setze man, wie sich ihr Unterschied zu dem Unterschiede der beiden vorausgesetzten Meridiane verhält, so verhält sich der Unterschied der einen Länge und der Länge aus den Tafeln, zu der bei dem jener Länge entsprechenden Meridiane anzubringenden Korrekzion. Alles dies ist leicht einzusehen.

2) *Sternbedeckung.* Wenn sowohl der Eintritt als der Austritt in beiden Meridianen beobachtet ist, so muſs man nach der gewöhnlichen Methode jede der beiden Beobachtungen auf die oben angegebene Art berechnen: nicht so ist es jedoch bei der Carlinischen Methode. Wenn man bei dieser nur die Lage des zu bestimmenden Meridians näherungsweise bis auf etwa 1° bis 2° kennt, so giebt die Differenz der wahren Konjunkzionen, aus den Beobachtungen unter dem bekannten und dem unbekannten Meridiane hergeleitet, den gesuchten Unterschied genau, und man kann, wenn

ja Zweifel obwalten sollten, die Rechnung wiederholen.

Im Allgemeinen ist jedoch eine einzige Finsternifs nicht hinlänglich den Meridianunterschied zu bestimmen, weil immer ein kleiner Fehler bei den Beobachtungen obwaltet, welcher vollen Einflufs auf den Fehler der Tafeln äussert und diesen vergrössert oder verkleinert. Man mufs also durch neue Beobachtungen wiederholt die anfängliche Bestimmung verbessern, wie es auch die Astronomen zu thun pflegen.

Zur Vervollständigung des Ganzen scheint nun noch übrig zu sein, die Fälle zu betrachten, wenn eine oder alle beide Beobachtungen nicht vollständig sind. Allein solche Beobachtungen werden nur im Nothfalle, beim gänzlichen Mangel vollständiger gewählt, und dann wird leicht Jeder, welcher das Bisherige wohl begriffen hat, sie so anzuwenden wissen, dafs er den möglichst gröfsten Vortheil aus ihnen zieht, ohne hiezu eigner Vorschriften zu bedürfen.

Dritter Abschnitt.

Vorübergänge des Merkurs und der Venus vor der Sonnenscheibe.

§. 61. Da Merkur und Venus bei ihren untern Konjunkzionen immer zwischen der Sonne und der Erde hindurchgehen, so kann es bisweilen geschehen, dafs sie vor der Sonnenscheibe vorübergehen, indem sie auf der östlichen Seite eintreten und auf der westlichen austreten. Diese Vorübergänge sind also von den Sonnenfinsternissen nur in Hinsicht auf die Grösse und die Richtung der Bewegung verschieden, indem der Mond immer rechtläufig, Venus und Merkur aber in den untern Konjunkzionen rückläufig sind. Diese Erscheinungen konnten aus der Entdeckung der Fernröhre nicht beobachtet werden; ja KEPLER war der Erste welcher nur an sie dachte und einige der nächsten im Voraus bestimmte. Die Astronomen wurden nun sehr aufmerksam auf dieselben, und GASSENDI und CISATI sahen zum erstenmal 1631 den Merkur, HORROKES und CRABTREE aber 1639 die Venus vor der Sonne, doch beschäftigte sie nur das Ungewohnte der Erscheinung, ohne dass sie einigen Vortheil aus derselben gezogen hätten. Dies war dem grossen HALLEY aufbehalten, der ihre ganze Wichtigkeit einsah, diese seinen Zeitgenossen bekannt machte, und der Nachwelt die nöthige Anweisung hinterliess, dieselben gehörig zu nutzen. Von dieser Zeit an verwendeten die Astronomen auf diese Beobachtungen die grösste Sorgfalt, wodurch auch die Wissenschaft sehr merklich gefördert wurde.

Wir werden hier kurz die Gränzen innerhalb welcher diese Vorübergänge geschehen, die Perioden innerhalb welcher sie sich zeigen, die Wirkung der Parallaxen bei ihnen, die Auswahl der bequemsten Beobachtungsörter, die Rechnungen welche vor und nach der Beobachtung zu machen sind, und die ausserordentlichen Vortheile welche diese Erscheinungen gewähren, angeben und bestimmen.

§. 62. Damit man diese Planeten vor der Sonne sehen könne ist es nicht hinlänglich, dass sie in ihren untern Konjunkzionen und nahe bei den Knoten sind; es ist auch noch nothwendig, dafs der kleinste Abstand ihrer Mittelpunkte kleiner sei als die Summe der Halbmesser des Planeten und der Sonne. Dieser Abstand hängt aber von der Breite und der Neigung der Bahn des Planeten ab; nennt man nun λ die geozentrische und i die scheinbare Neigung, so kann der Vorübergang nicht statt finden, wenn nicht $\lambda . \mathrm{Cos}\, i$ kleiner als die Summe der Halbmesser.

Die Berechnung dieser Gränzen hat keine Schwierigkeit, indem die Tafeln gradezu die heliozentrische Breite, die wahre Neigung und die Radien r und R für den Planeten und die Erde geben; man kann also sogleich $\lambda . \mathrm{Cos}\, i$ erhalten, wie man noch besser in der Folge sehen wird. Hiebei läſst man die Parallaxen aus der Acht, deren Einwirkung nur dann die Sache zweifelhaft machen kann, wenn $\lambda . \mathrm{Cos}\, i$ genau oder sehr nahe der Summe der Halbmesser gleich ist: ein Fall der äusserst selten vorkommt, und wenn er vorkommt sich wohl kaum mit den jetzigen Hülfsmitteln entscheiden lässt, sodass alsdann der Vorübergang zweifelhaft bleibt.

§. 63. Nachdem die Gränzen bestimmt worden, innerhalb welcher sich gewiss Vorübergänge ereignen, kann man dieselben auf eine lange Reihe von Jahren vorher angeben, indem man sich hiezu der verschiedenen Perioden bedient, welche in Beziehung auf die Erde, die periodischen Bewegungen des Merkurs und der Venus um die Sonne darbieten. Nun kommt Merkur immer nach 6 Jahren 8^t mit der Erde wieder in demselben Punkte des Himmels zusammen; Venus aber gebraucht hiezu, wie wir schon oben gesehen haben, 8 Jahre: wenn also die Knoten keine eigne Bewegung hätten, so würden immer nach Verlauf der angegebenen Zeiten die Vorübergänge sich erneuern. Die Bewegung der Knoten macht jedoch beide Perioden sehr trügerisch, wesshalb man andere aufgesucht hat, die, wenn sie auch nicht immer gewiss einen Vorübergang bestimmen, dennoch sehr brauchbar sind: für Merkur sind sie von 6, von 7, von 13, von 46, von 217 und von 263 Jahren; für

Venus aber von 8, von 121, von 135, von 251 und von 243 Jahren, wo die letzten die genauesten sind. Wenn also ein Vorübergang beobachtet worden, so kann man, indem man nach und nach die obigen Perioden addirt, aus ihnen, den entsprechenden relativen Bewegungen des Planeten gegen die Erde und den absoluten Bewegungen der Knoten, mit Hülfe der bekannten Gränzen, die künftigen Vorübergänge, sowie sie auf einander folgen bestimmen; Lalande und Delambre haben so die Vorübergänge des Merkurs von 1605 bis 1894 und die der Venus von 902 bis 2984 berechnet. Die Vorübergänge des Merkurs fallen immer in den Mai und November, die der Venus in den Junius und Dezember: der nächste des Merkurs findet 1822. Nov. 4., der nächste der Venus 1874. Dez. 8. statt.

§. 64. Wenn man erkannt hat, dafs ein Vorübergang eines der beiden Planeten statt finden muss, und will nun die nähern Umstände desselben für einen bestimmten Ort wissen, um sich auf die Beobachtung vorzubereiten, und nachher die Beobachtung berechnen, so befolgt man durchaus denselben Weg, welchen wir bei den Sonnenfinsternissen angegeben haben. Venus oder Merkur nehmen hier die Stelle des Mondes ein; zwar sind ihre Durchmesser viel kleiner als der des Mondes, ihre Parallaxen geringer, ihre Bewegungen langsamer und rückläufig; doch hat alles dies auf das Wesentliche der Methode keinen Einfluss, und vereinfacht sogar die allgemeine Rechnung. Denn wenn die Sonnenparallaxe nicht mehr als 9″ beträgt, so ist die des Merkurs nicht grösser als 11″, die der Venus nicht grösser als 30″, und also der wahre kleinste Abstand sehr wenig von dem scheinbaren kleinsten verschieden; deshalb wird ein an einem Orte sichtbarer Vorübergang, an allen

Orten sichtbar sein, die zu gleicher Zeit die Sonne über dem Horizonte haben, den sehr seltnen Fall ausgenommen wo die Summe der Halbmesser sehr nahe $= \lambda . \text{Cos}\, i$, und wo allerdings ein Vorübergang an einem Orte geschehen kann, von welchem man an einem andern nichts bemerkt.

§. 65. Wenn aber auch die Parallaxen nicht leicht bewirken können dass die Durchgänge nicht an jedem Orte sichtbar wären, wo die Sonne sich über dem Horizonte befindet, so haben sie doch entschiedenen Einfluss auf die Dauer der Erscheinung, indem sie die beiden Mittelpunkte einander nähern oder von einander entfernen, und also die scheinbar vom Planeten beschriebene Sehne des Sonnenumfangs vergrössern oder verkleinern können. Zwar beträgt der gröſste Unterschied bei Merkur, dessen relative Parallaxe nur etwa 2″ ist, kaum eine halbe Zeitminute und ist deſshalb fast unmerklich; aber bei der Venus, deren relative Parallaxe 21″ beträgt, und wo wegen der langsamen Bewegung für jede Sekunde der Parallaxe die Dauer des Vorüberganges um 20 Zeitsekunden wächst, kann sie dieselbe um 7 Zeitminuten vermehren oder vermindern, sodaſs der ganze Unterschied zwischen den vom Mittelpunkte oder von der Oberfläche der Erde beobachteten Durchgängen bis auf 14′, steigen kann.

§. 66. Hieraus erkannte eben Halley die grosse Wichtigkeit der Vorübergänge der Venus, dahingegen sah er ein daſs die des Merkurs nur dienen könnten die Theorie desselben zu berichtigen. Die Sonnenparallaxe, der Hauptpunkt des ganzen Sonnensystems, weil von ihr die Parallaxen aller übrigen Planeten abhängen, und aus ihr bestimmt werden können, war noch nicht sehr genau bekannt, indem bei ihr, trotz allen gemachten Anstrengungen, die Ungewiſsheit noch 3″ bis

4″ betrug. Nun fand aber Halley, dass wenn man nur einen Vorübergang der Venus in den beiden Punkten der Erde beobachtet hätte, wo die Einwirkung der Parallaxen am gröſsten wäre und im entgegengesetzten Sinne wirkte, man aus dem Unterschiede der beiderseitigen Dauer, welcher durch die Parallaxen der Venus und der Sonne hervorgebracht worden, den Unterschied dieser Parallaxen, und weil sonst schon ihr Verhältniſs bekannt sei, auch die absoluten Parallaxen selbst finden könne. Dazu war aber nöthig die für die Beobachtung bequemsten Oerter zu kennen; welche Aufgabe sich jedoch durch Zeichnung, wie wir dies bei den Sonnenfinsternissen gelehrt haben, auflösen läſst, weſshalb wir sie auch übergehen. Wir wollen hier nur den Gang der Rechnung anschaulich machen, durch welche man aus den Beobachtungen die Parallaxen erhält.

XV. Aufgabe.

Aus einem Vorübergange der Venus vor der Sonnenscheibe der an zwei verschiedenen, gehörig gelegenen Oertern beobachtet worden, die Parallaxen der Venus und der Sonne herzuleiten.

§. 67. 1) Man nehme anfänglich den Beobachter im Mittelpunkte der Erde an, und nachdem die Zeit der wahren Konjunkzion gefunden worden, berechne man für diese die heliozentrische Länge und Breite der Venus, ihren Radiusvektor r, ihre stündliche Bewegung in der Länge und in der Breite $= n$, die Länge der Erde und den zugehörigen Radius R.

2) Man nehme die Differenz $= m$ der heliozentrischen Bewegungen der Erde und der Venus, und setze $n : m = R :$ Tang i, so wird i die Neigung der relativen Bahn der Venus.

3) Weil die scheinbaren Bewegungen im umgekehrten Verhältnisse der Entfernungen stehen, so ist $R - r : r = m$: zur stündlichen geozentrischen Bewegung der Venus in der Länge, und diese mit Tang i multiplizirt giebt die geozentrische Bewegung in der Breite. Ebenso erhält man die geozentrische Breite $= \lambda$ aus der heliozentrischen in der Konjunkzion, wenn man die letztere mit $\frac{r}{R - r}$ multiplizirt.

4) Es sei nun PFM (Fig. 97.) die Sonnenscheibe, S ihr Mittelpunkt; p der Mittelpunkt der Venus, indem sie beim Eintritte den innern Sonnenrand berührt, f ebenderselbe für den Austritt; pf die relative Bahn oder die Sehne, welche Venus scheinbar von der ersten bis zur zweiten innern Berührung beschreibt, $Sv = \lambda$ und Sm der kleinste Abstand. Dann ist in den ähnlichen rechtwinkligen Dreiecken pfX, mSv, der Winkel $pfX = i = mSv$, also $Sm = \lambda \,.\, \text{Cos}\, i$, und $mv = Sm \,.\, \text{Tang}\, i$.

5) Man reduzire vm in Zeit, indem man setzt, wie sich die stündliche Bewegung auf der Bahn pf oder die stündliche geozentrische Bewegung durch Cos i dividirt zu 1st verhält, so verhält sich m zum vierten Gliede, welches zur Zeit der wahren Konjunkzion addirt, die Zeit der Mitte des Vorübergangs giebt.

6) Man nehme den Unterschied der Halbmesser der Venus und der Sonne, der bei der ersten Berührung durch Sp, bei der letzten durch Sf dargestellt wird, so hat man $mp = \sqrt{(Sp^2 - Sm^2)}$. Alsdann verwandle man mp in Zeit, und ziehe es von der Zeit der Mitte des Durchgangs ab, so erhält man die Zeit der ersten, und wenn man es addirt, die Zeit der letzten innern Berührung; die

Differenz beider $= 2\,mp$ giebt die ganze Dauer des Vorübergangs.

7) Im Dreiecke fSp, in welchem alle drei Seiten bekannt sind, suche man die Winkel f und p, und dann in den Dreiecken SpE, SfO die Seiten SE, SO, Ep, Of. Es werden SE, SO die beiden Längenabstände der Venus vom Mittelpunkte der Sonne sein, welche der ersten und der zweiten Berührung entsprechen, und Ep, Of die zugehörigen Breiten.

Bei allem diesem ist das Auge des Beobachters im Mittelpunkte der Erde angenommen worden.

8) Man suche nun die Aenderungen welche SO, SE, Of, Ep erleiden, wenn der Beobachter sich auf der Oberfläche der Erde befindet. Hiezu muſs man die Längen- und Breitenparallaxen für die Zeiten beider Berührungen berechnen: man gebe also der Horizontalparallaxe der Sonne einen genäherten Werth A, und bestimme aus diesem die Parallaxe der Venus $= A'$, dann ist $A - A' = P$ die relative Parallaxe, aus welcher man mit Hülfe der Formeln der IX. Aufgabe die gesuchten Parallaxen erhält; es seien Π, π die beiden Parallaxen welche dem Punkte p, und Π', π' diejenigen welche dem Punkte f entsprechen. Setzt man nun $SE = a$, $SO = a'$, $Ep = b$, $Of = b'$, so verwandelt sich SE in $a + \Pi$, SO in $a' + \Pi'$, Ep in $b + \pi$, und Of in $b' + \pi'$. Diesen Aenderungen entsprechend wird sich also auch fp ändern.

9) In den beiden Dreiecken SpE, SfO ist, wenn das Auge sich im Mittelpunkte der Erde befindet, $Sp^2 = SE^2 + Ep^2$, $Sf^2 = SO^2 + Of^2$, aber diese Gleichungen können nicht mehr bestehen, wenn man vom Mittelpunkte auf die Oberfläche übergeht, man müſste denn bei den sämmtlichen Katheten beider Dreiecke gehörige Aenderungen annehmen, weil wenn man nur nicht Sp

oder Sf für sich ändert, die beiden Dreiecke immer rechtwinklig bleiben. Es sei also dy die Aenderung von SE, $dx = dy.\text{Tang}\, i$ die von Ep, so ist $Sp^2 = (a + \Pi + dy)^2 + (b' + \pi + dy.\text{Tang}\, i)^2$, in welcher Gleichung alles ausser dy bekannt ist, welches man in einer Funkzion von P ausdrücken mufs. Man setze $\Pi = \frac{k}{P}$, $\pi = \frac{l}{P}$, so sind k und l bekannte Gröfsen, und man erhält durch die Substituzion dieser Werthe $dy = Q.P$, was in Zeit verwandelt den Unterschied zwischen der Zeit der ersten Berührung aus dem Mittelpunkte und von der Oberfläche beobachtet, geben wird. Da die Bewegung der Venus rückgängig ist, so wird, wenn dy negativ, oder die Einwirkung der Parallaxe SO vermindert, die erste Berührung eher auf der Oberfläche als im Mittelpunkte gesehen werden, und das Umgekehrte wird statt finden, wenn dy positiv ist. Die Rechnung für das Ende ist dieser ganz ähnlich, und man findet dy' oder die Gröfse um welche die Parallaxe die zweite Berührung beschleunigt oder verspätet.

10) Man vergleiche die Beobachtungen auf der Oberfläche mit der aus dem Mittelpunkte, welche für alle dieselbe bleibt: bei ihr sei T die Zeit der ersten, T' die der zweiten Berührung; für den einen Beobachtungsort auf der Oberfläche aber seien M und M', für den andern N und N' diese Werthe. Alsdann hat man auf dem ersten Standpunkte $M - QP = T$, $M' - Q'P = T'$, und $M' - M = (Q' - Q)\, P = T' - T$; auf dem zweiten $N - GP = T$, $N' - G'P = T'$, und $N' - N - (G' - G)\, P = T' - T$; also ist $P = \frac{(M' - M) - (N' - N)}{(Q' - Q) - (G' - G')}$ der beobachtete Unterschied der Parallaxen der Venus und der Sonne. Nun ist $\frac{A}{R}$ die Parallaxe

der Sonne, und $\frac{A}{R-r}$ die der Venus, also $P = \frac{A}{R-r} - \frac{A}{R} = \frac{rA}{R(R-r)}$, folglich $A = \frac{R(R-r)P}{r}$ $= \frac{R^2(1-\frac{r}{R})P}{r}$, wo sich die letzte Formel leichter berechnen läfst.

Nach dieser Methode hat Delambre alle Beobachtungen des Durchgangs von 1769 berechnet, welche von den auf der ganzen Erde defshalb vertheilten Astronomen gemacht wurden. Hier mag es hinlänglich sein, blofs die Resultate für Wardhus unter 70° 22′ 36″ nördlicher, und Tahiti unter 17° 25′ 58″ südlicher Breite mitzutheilen; die Beobachtungen wurden am erstern Orte von Hell, am letztern von Green gemacht.

Wardhus.

Erste innere Berührung	. . .	9^u 34′ 5″
Zweite — —	. . .	15^u 27′ 36″
	Diff. . . .	5st 53′ 31″

Redukzion auf den Mittelpunkt = — 32″,033 . P, also 5st 53′ 31″ — 32″,033 . $P = T' - T$

Tahiti

Erste innere Berührung	. . .	21^u 43′ 55″
Zweite — —	. . .	3^u 14′ 3″
	Diff. . . .	5st 30′ 8″

Redukzion auf den Mittelpunkt = + 33″,039 . P, also 5st 30′ 8″ + 33″,039 . $P = T' - T$. Aus der Subtrakzion beider Gleichungen erhält man 23′ 23″ — 65″,072 . $P = 0$, also P = 21″,561 und die Parallaxe der Sonne $= \frac{R^2(1-\frac{r}{R}) . P}{r}$ = 8″,7094.

Der genäherte Werth A, welchen man für die

Parallaxe annimmt, wird ziemlich vom wahren abweichen können, ohne daſs daraus ein merklicher Fehler hervorgeht, indem man nicht die absolute Parallaxe der Sonne und die aus dieser hergeleitete der Venus, sondern bloſs ihre Differenz anwendet. DELAMBRE setzt bei seiner Rechnung $\frac{A}{R} = \frac{8'',7}{R} = 8'',5701$; doch hätte er auch 9″ oder 10″ annehmen können, ohne der Richtigkeit Abbruch zu thun.

Ausser der innern Berührung pflegt man auch noch die äussere zu beobachten, die aber immer sehr ungewiſs ist: der Unterschied zwischen zwei Beobachtern an demselben Orte hat sich bisweilen bis auf 55″ in Zeit belaufen, wie dies bei der Beobachtung zu Greenwich 1769 der Fall war. Auf solche Beobachtungen kann man also nicht viel rechnen, und sie können nur dienen die Zeit zu bestimmen, welche der jedesmalige Durchmesser der Venus gebraucht, um völlig einzutreten. Aus den Beobachtungen von 1769 fanden sich im Mittel 18 20″, welche durch 55″ als den gleichzeitigen Durchmesser dividirt, 20″ Zeit für jede Bogensekunde geben.

Siebentes Buch.

Kometen.

§. 1. Die Kometen werden, wie wir schon gesehen haben, von derselben Grundkraft um die Sonne geführt, als die Planeten: wie diese bewegen auch sie sich in Ellipsen und bilden einen besondern Zweig des Systems. Bloſs in dieser Beziehung werden sie von den Astronomen betrachtet, deren Untersuchungen sich nur auf Bewegung, Maſse, Zeit und Entfernung bei den Himmelskörpern beziehen. Bei den Planeten sind die Elemente der verschiedenen Bahnen in bestimmte Gränzen eingeschlossen, bei den Kometen kennt man solche nicht; dies ist der Unterschied zwischen beiden der den Astronomen nöthigt, sie von einander abgesondert zu betrachten. Was das Haar, den Schweif, die Atmosphäre, die plötzliche Erscheinung, auf welche bisweilen ein ebenso plötzliches Verschwinden folgt, betrifft, so gehört es für den Physiker dies zu untersuchen und zu erklären; der Astronom betrachtet dies alles nur als zufällige Erscheinungen von gar keiner oder wenigstens von geringer Bedeutung, und erwähnt deſshalb nur der wichtigsten derselben. Nichtsdestoweniger wollen wir aber doch, ehe wir in das eigentlich Astronomische eingehen, ganz kurz alles andeuten, was auf das Uebrige Bezug hat, um wenigstens einige Vorstellung hievon zu geben.

Erster Abschnitt.

Allgemeine Eigenschaften der Kometen.

§. 2. Hierunter werden der *Körper* oder *Kern* eines Kometen, seine Atmosphäre oder deren Theilung in *Kopf* und *Schweif*, die *Anzahl* der Kometen, ihr *Umlauf*, ihre *Rückkehr* und ihr *Ursprung* begriffen, und zugleich wird dann noch ihr *Zusammenstoſs* mit der Erde betrachtet.

Kern. Obgleich es noch keineswegs ganz ausgemacht ist, daſs die Kometen einen von der Atmosphäre verschiedenen festen und dunklen Körper oder Kern haben, so wird dies doch für den gröſsten Theil allgemein angenommen. Da wir denselben aber, wenn er überhaupt vorhanden ist, nur durch eine dichte Atmosphäre sehen, so erscheint er wie ein Licht das trübe durch matt geschliffenes Glaſs oder durch dichten Nebel bricht, und wir können deſshalb in dem verworrenen Bilde weder Umrisse noch Dimensionen genau unterscheiden. Von gröſserer Wichtigkeit ist es die Masse oder Menge der Materie dieses Kerns oder des ganzen Kometen zu kennen; zwar läſst sich hierüber nichts ganz gewisses angeben, indessen kann man mit vielem Grunde behaupten, daſs dieselbe sehr klein sei, viel kleiner als die der ältern Planeten. Denn von allen Kometen, die sich der Erde oder einem andern Planeten genähert haben, ist keine merkliche Störung bei denselben hervorgebracht, wie z. B. die von 1680 und von 1792 gezeigt haben, die uns sehr nahe gekommen, und auch der von 1770, der sich lange Zeit dicht beim Jupiter aufhielt, ohne daſs man eine Störung, weder in der Jupitersbahn selbst, noch in den Trabantenbahnen bemerkt hätte.

§. 3. *Atmosphäre.* Die Atmosphäre ist in

Hinsicht der Gröſse, der Gestalt, der Dichtigkeit und der Helligkeit bei allen Kometen verschieden. Man unterscheidet bei ihr *Kopf* und *Schweif*, und versteht unter Kopf denjenigen Theil der den Kern einschlieſst unter Schweif aber das Uebrige. Die Höhe dieser Atmosphäre ist selbst da wo sie am nächsten am Kern steht, sehr viel gröſser als die der Planeten; sie bleibt aber nicht in demselben Zustande von der Erscheinung bis zur Verschwindung des Kometen, sondern nimmt zu mit der Annäherung an die Sonne, vermindert sich aber wieder mit der Entfernung von derselben. Daraus haben viele gefolgert, daſs die Einwirkung der Sonne die Theilchen der Atmosphäre ausdehne, die eine lange Kälte im Aphelium zusammengezogen; doch muſs auch die bloſse Aenderung der Entfernung von der Erde den Kometen heller oder dunkler erscheinen machen, und überdies können noch andere unbekannte Ursachen, die von der Sonne unabhängig sind, einwirken. Die Annahme des Gefrierens bei einem Körper, dessen Natur man gar nicht kennt, ist durchaus willkührlich.

§. 4. *Schweif*. Ausser der Atmosphäre welche unmittelbar den Kern umgiebt, haben die meisten Kometen noch einen langen Lichtstreifen oder Schweif, welcher immer der Sonne grade entgegengesetzt ist. Die Verschiedenheit dieser Schweife ist sehr groſs: bisweilen sieht man nur einen Streifen, in der Gestalt eines mehr oder minder ausgebreiteten Fächers; bisweilen erscheinen aber auch mehrere die wiederum jeder für sich getheilt sind, und bald in graden Linien bald in krummen, nach Art der Zweige einer Parabel sich ausdehnen. Noch andere bei ihnen statt findende Erscheinungen übergehen wir der Kürze wegen. An demselben Orte sieht man sie von einer Nacht zur andern, ja sogar innerhalb weniger Stunden sich verändern;

an verschiedenen Oertern aber erscheinen sie häufig zu derselben Zeit ganz verschieden; so ward der Schweif des Kometen von 1769 zu London 43°, zu Paris 55°, auf der Insel Bourbon 60° und auf Teneriffa 75° lang beobachtet. Diese Mannigfaltigkeit in den Erscheinungen wird immer jede Erklärung, die man etwa versucht, ziemlich unsicher machen.

§. 5. *Anzahl.* Es sind bis jetzt 122 Kometen berechnet, und in allem etwa 400 beobachtet; wenn man hiezu die grofse Anzahl derer rechnet, welche vor der Entdeckung der Fernröhre unbeobachtet blieben, und derer die man ihrer Kleinheit wegen nicht wahrnehmen kann, und wenn man zugleich bis auf die frühesten Zeiten zurückgeht, so scheint die Muthmafsung nicht unnatürlich, dafs es mehrere Hunderttausende gebe.

§. 6. *Umlaufszeit.* Unter der grofsen Anzahl von Kometen finden sich welche von sehr verschiedenen Umlaufszeiten, doch sind die meisten derselben sehr bedeutend; nur zwei sind von $3\frac{1}{3}$ und von 5 Jahren, drei von 72 bis 75 Jahren, alle übrigen betragen mehrere Jahrhunderte oder gar Jahrtausende. Der Komet von 1680, der gröfste von allen bisher erschienenen, braucht 575 Jahre, der von 1769 aber 500, um seinen Umlauf zu vollenden; noch mehr diejenigen von 1805, 1807 und 1811, nämlich der erste 1731, der zweite 1713, der dritte 2620 bis 3380 Jahre.

§. 7. *Rückkehr.* Wenn die Elemente der Bahnen zweier Kometen sehr nahe gleich sind, so kann man vermuthen, dafs beide einer und derselbe sind, also die zweite Erscheinung nur eine Rückkehr gewesen. Die ältern Kometenbeobachtungen sind aber sehr schlecht, also die Elemente nur obenhin bestimmt; daher täuscht man sich sehr häufig über die Aehnlichkeit derselben, und also über die Rückkehr der Kometen. Doch sind einige wiedergekehrt, nämlich derjenige den HALLEY im Jahre 1682 beobachtete und der vorher schon fünfmal gesehen war; HALLEY verkündigte seine Rückkehr auf das Jahr 1759 wo er auch erschien; ebenso ein anderer von $3\frac{1}{3}$ Jahr Umlaufszeit der in Jahren 1786, 1795, 1805 und 1818 beobachtet worden.

§. 8. *Ursprung.* Aus allem was wir bisher durch Folgerungen aus den Erscheinungen hergeleitet haben, scheint hinlänglich zu erhellen, daſs die Kometen im Allgemeinen nichts anders als eine ausserordentliche Menge von kleinen Massen, oder geringen Anhäufungen von Materie bei bedeutenden körperlichen Gröſsen sind, welche eine noch gröſsere Atmosphäre umgiebt, und welche ohne Ordnung im Raume zerstreut sind. Die Kometen sind also Körper die zu einander keine andere Beziehung haben, als die aller Materie eigenthümliche sich um den gemeinschaftlichen Schwerpunkt zu kreisen; sie sind äusserst wenig dicht und in einer fortwährenden Verdampfung, müſsten also hiernach sich ziemlich schnell verzehren und zerstören, da sie doch wegen der Regelmäſsigkeit ihrer Bewegungen über alle Zeiten hinaus dauern könnten. Nach allem diesen können wir vielleicht die Entstehung dieser Körper zu gleicher Zeit oder gar früher als die Planeten annehmen, und nicht als die Wirkungen von hunderterlei verschiedenen Ursachen und willkührlichen Kombinazionen, als Körper, die zu jeder Zeit im unendlichen Raum entstehen und vergehen können. Der Raum, den der Wirkungskreis der Sonne umfaſst, ist nicht leer von Materie, sondern enthält die Ausflüsse der Sonne und der Planeten, und ausserdem wohl manche andere Flüssigkeiten, die bald in diesem, bald in jenem Punkte, sich mehr oder minder mischen, vereinigen und verdichten müssen, jenachdem es ihre gegenseitige Verwandschaft verlangt. Können wir nicht aus solchen Vereinigungen den Ursprung der Kometen ableiten? Kann dort nicht im Grofsen geschehen, was im Kleinen in unserer Atmosphäre geschieht, in welcher sich leuchtende Körper, Feuerkugeln, bilden, die schnell dahinschiefsen und sich unsern Blicken entziehen? Die Natur ist allenthalben dieselbe. Es liegt defshalb nicht ausserhalb der Gränzen einer vernünftigen Wahrscheinlichkeit, dafs die Kometen ihren Ursprung zufälligen Vereinigungen der im Raume zerstreueten Materie, oder wie HERSCHEL glaubt der Materie der Nebelflecke verdanken, und dafs sie längere oder kürzere Zeit dauern können, jenachdem die Menge und die Vertheilung der Materie bei ihnen ist: einige werden einen oder mehrere Umläufe um die Sonne vollenden, andere aber werden sich nach kurzer Erscheinung verzehren und untergehen, und neue werden aus ihrer Asche entstehen.

§. 9. *Zusammenstofs.* Ob vielleicht einmal ein Komet in seiner Bahn unsere Erde treffen und sie dann zerstören, oder wenigstens zerstückeln, anzünden oder überschwemmen könnte, läfst sich zwar nicht durchaus verneinen, aber doch kann man mit vielem Grunde behaupten, dafs dies nie geschehen werde. Keine von allen bisher berechneten Kometenbahnen schneidet unsere Erdbahn; defshalb kann kein Stofs statt finden, wenn nicht die durch die Planeten verursachten Störungen so bedeutend werden, dafs sie den Kometen nicht blofs von seiner ersten Bahn ableiten, sondern ihn auch nöthigen, durch einen Punkt der Erdbahn zu gehen, in demselben Augenblicke, dafs die Erde selbst durch denselben geht. Wer sieht aber nicht, dafs unter einer so grofsen Menge von nicht eben wahrscheinlichen Voraussetzungen eine solche Begebenheit alle Gränzen der Wahrscheinlichkeit übersteigt? Auf gleiche Weise können wir aber auch über die Kometen, welche noch nicht beobachtet sind, urtheilen. Ueberhaupt zeigt die Wahrscheinlichkeitsrechnung, daſs selbst bei der Annahme der günstigsten Umstände für ein Zusammentreffen dies innerhalb eines Zeitraums von etwa 2 Millionen Jahren nur einmal zutreffen könne. Ein wirklicher Stoſs würde aber doch schwerlich die Erde zerstören, sondern nur mehr oder minder heftige Revoluzionen auf derselben hervorbringen.

Zweiter Abschnitt.

Bewegung der Kometen in parabolischen Bahnen.

§ 10. Wenn in der Gleichung der Ellipse $y^2 = \frac{2b^2}{a}x - \frac{b^2}{a^2}x^2$ immer a viel gröſser als b ist, so wird so lange x sehr klein, wenigstens kleiner als die Entfernung des Scheitels vom Brennpunkte ist, $\frac{b^2}{a^2}x^2$ fast gegen $\frac{2b^2x}{a}$ verschwinden, so daſs man also näherungsweise $y^2 = \frac{2b^2}{a}x$, die Gleichung für die Parabel erhält. In den Ellipsen also, in welchen die groſse Axe sehr viel gröſser ist als die kleine, oder die von lang gezogener Gestalt sind, fällt sowohl in der Nähe des Periheliums als des Apheliums der elliptische Bogen fast genau mit dem einer Parabel zusammen, welche denselben Brennpunkt und denselben Parameter $\frac{2b^2}{a}$ hat. Da wir aber die Kometen nur sehen wenn sie in die Nähe der

Sonne kommen, und auch dann nur kurze Zeit, so kann man statt des kleinen von ihnen durchlaufenen elliptischen Bogens einen parabolischen substituiren, weil für diesen die Rechnung weit einfacher und leichter ist. Dies haben Newton und Halley gethan, und dies geschieht auch noch heutiges Tages. Die elliptische Rechnung möchte nur dann anzuwenden sein, wenn die Umlaufszeit bekannt ist, oder wenn die Beobachtungen sich durchaus nicht durch die Parabel darstellen lassen, was aber nur selten vorkommt: in allen übrigen Fällen wird man durch die Anwendung der Ellipse nicht mehr Genauigkeit als durch die Parabel erhalten. Darum kann es hier genug sein, nur die parabolische Rechnung zu erläutern.

Es sei $PGOY$ (Fig. 99.) eine Parabel deren Brennpunkt in S, der Scheitel in P ist; TO sei eine Tangente am Punkte O, RO die Normale, SO der Radiusvextor, MR die Subnormale, $Mo = y$ die Ordinate, $MP = x$ die Absisse, p der Parameter. Man sucht zuerst den Ausdruck der parabolischen Fläche $PSOGP$ durch die Ordinate y.

§. 11. Aus den Eigenschaften der Parabel ist $TS = SO = SR$; $MR = 2SP = \frac{1}{2}p$; $RT = 2ST$, und die Fläche $PMOGP = \frac{2}{3}xy = \frac{2y^3}{3p}$: aber die Fläche des Dreiecks PMO ist $= \frac{xy}{8} = \frac{y^3}{2p}$, die des Dreiecks $PSO = \frac{py}{8}$, also $PSOGP = \frac{2y^2}{3p} - \frac{y^3}{2p} + \frac{py}{8} = \frac{y^3}{6p} + \frac{py}{8} = \frac{y^3}{12} + \frac{y}{4}$, wenn man $p = 2$ setzt.

§. 12. Daher 1) Weil $SO = ST = SR$, so ist der Winkel $MRO = \frac{1}{2}PSO = \frac{1}{2}u$, $MQ =$ Tang $\frac{1}{2}u$, $MR = 1$ und $\frac{1}{12}y^3 + \frac{1}{4}y = \frac{1}{12}$ Tang $\frac{1}{2}u^3 + \frac{1}{4}$ Tang $\frac{1}{2}u$.

2) Wenn $\frac{u}{2} = 45^\circ$, so ist Tang $\frac{1}{2} u = 1$ und die Fläche von 90° gleich $\frac{1}{12} + \frac{1}{4} = \frac{1}{3}$.

3) Da bei der parabolischen Bewegung die Anomalien nur vom Perihelium oder vom Scheitel der Parabel an gezählt werden, so verhält sich die Fläche von 90° zu derjenigen die einer beliebigen Anomalie u entspricht, wie $\frac{1}{3}$ zu $\frac{1}{12}$ Tang $\frac{1}{2} u^3 + \frac{1}{4}$ Tang $\frac{1}{2} u$, oder wie 1 zu $\frac{1}{4}$ Tang $\frac{1}{2} u^3 + \frac{3}{4}$ Tang $\frac{1}{2} u$.

4) Da in der Parabel ebenso wie in der Ellipse die Flächenräume den Zeiten proporzional sind, so sei A die Zeit, welche der Komet gebraucht um die Fläche von 90°, T diejenige um die der Anomalie u zugehörige Fläche zu beschreiben; dann ist $A : T = 1 : \frac{\text{Tang } \frac{1}{2} u^3 + 3 \text{ Tang } \frac{1}{2} u}{4}$ und $T = \frac{A\,(\text{Tang } \frac{1}{2} u^3 + 3 \text{ Tang } \frac{1}{2} u)}{4}$.

5) In einer andern Parabel, in welcher A die Zeit für die Anomalie 90°, und T' die für die Anomalie u ist, hat man gleichfalls $T' = \frac{A'\,(\text{Tang } \frac{1}{2} u^3 + 3 \text{ Tang } \frac{1}{2} u)}{4}$, also $T : T' = A : A'$.

6) Wenn A und u gegeben sind, so ist es sehr leicht T zu finden; um aber aus T und A die Anomalie u zu erhalten, muſs man die Gleichung vom dritten Grade Tang $\frac{1}{2} u^3 + 3$ Tang $\frac{1}{2} u - \frac{4T}{A} = 0$ auflösen.

7) Nachdem die Anomalien und die zugehörigen Zeiten in einer einzigen Parabel berechnet worden, kann man auf diese alle übrigen beziehen, und mit einer einzigen Tafel die Bewegungen aller Kometen berechnen, was grade den Hauptvorzug der parabolischen Rechnung ausmacht. Um aber alles dies zu bestimmen ist es nothwen-

dig die Parabel zu verlassen, weil in dieser der Flächenraum, und ebenso die Zeit unendlich ist, welche ein Komet gebraucht denselben zu beschreiben, wefshalb weder ein beliebiger Sektor mit der ganzen Fläche, noch die zugehörigen Zeiten mit einander verglichen werden können. Anders ist es in einem Kreise, dessen Halbmesser der Entfernung des Kometen von der Sonne im Perihelium gleich ist: hier wird es nämlich genug sein, nur das Verhältnifs der Geschwindigkeiten zu kennen, welche ein Komet haben würde, wenn er sich einmal im Kreise und dann in der Parabel bewegte; dies Verhältnifs soll also gesucht werden.

II. Aufgabe.

Ein Komet geht vom Perihelium einer Parabel aus; man verlangt das Verhältnifs seiner Winkelgeschwindigkeit zu derjenigen, welche er haben würde, wenn er sich in gleicher Entfernung von der Sonne in einem Kreise bewegte.

§. 13. Da die Entfernung von der Sonne in der Parabel und im Kreise dieselbe ist, so wird der Komet auf gleiche Weise angezogen werden, er mag sich in der Parabel oder im Kreise bewegen. Geht er also vom Perihelium der Parabel, wo auch der Kreis die Parabel berührt, aus, so wird er sich in einer unendlich kleinen Zeit um gleichviel von den Tangenten der beiden Kurven entfernen, oder die den beiden unendlich kleinen Bögen entsprechenden Abzissen werden gleich sein. Setzt man aber den Halbmesser des Kreises $= h$, also den Parameter der Parabel $= 4\,h$, so ist in der Parabel $y^2 = 4hx$, im Kreise $z^2 = 2hx - x^2$, also $dy^2 : dz^2 = 4hdx : 2hdx = 2 : 1$, daher $dy : dz = \sqrt{2} : 1$. Nun sind aber die unendlich kleinen Ordinaten dy, dz von ihren zugehörigen Bögen nur um ein unendlich Kleines der zweiten Ordnung verschieden, also verhält sich die Winkelgeschwindigkeit in der Parabel zu der im Kreise, dessen Halbmesser ein Viertheil des Parameters der Parabel ist, wie $\sqrt{2}:1$.

§. 14. Aus diesem Verhältnisse ergiebt sich sehr leicht die Zeit, welche der Komet gebraucht, dessen Entfernung im Perihelium dem Halbmesser der Erde gleich ist, um die Anomalie von 90° zu beschreiben. In der angenommenen Parabel verhält sich nämlich immer bei gleichen Zeiten die parabolische Fläche zur Kreisfläche wie $\sqrt{2}:1$; setzt man nun die Entfernung im Perihelium $= 1$, so ist für 90° Anomalie $x = 1$; $y^2 = px = 4$; also $y = 2$; die Fläche $= \frac{2}{3}\,xy = \frac{4}{3}$, folglich $\sqrt{2}:1 = \frac{4}{3}:\frac{4}{3\sqrt{2}}$ der zugehörigen Kreisfläche. Nun ist aber die Fläche des Kreises, dessen Halbmesser 1 ist, $= 3{,}1415926\ldots$; setzt man also 3,1415926 zu der siderischen Umlaufszeit der Erde, wie $\frac{4}{3\sqrt{2}}$ zum vierten Gliede; so erhält man die Zeit, welche der Komet braucht vom Perihelium bis 90° Anomalie zu gehen; man findet $109^t{,}6154 = A$, und also ist für jede andere Anomalie u, die zugehörige Zeit T (§. 12. n°. 6.)

$$T = \frac{109^t{,}6154}{4}\left(\text{Tang}\ \tfrac{1}{2}\,u^3 + 3\ \text{Tang}\ \tfrac{1}{2}\,u\right)$$

$$= 27^t{,}40385\left(\text{Tang}\ \tfrac{1}{2}\,u^3 + 3\ \text{Tang}\ \tfrac{1}{2}\,u\right)$$

$$= 1^t{,}096154\left(25\ \text{Tang}\ \tfrac{1}{2}\,u^3 + 75\ \text{Tang}\ \tfrac{1}{2}\,u\right).$$

§. 15. Diese Parabel, die man die *Redukzionsparabel* nennt, weil auf sie die übrigen reduzirt werden, muſs man in eine Tafel bringen, in welcher mit kleinen Intervallen die Zeiten und die Anomalien enthalten sind. Dies kann geschehen indem man entweder die Anomalien annimmt und die Zeiten sucht, oder umgekehrt die Zeiten annimmt und die Anomalien sucht; im ersten Falle läſst man die Anomalien von 5′ zu 5′, im letztern die Zeiten von 6st zu 6st fortgehen. BARKER hat den erstern, HALLEY, LACAILLE und andere haben den letztern Weg eingeschlagen.

§. 16. *Einrichtung der Barkerschen Tafel.* Diese enthält in drei Kolumnen alles zur Berechnung der Formel $T = 1^t{,}096154\ (25 \text{ Tang } \tfrac{1}{2} u^3 + 75 \text{ Tang } \tfrac{1}{2} u)$ Nöthige, und zwar in der ersten die Anomalien von 5′ zu 5′ bis 180°, in der zweiten den Werth von $25 \text{ Tang } \tfrac{1}{2} u^3 + 75 \text{ Tang } \tfrac{1}{2} u$, welchen er *mittlere Bewegung* nennt, in der dritten die Differenzen. Man findet nun die Zeit, welche in der Redukzionsparabel der gegebenen Anomalie entspricht, wenn man die mittlere Bewegung mit der konstanten Zahl $1^t{,}096154$ multiplizirt. Diese Tafel ist abgedruckt in OLBERS *Methode die Bahn eines Kometen zu berechnen.*

§. 17. *Einrichtung der Lacaillischen Tafel.* Bei dieser sucht man die Anomalie aus der Zeit, muſs also die Gleichung $\text{Tang } \tfrac{1}{2} u^3 + 3 \text{ Tang } \tfrac{1}{2} u - \frac{T}{27{,}40385} = 0$ auflösen, welches mittelst der Cardanischen Regel geschieht. DELAMBRE hat die Tafel von neuem bis auf 174° Anomalie berechnet; sie ist in drei Kolumnen getheilt, deren erste die Zeit von 6st zu 6st, die zweite die entsprechende Anomalie und die dritte die tägliche Bewegung enthält.

Statt beider Tafeln hat BURKHARDT (Connoissance des Temps. 1818.) eine einzige geliefert, deren Einrichtung für die Rechnung möglichst bequem ist.

III. Aufgabe.

Mit Hülfe der Tafeln für die Redukzionsparabel, in einer Parabel deren Parameter = 4 h ist, die Zeit zu finden, die ein Komet gebraucht eine gegebene Anomalie zu beschreiben, und umgekehrt.

§. 18. Die Zeit welche ein Komet gebraucht um in der Redukzionsparabel vom Perihelium bis zu 90° Anomalie zu gelangen, steht in einem gegebenen Verhältnisse zur siderischen Umlaufszeit der Erde; in demselben Verhältnisse wird auch die Zeit welche ein anderer Komet, dessen Entfernung im Perihelium = h ist, gebraucht, um 90° Anomalie zu beschreiben, zu der Umlaufszeit eines Planeten stehen, der sich in der Entfernung h in einer Kreisbahn um die Sonne bewegte. Nach dem dritten Keplerschen Gesetze verhalten sich aber die Quadrate der Umlaufszeiten in zwei Krreisbahnen, wie die Würfel der Halbmesser: also werden in demselben Verhältnisse auch die Quadrate der Zeiten stehen, welche die beiden Kometen gebrauchen 90° Anomalie, oder ein beliebiges Vielfache oder einen Theil hievon zu beschreiben. In verschiedenen Parabeln verhalten sich also immer die Würfel der Entfernungen im Perihelium, wie die Quadrate der Zeiten, welche gebraucht werden, um dieselbe Anomalie zu beschreiben. Nennt man also T, t die zusammengehörigen Zeiten in den Parabeln bei welchen die Entfernung im Perihelium = 1 und = h ist, so hat man

$$1 : h^3 = T^2 : t^2 =$$

$$= (1^t{,}096154)^2 \; (25 \operatorname{Tang} \tfrac{1}{2} u^3 + 75 \operatorname{Tang} \tfrac{1}{2} u)^2 : t^2$$

folglich $t = (1t{,}096154)\,(25 \operatorname{Tang} \tfrac{1}{2} u^3 + 75 \operatorname{Tang} \tfrac{1}{2} u)\,h^{\frac{3}{2}}$, die allgemeine Formel für die Zeit in einer beliebigen Parabel.

§. 19. Weil $t = h^{\frac{3}{2}} . T$, so braucht man nur zum Logarithmen der Zeit, welche in der Tafel der gegebenen Anomalie entspricht, den Logarithmen von $h^{\frac{3}{2}}$ zu addiren, dann ist die Summe der Logarithme der Zeit, welche in der zweiten Parabel der Komet gebraucht die Anomalie u zu beschreiben. Mehrentheils sucht man nicht die Zeit vom Perihelium, sondern den Unterschied der Zeiten, welche zwei gegebenen Anomalien entsprechen: dann nimmt man aus der Tafel den Unterschied der Zeiten für die beiden gegebenen Anomalien und multiplizirt ihn mit $h^{\frac{3}{2}}$, um den gesuchten Zeitunterschied zu erhalten, der mit dem beobachteten verglichen, eine Bestimmung über die Richtigkeit der Anomalien giebt.

Weil ferner $T = \frac{t}{h^{\frac{3}{2}}}$, so erhält man aus der gegebenen Zeit in der zweiten Parabel, wenn man von ihrem Logarithmen den Logarithmen von $h^{\frac{3}{2}}$ abzieht, den Logarithmen der Zeit T und hieraus mittelst der Tafel die Anomalie.

Dritter Abschnitt.

Methode aus geozentrischen Beobachtungen eines Kometen die parabolische Bahn desselben zu bestimmen.

§. 20. Nachdem im vorigen Abschnitte die Bewegung eines Kometen in seiner parabolischen Bahn betrachtet worden, kommt es nun darauf an diese Bahn selbst, oder ihre Elemente aufzufinden, und zwar aus geozentrischen Beobachtungen, weil diese die einzigen gegebenen Gröſsen darbieten Diese Aufgabe gehört zu den schwierigsten in den

Astronomie und erst nach mehr oder minder mangelhaften Versuchen selbst der gröſsten Geometer, gelangte endlich Olbers dahin, eine Auflösung zu finden, die in Hinsicht der Bequemlichkeit und Sicherheit alle früheren weit hinter sich läſst. Wir werden dieselbe hier mit den von Gauss bei ihr angebrachten Rechnungsvortheilen, mittheilen.

§. 21. Die Bewegung eines Kometen in einer Parabel wird durch fünf Elemente völlig bestimmt; diese sind: 1) die Länge des Periheliums, 2) die Zeit des Durchgangs durch dasselbe, 3) der Abstand desselben vom Brennpunkte, oder die kleinste Entfernung, 4) die Neigung der Bahn, 5) die Länge des aufsteigenden Knotens. Es sind also fünf gegebene Gröſsen nöthig, die Aufgabe aufzulösen, wozu drei vollständige Beobachtungen mehr als hinreichend sind, da sie sechs Gröſsen, drei Längen und drei Breiten geben, und man also schon genöthigt ist, eine derselben zurückzulassen. Es möchte nun scheinen, daſs es der einfachste Weg zur Bestimmung der Elemente wäre, wenn man jedes derselben mittelst gehöriger analytischer Ausdrücke durch die fünf gegebenen Gröſsen, drei Längen und zwei Breiten, oder zwei Längen und drei Breiten darstellte, weil man dann jedesmal nur nöthig hätte, die aus der Beobachtung gefundenen Gröſsen in diese Formeln zu substituiren, um die gesuchten Elemente zu erhalten. Ein Versuch, den man in dieser Hinsicht macht, zeigt aber bald, daſs nicht blos die Ausdrücke ganz ausnehmend zusammengesetzt und verwickelt werden, sondern daſs es sogar bei dem jetzigen Zustande der Analysis ganz unmöglich ist, eine solche direkte Auflösung der Aufgabe zu geben, indem Gleichungen vorkommen, welche den vierten Grad bei weitem übersteigen. Man muſs also zu näherungsweise richtigen Annahmen oder Hypothesen seine Zuflucht nehmen, wenn man nicht etwa mit Lacaille durch immer wiederholte Versuche mit endlosen Rechnungen die Bahn gleichsam errathen will. Diese Hypothesen sind daher der wesentlichste Punkt bei der Auflösung: sind sie gehörig gewählt, so wird die Aufgabe nicht blos auflösbar, sondern die Auflösung sogar bei gröſster Sicherheit höchst einfach; nimmt man indessen welche an, die gar zu sehr von der Wahrheit entfernt sind, so kann es zwar geschehen, daſs die Auflösung einfach genug wird, die Resultate aber in vielen, ja sogar in allen Fällen, nicht einmal als Näherungen brauchbar sind. Hier zeigt sich nun die Methode von Olbers als ganz vorzüglich: die einfache Hypothese, daſs die Sehne der Bahn zwischen den Oertern der ersten und dritten Beobachtung von dem zum Orte der zweiten Beobachtung gezogenen Radiusvektor im Verhältniſs der Zeiten geschnitten werde, für die Bahn des Kometen und der Erde angenommen, giebt eine Auflösung, die, wenn sie auch etwas indirekt ist, in Hinsicht der Leichtigkeit, Einfachheit und Sicherheit nichts zu wünschen übrig läſst; vorausgesetzt, daſs die Zwischenzeit der beiden äussersten Beobachtungen nicht zu groſs sei, nämlich nicht über 20 bis 30 Tage betrage.

§. 22. Die Auflösung der Aufgabe zerfällt im Allgemeinen in zwei Theile: im ersten werden aus den geozentrischen Längen und Breiten, die zugehörigen heliozentrischen hergeleitet, oder die geozentrischen Beobachtungen in heliozentrische verwandelt; im zweiten werden aus den heliozentrischen Beobachtungen die Elemente der Parabel bestimmt. Wir werden jeden Theil einzeln betrachten.

Erster Theil.

§. 23. Es sei S (Fig. 100α) die Sonne, A, B, C seien die drei geozentrischen Oerter des Kometen in den drei Beobachtungen, deren Zwischenzeit nicht gar zu groſs sein darf, und wo überdies, wenn es möglich ist, die mittlere Beobachtung ungefähr in der Mitte zwischen den beiden äussern liegen muſs; a, b, c die drei entsprechenden Oerter der Erde. Man ziehe die Sehnen AC, ac, so wird angenommen, daſs die Radien SB, sb dieselben in den Punkten D und d, im Verhältniſs der Zwischenzeiten schneiden, daſs also, wenn t, t', t'' die drei Beobachtungszeiten sind, $ad : dc = AD : DC = t' - t : t'' - t'$ sei. Es mögen nun α, α', α'' die geozentrischen Längen; β, β', β'' die geozentrischen Breiten; r, r', r'' die Radiivektores; ρ, ρ', ρ'' die kurtirten Abstände des Kometen von der Erde; R, R', R'' die Entfernungen der Erde von der Sonne, und $\odot$, $\odot'$, $\odot''$ die Längen der Sonne für die drei Beobachtungen sein.

Da der Voraussetzung gemäſs die Sehnen AC, ac von den Gesichtslinien aA, dD (parallel mit bB) und cC im Verhältnisse der Zeiten geschnitten werden, so muſs ebendies bei allen orthographischen Projekzionen der Sehnen und Gesichtslinien statt finden. Man entwerfe also dieselben auf einer Ebene, die zur Ekliptik und zugleich zum mittlern Radiusvektor für die Erde senkrecht ist; dann erhält man die Winkel b, b', b'' welche die Gesichtslinien in der Projekzion mit der projizirten Sehne der Erdbahn machen, durch die Formeln

$$\text{Tang } b = \frac{\text{Tang } \beta}{\text{Sin } (\odot - \alpha)}$$

$$\text{Tang } b' = \frac{\text{Tang } \beta'}{\text{Sin } (\odot' - \alpha')}$$

$$\text{Tang } b'' = \frac{\text{Tang } \beta''}{\text{Sin } (\odot'' - \alpha'')}$$

Setzt man nun den projizirten Abstand in der ersten Beobachtung $= \delta$, in der dritten $= N\delta$, so ist, weil auch hier die Sehnen im Verhältniſs der Zeiten geschnitten werden, $N = \frac{t'' - t'}{t' - t} \cdot \frac{\text{Sin}\,(b' - b)}{\text{Sin}\,(b'' - b')}$.

Es ist aber $\rho = \frac{\delta \,.\, \text{Cos}\, b}{\text{Sin}\,(\odot' - \alpha)}$ und $\rho'' = M\rho = \frac{N\delta \,.\, \text{Cos}\, b''}{\text{Sin}(\odot' - \alpha'')}$

folglich $M = \frac{\rho''}{\rho} = \frac{t'' - t'}{t' - t} \cdot \frac{\text{Cos} b'' \,.\, \text{Sin}(\odot' - \alpha) \,.\, \text{Sin}(b' - b)}{\text{Cos} b \,.\, \text{Sin}(\odot' - \alpha'') \,.\, \text{Sin}(b'' - b')}$

$$= \frac{t'' - t'}{t' - t} \cdot \frac{\text{Sin}\,(\odot' - \alpha) \,.\, (\text{Tang}\, b' - \text{Tang}\, b)}{\text{Sin}\,(\odot' - \alpha'') \,.\, (\text{Tang}\, b'' - \text{Tang}\, b')}$$

$$= \frac{t'' - t'}{t' - t} \cdot \frac{\text{Tang}\beta' \,.\, \text{Sin}(\odot' - \alpha) - \text{Tang}\,\beta \,.\, \text{Sin}\,(\odot' - \alpha)}{\text{Tang}\beta'' \,.\, \text{Sin}(\odot' - \alpha') - \text{Tang}\beta' \,.\, \text{Sin}\,(\odot' - \alpha'')} \,.\, (A)$$

§. 24. Aus M oder dem Verhältnisse der kurtirten Entfernungen des Kometen von der Erde in der ersten und dritten Beobachtung findet man diese Entfernungen selbst, wenn man durch sie die Sehne CA und die beiden Radiivektores SA, SC bestimmt, und die gefundenen Werthe sodann mit der Zeit vergleicht, welche der Komet gebraucht von A nach C zu kommen. Man bestimme also den Ort des Kometen in Beziehung auf die Sonne durch drei rechtwinklige Koordinaten x, y, z, und zwar werde x vom Mittelpunkte der Sonne aus auf der Linie zum ♈ hin, y senkrecht zu dieser in der Ebene der Ekliptik gegen Osten, und z senkrecht zur Ebene der Ekliptik gegen Norden hin genommen. Dann ist

$$x = \rho \,.\, \text{Cos}\,\alpha - R \,.\, \text{Cos}\,\odot$$
$$y = \rho \,.\, \text{Sin}\,\alpha - R \,.\, \text{Sin}\,\odot$$
$$z = \rho \,.\, \text{Tang}\,\beta$$
$$r = \sqrt{(x^2 + y^2 + z^2)}$$

und es finden sich ganz ähnliche Ausdrücke für die Koordinaten x', y', z', x'', y'', z'' der beiden andern Oerter und für die beiden andern Radien r', r''. Es ist also

1) $r = \sqrt{[(\rho . \mathrm{Cos}\,\alpha - R . \mathrm{Cos}\,\odot)^2 + (\rho . \mathrm{Sin}\,\alpha - R . \mathrm{Sin}\,\odot)^2 + \rho^2 . \mathrm{Tang}\,\beta^2]}$

2) $r'' = \sqrt{[(M\rho . \mathrm{Cos}\,\alpha'' - R'' . \mathrm{Cos}\,\odot'')^2 + (M\rho . \mathrm{Sin}\,\alpha'' - R'' . \mathrm{Sin}\,\odot'')^2 + M^2\rho^2 . \mathrm{Tang}\,\beta''^2]}$

Die Sehne k zwischen der ersten und dritten Beobachtung ist aber

$$k = \sqrt{[(x''-x)^2 + (y''-y)^2 + (z''-z)^2]}$$
$$= \sqrt{[(r^2 + r''^2 - 2xx'' - 2yy'' - 2zz'']}$$

Nun hat man aus den obigen Formeln $xx'' + yy'' = RR'' . \mathrm{Cos}\,(\odot'' - \odot) - \rho R'' . \mathrm{Cos}\,(\odot'' - \alpha) - M\rho R . \mathrm{Cos}\,(\odot - \alpha'') + M\rho^2 . \mathrm{Cos}\,(\alpha'' - \alpha)$ und $zz'' = M\rho^2 . \mathrm{Tang}\,\beta . \mathrm{Tang}\,\beta''$, also

3) $k = r^2 + r''^2 - 2RR'' . \mathrm{Cos}\,(\odot'' - \odot) + 2\rho R'' . \mathrm{Cos}\,(\odot'' - \alpha) + 2M\rho R . \mathrm{Cos}\,(\odot - \alpha'') - 2M\rho^2 . \mathrm{Cos}\,(\alpha'' - \alpha) - 2M\rho^2 . \mathrm{Tang}\,\beta . \mathrm{Tang}\,\beta''$.

§. 25. Die Gleichungen 1) und 2) verwandeln sich in folgende:

$$r = \sqrt{[\frac{\rho^2}{\mathrm{Cos}\,\beta^2} - 2\rho R . \mathrm{Cos}\,(\alpha - \odot) + R^2]}$$

$$r'' = \sqrt{[\frac{M^2\rho^2}{\mathrm{Cos}\,\beta''^2} - 2M\rho R'' . \mathrm{Cos}\,(\alpha'' - \odot) + R''^2]};$$

setzt man also

$\mathrm{Cos}\,\beta . \mathrm{Cos}\,(\alpha - \odot) = \mathrm{Cos}\,\psi;\ R . \mathrm{Sin}\,\psi = B$

$\mathrm{Cos}\,\beta'' . \mathrm{Cos}\,(\alpha'' - \odot'') = \mathrm{Cos}\,\psi'';\ R'' . \mathrm{Sin}\,\psi'' = B''$

es folgt

$$r = \sqrt{[(\frac{\rho}{\mathrm{Cos}\,\beta} - R . \mathrm{Cos}\,\psi)^2 + B^2]}$$

$$r'' = \sqrt{[(\frac{M\rho}{\mathrm{Cos}\,\beta''} - R'' . \mathrm{Cos}\,\psi'')^2 + B''^2]}.$$

Bestimmt man ferner fünf Hülfsgröfsen g, G, h, H, ζ auf solche Weise dafs

$R'' . \mathrm{Cos}\,\odot'' - R . \mathrm{Cos}\,\odot = g . \mathrm{Cos}\,G$

$R'' . \mathrm{Sin}\,\odot'' - R . \mathrm{Sin}\,\odot = g . \mathrm{Sin}\,G$

$M . \mathrm{Cos}\,\alpha'' - \mathrm{Cos}\,\alpha = h . \mathrm{Cos}\,\zeta . \mathrm{Cos}\,H$

$M . \mathrm{Sin}\,\alpha'' - \mathrm{Sin}\,\alpha = h . \mathrm{Cos}\,\zeta . \mathrm{Sin}\,H$

$M . \mathrm{Tang}\,\beta'' - \mathrm{Tang}\,\beta = h . \mathrm{Sin}\,\zeta$

so verwandelt sich die Formel 3) in folgende

$$k = \sqrt{[(\rho h . \mathrm{Cos}\,\zeta . \mathrm{Cos}\,H - g . \mathrm{Cos}\,G)^2 + (\rho h\,\mathrm{Cos}\,\zeta\;\mathrm{Sin}\,H - g . \mathrm{Sin}\,G)^2 + \rho^2\;h^2 . \mathrm{Sin}\,\zeta^2]}$$

$$= \sqrt{[\rho^2\;h^2 - 2\,\rho h g . \mathrm{Cos}\,\zeta . \mathrm{Cos}\,(G - H) + g^2]}$$

Setzt man daher

$$\mathrm{Cos}\,\zeta . \mathrm{Cos}\,(G - H) = \mathrm{Cos}\,\phi;\; g . \mathrm{Sin}\,\phi = A,$$

so wird

$$k = \sqrt{[(\rho h - g . \mathrm{Cos}\,\phi)^2 + A^2]}$$

oder, wenn man noch überdies $\rho h - g . \mathrm{Cos}\,\phi = u$ annimmt,

$$k = \sqrt{(u^2 + A^2)}$$

§. 26. Die Hülfsgrössen g, G, h, H, ζ werden bequemer als durch die obigen Formeln, durch die nachstehenden gefunden ..... (B)

$$R'' . \mathrm{Cos}\,(\odot'' - \odot) - R = g . \mathrm{Cos}\,(G - \odot)$$

$$R'' . \mathrm{Sin}\,(\odot'' - \odot) = g . \mathrm{Sin}\,(G - \odot)$$

$$M - \mathrm{Cos}\,(\alpha'' - \alpha) = h . \mathrm{Cos}\,\zeta . \mathrm{Cos}\,(H - \alpha'')$$

$$\mathrm{Sin}\,(\alpha'' - \alpha) = h . \mathrm{Cos}\,\zeta . \mathrm{Sin}\,(H - \alpha'')$$

$$M . \mathrm{Tang}\,\beta'' - \mathrm{Tang}\,\beta = h\,\mathrm{Sin}\,\zeta$$

die, wie man leicht sieht, mit den vorigen gleichgeltend sind.

Endlich setze man noch um r und r'' bequemer zu bestimmen ...... (C.)

$$h . \mathrm{Cos}\,\beta = b$$

$$\frac{h . \mathrm{Cos}\,\beta''}{M} = b''$$

$$g . \mathrm{Cos}\,\phi - bR . \mathrm{Cos}\,\psi = c$$

$$g . \mathrm{Cos}\,\phi - b''R'' . \mathrm{Cos}\,\psi'' = c''$$

dann findet sich

$$\text{I. } r = \sqrt{\left[\left(\frac{u + c}{b}\right)^2 + B^2\right]}$$

$$\text{II. } r'' = \sqrt{\left[\left(\frac{u + c''}{b''}\right)^2 + B''^2\right]}$$

und zugleich, wie oben,

$$\text{III. } k = \sqrt{[u^2 + A^2)}$$

§. 27. Zwischen den beiden Radien r, r'' und der Sehne k findet folgende Gleichung statt, die von EULER zuerst gefunden, von GAUSS aber in seiner *Theoria Motus Corporum Coelestium* in gehöriger Allgemeinheit bewiesen worden,

$$(r+r''+k)^{\frac{3}{2}} \mp (r+r''-k)^{\frac{3}{2}} = \frac{t''-t}{m} \ldots\ldots (D.)$$

wo m die Zeit von $0{,}9122379 = \frac{100}{109{,}6153}$ Tagen bedeutet, deren Logarithmus $= 9{,}9601227$ ist. Das obere Zeichen gilt, wenn der zwischen der ersten und dritten Beobachtung vom Kometen durchlaufene Bogen kleiner, das untere Zeichen, wenn jener gröſser als 180° ist; dieser letztere Fall kann indessen bei der Berechnung von Kometenbahnen nie vorkommen. Mittelst dieser Gleichung und den Gleichungen I., II., III. muſs man u durch Versuche bestimmen, wobei man sich zur Berechnung der letztern Formeln eines Hülfswinkels $\frac{u+c}{bB} = \text{Tang}\,\theta$ bedienen kann, wodurch $r = \frac{B}{\text{Cos}\,\theta}$ wird, und ebenso bei r'' und k. Nachdem u gefunden worden hat man

$$\rho = \frac{u+g\,.\,\text{Cos}\,\phi}{h},\ \rho'' = M\rho.$$

§. 28. Aus den geozentrischen Längen α, α'' und Breiten β, β'' des Kometen bei der ersten und dritten Beobachtung, sammt den ebengefundenen kurtirten Abständen ρ, ρ'' desselben von der Erde, kann man nun mittelst der im vierten Buche gegebenen Formeln die zugehörigen heliozentrischen Längen l, l'', die Breiten b, b'' und die Entfernungen von der Sonne r, r'' finden. Doch sind die nachstehenden Formeln, welche sich leicht aus jenen oder auch unmittelbar aus der Betrachtung der Koordinaten herleiten lassen, für diesen Zweck bequemer ..... (E)

$\rho . \text{Cos}\,(\alpha - \odot) - R = r . \text{Cos}\, b . \text{Cos}\,(l - \odot)$
$\rho . \text{Sin}\,(\alpha - \odot) \quad = r . \text{Cos}\, b . \text{Sin}\,(\lambda - \odot)$
$\rho . \text{Tang}\, \beta \quad = r . \text{Sin}\, b$
$\rho'' . \text{Cos}\,(\alpha'' - \odot'') - R'' = r'' . \text{Cos}\, b'' . \text{Cos}\,(l'' - \odot'')$
$\rho'' . \text{Sin}\,(\alpha'' - \odot'') \quad = r'' . \text{Cos}\, b'' . \text{Sin}\,(l'' - \odot'')$
$\rho'' . \text{Tang}\, \beta'' \quad = r'' . \text{Sin}\, b''$

Stimmen die aus diesen Ausdrücken für r und r'' erhaltenen Werthe mit denen überein, welche vorhin aus der Gröfse u abgeleitet waren, so wird dies die Richtigkeit der Rechnung bestätigen. Die Bewegung des Kometen ist rechtläufig oder rückläufig, jenachdem l'' gröfser oder kleiner als l gefunden wird.

Zweiter Theil.

§. 29. Nachdem die heliozentrischen Längen und Breiten bei der ersten und dritten Beobachtung nebst den zugehörigen Entfernungen des Kometen von der Sonne gefunden worden, ist die Bestimmung der Elemente sehr leicht.

Es seien v, v'' die Längen in der Bahn für die erste und dritte Beobachtung des Kometen, ☊ der aufsteigende Knoten, i die Neigung der Bahn, ω die Länge des Periheliums, also $v - \omega$ und $v'' - \omega$ die wahren Anomalien, T die Zeit des Durchgangs durch das Perihelium, h der Abstand in demselben. Wenn nun (Fig. 77.) NGO die Bahn des Kometen, N der aufsteigende Knoten, G der heliozentrische Ort bei der ersten, O derselbe bei der zweiten Beobachtung ist, so hat man im Dreiecke NGH, die Seite $NG = v - ☊$, die Seite $NH = l - ☊$, die Seite $GH = b$ und den Winkel $GNH = i$; beim Dreiecke NOE finden die analogen Werthe statt. Es ist also

I. $\pm$ Tang b = Tang i . Sin $(l - ☊)$

und ebenso

$$\pm \text{Tang}\, b'' = \text{Tang}\, i \,.\, \text{Sin}\, (l'' - \Omega)$$

oder weil $\text{Sin}\, (l'' - \Omega) = \text{Sin}\, (l'' - l) \,.\, \text{Cos}\, (l - \Omega) + \text{Cos}\, (l - \Omega) \,.\, \text{Sin}\, (l'' - l)$

$$\text{II.} \pm \frac{\text{Tang}\, b'' - \text{Tang}\, b \,.\, \text{Cos}\, (l'' - l)}{\text{Sin}\, (l'' - l)} = \text{Tang}\, i \,.\, \text{Cos}\, (l - \Omega)$$

wo die obern Zeichen gelten wenn $l'' > l$ oder der Komet rechtläufig ist, die untern wenn das Gegentheil statt findet. Aus diesen Formeln erhält man die *Neigung* und die *Länge des Knotens*.

In demselben Dreiecke findet man

$$\text{III.} \frac{\text{Tang}\, (l - \Omega)}{\text{Cos}\, i} = \text{Tang}\, (v - \Omega)$$

und eben so

$$\text{IV.} \frac{\text{Tang}\, (l'' - \Omega)}{\text{Cos}\, i} = \text{Tang}\, (v'' - \Omega)$$

wo die Winkel $v - \Omega$, $v'' - \Omega$, welche die *Länge in der Bahn* geben, in denselben Quadranten genommen werden müssen, in welchen die zugehörigen $l - \Omega$, $l'' - \Omega$ liegen.

§. 30. Es ist ferner (Fig. 98.) $RT = 2ST = 2SO = \frac{RO}{\text{Cos}\, MRO}$; da aber $RO = \frac{MR}{\text{Cos}\, MRO} = \frac{2SP}{\text{Cos}\, MRO}$, so ist $2\, SO = \frac{2\, SP}{\text{Cos}\, MRO^2}$, also $SO = \frac{SP}{\text{Cos}\, \frac{1}{2}\, PSO^2}$ oder $r = \frac{h}{\text{Cos}\, \frac{1}{2}\, (v - \omega)^2}$, folglich

$$\text{V.} \frac{1}{\sqrt{r}} = \frac{1}{\sqrt{h}} \,.\, \text{Cos}\, \tfrac{1}{2}\, (v - \omega)$$

und auf gleiche Weise

$$\frac{1}{\sqrt{r''}} = \frac{1}{\sqrt{h}} \,.\, \text{Cos}\, \tfrac{1}{2}\, (v'' - \omega)$$

daher, weil $\text{Cos}\, \frac{1}{2}\, (v'' - \omega) = \text{Cos}\, \frac{1}{2}\, (v'' - v)\, \text{Cos}\, \frac{1}{2}\, (v - \omega) + \text{Sin}\, \frac{1}{2}\, (v'' - v) \,.\, \text{Sin}\, \frac{1}{2}\, (v - \omega)$

$$\text{VI.} \frac{\text{Cotg}\, \frac{1}{2}\, (v'' - v)}{\sqrt{r}} - \frac{1}{\text{Sin}\, \frac{1}{2}\, (v'' - v)\, \sqrt{r''}} = \frac{1}{\sqrt{h}} \,.\, \text{Sin}\, \tfrac{1}{2}\, (v - \omega)$$

woraus man ω und h oder die *Länge des Perihelium* und die *Entfernung im Perihelium* findet.

Endlich sucht man nach der III. Aufgabe (§. 18.) aus der Barkerschen Tafel die Zeiten welche den wahren Anomalien $v - \omega$, $v'' - \omega$ oder $\omega - v$, $\omega - v''$ entsprechen. Es seien M, M'' die mittlern Bewegungen oder die Gröſsen $(25 \cdot \text{Tang } \frac{1}{2} (v - \omega)^3 + 75 \text{ Tang } \frac{1}{2} (v - \omega))$ und $(25 \text{ Tang } \frac{1}{2} (v'' - \omega)^3 + 75 \text{ Tang } \frac{1}{2} (v'' - \omega))$, $n = 11{,}096154$, also $\log n = 0{,}0398723$, so ist

VII. $T = t \mp Mnh^{\frac{3}{2}} = t^2 \mp M''nh^{\frac{3}{2}}$

wo die obern Zeichen gelten, wenn bei rechtläufiger Bewegung $v \succ \omega$, $v'' \succ \omega$, oder bei rückläufiger $v \prec \omega$, $v'' \prec \omega$: die untern in den entgegengesetzten Fällen. Die Uebereinstimmung der beiden Werthe für T ist eine zweite Bestätigung der Rechnung.

§. 31. Um die ganze Rechnung zu prüfen, berechne man mittelst der gefundenen Elemente die mittlere Beobachtung, indem man aus der seit dem Durchgange durch das Perihelium verflossenen Zeit mittelst der Barkerschen Tafel die Anomalie $v' - \omega$, aus dieser und dem Abstande im Perihelium den Radiusvektor durch die Formel $r' = \frac{h}{\text{Cos } \frac{1}{2} (v' - \omega)^2}$ findet; hierauf aus der Neigung, der Länge des Periheliums und der Länge des Knotens die heliozentrische Länge und Breite aus den Formeln

$$\text{Tang } (l - \Omega) = \text{Cos } i \,.\, \text{Tang } (v' - \Omega)$$

$$\pm \text{ Tang } b' = \text{Tang } i \,.\, \text{Sin } (l' - \Omega)$$

erhält, und alsdann auf die bekannte Weise zu der geozentrischen Länge und Breite übergeht. Die so erhaltene Breite muſs mit der beobachteten genau, die Länge aber sehr nahe übereinstimmen, weil die erstere eine der gegebenen Gröſsen der Rechnung war, die letztere aber den gefundenen Elementen entsprechen muſs.

Diese Elemente werden nun mit andern Beobachtungen verglichen, und aus den sich hier findenden Unterschieden mittelst der Methode der Bedingungsgleichungen die nöthigen Verbesserungen hergeleitet.

§. 32. *Beispiel.* Die nachstehenden schon gehörig reduzirten Beobachtungen des zweiten Kometen von 1813 sind vom Ritter Gauss in Göttingen gemacht; man soll aus ihnen die Elemente finden.

1813. April

$7{,}55002;\ \alpha = 271^\circ\ 16'\ 38'';\ \beta = +\ 29^\circ\ 2'\ 0''$
$14{,}54694;\ \alpha' = 266^\circ\ 27'\ 22'';\ \beta' = +\ 22^\circ\ 52'\ 18''$
$21{,}59931;\ \alpha'' = 256^\circ\ 48'\ 8'';\ \beta'' = +\ 9\ \ 53'\ 12''$

Aus den Sonnentafeln ergiebt sich für die obigen Zeiten

$\odot = 17^\circ\ 47'\ 41'';\ \log R = 0{,}00091$
$\odot' = 24^\circ\ 38'\ 45'';\ \log R' = 0{,}00175$
$\odot'' = 30^\circ\ 31'\ 25'';\ \log R'' = 0{,}00260$

Erster Theil der Rechnung.

I. Man berechnet M nach der Formel A (§. 23.)

log Tang β' . . .	9,62514	log Tang β'' . . .	9,24127
log Sin$(\odot - \alpha)$ . . .	9,96283	log Sin$(\odot' - \alpha')$ . . .	9,94517
log F.	9,58797	log H.	9,18644
log Tang β . . .	9,74435	log Tang β' . . .	9,62514
log Sin$(\odot' - \alpha')$ . . .	9,94517	log Sin$(\odot' - \alpha'')$ . . .	9,89746
log G	9,68952	log I	9,52260
log $(G - F)$	9,00864	log $(I - H)$ . . .	9,25407
log $(t'' - t')$ . . .	0,84853	log $(t' - t)$ . . .	0,84491
Summe	9,85697	Summe	0,09898
Summe	0,09898		
log M	9,75799		

II. Hiernach berechnet man die Hülfsgröſsen g, G, h, H, ζ nach den Formeln B. §. 26.

$\log R''$ 0,00260	$\log M$ 9,75799
$\log \mathrm{Sin}(\odot''-\odot)$ 9,37535	$\log \mathrm{Cos}\,(\alpha''-\alpha)$ 9,98599
$\log. \mathrm{Cos}(\odot''-\odot)$ 9,98741	$l.(M-C.(\alpha''-\alpha))$ 9,59711 n
$l. R''.\mathrm{Sin}(\odot''-\odot)$ 9,99001	$\log \mathrm{Sin}\,(\alpha''-\alpha)$ 9,39787 n
$l. R''.\mathrm{Cos}(\odot''-\odot)$ 9,37795	$l. \mathrm{Tang}\,(H-\alpha'')$ 9,80076
$\log R$ 0,00091	$H-\alpha''$ . . . . 212° 17′ 41″
$\log (R''. \mathrm{Cos}\,(\odot''-\odot)-R)$ 8,39505 n	H . . . . . 109° 5′ 49″
$\log \mathrm{Tang}\,(G-\odot)$ 0,98290 n	$\log \mathrm{Cos}(H-\alpha'')$ 9,92701 n
$G-\odot$ . . . . 95° 56′ 16″	$\log h\, \mathrm{Cos}\, \zeta$ . . . 9,67010
G . . . 113° 43′ 57″	$\log M$. 9,75799
$\log \mathrm{Cos}\,(G-\odot)$ 9,99766	$\log \mathrm{Tang}\, \beta''$ . . . 9,24127
$\log g$ 9,38029	$\log M. \mathrm{Tang}\, \beta''$ 8,99926

$\log M. \mathrm{Tang}\, \beta''$ 8,999265
$\log \mathrm{Tang}\, \beta$ 9,744355
$\log (M.\mathrm{Tang}\, \beta''-\mathrm{Tang}\, \beta)$ . . . 9,658266
$\log h. \mathrm{Cos}\, \zeta$ 9,670103
$\log \mathrm{Tang}\, \zeta$ . . . 9,988166
ζ . . . . . 44° 13′ 99″
$\log \mathrm{Cos}\, \zeta$ 9,855322
$\log h$ 9,814788

III. Nun werden aus den Formeln für φ, ψ'', A, B, B'' in §. 25. diese Gröſsen bestimmt.

$\log \mathrm{Cos}\, \zeta$ 9,85532	$\log \mathrm{Cos}\, \beta$ . . . 9,941
$\log. \mathrm{Cos}\,(G-H)$ . . . 9,99858	$\log \mathrm{Cos}\,(\alpha-\odot)$ 9,453
$\log \mathrm{Cos}\, \varphi$ 9,85390	$\log \mathrm{Cos}\, \psi$ 9,395
$\log \mathrm{Sin}\, \varphi$ 9,84498	$\log \mathrm{Sin}\, \psi$ 9,986
$\log g$ 9,38029	$\log R$ 0,000
$\log A$ 9,22527	$\log B$ 9,987

$\log \mathrm{Cos}\, \beta'' \ldots\ldots\ldots 9{,}99350$
$\log \mathrm{Cos}\, (\alpha'' - \odot'') \ldots 9{,}84736$

$\log \mathrm{Cos}\, \psi'' \ldots\ldots\ldots 9{,}84086$

$\log \mathrm{Sin}\, \psi'' \ldots\ldots\ldots 9{,}85778$
$\log R'' \ldots\ldots\ldots\ldots 0{,}00260$

$\log B'' \ldots\ldots\ldots\ldots 9{,}86038$

Hier ist es nicht nöthig die Werthe von φ, ψ, ψ'' selbst zu bestimmen, sondern man kann unmittelbar von den Cosinus zu den Sinus übergehen. Sollten zufällig die Werthe der Cosinus sich sehr stark der Einheit nähern, so wird man wohl thun, diesen Theil der Rechnung mit sieben Dezimalstellen durchzuführen.

IV. Sodann berechnet man die Gröfsen b, b'', c, c'' aus den Formeln C. (§. 26.)

$\log h \ldots\ldots 9{,}81477$	$\log h \ldots\ldots 9{,}81477$
$\log \mathrm{Cos}\, \beta'' \ldots 9{,}94168$	$\log \mathrm{Cos}\, \beta \ldots 9{,}99350$
$\log b \ldots\ldots 9{,}75645$	$C. \log M \ldots 0{,}24201$
$\log R \ldots\ldots 0{,}00091$	$\log b'' \ldots\ldots 0{,}05028$
$\log \mathrm{Cos}\, \psi \ldots 9{,}39547$	$\log R'' \ldots\ldots 0{,}00260$
$\log bR\, \mathrm{Cos}\, \psi \ldots 9{,}15293$	$\log \mathrm{Cos}\, \psi'' \ldots 9{,}84086$
$bR . \mathrm{Cos}\, \psi . + 0{,}14220$	$\log b''R'' . \mathrm{Cos}\, \psi''\ 9{,}89374$
	$b''R'' . \mathrm{Cos}\, \psi'' + 0{,}78296$

$$\log g . \mathrm{Cos}\, \varphi = 9{,}23419$$

$g . \mathrm{Cos}\, \varphi \ldots + 0{,}17146$	$g . \mathrm{Cos}\, \varphi \ldots + 0{,}17146$
$c \ldots + 0{,}31366$	$c'' \ldots + 0{,}95442$

V. Die gefundenen Werthe substituirt man in die Gleichungen I, II, III des §. 26. und bestimmt dann in Verbindung mit der Gleichung D. (§. 27.) den Werth von u auf solche Weise, dafs er allen Gleichungen Genüge leistet. Man hat log $\frac{t''-t}{m}$ = 0,16139 und findet nach weniger Versuchen u = 0,24388.

VI. Sobald u bekannt geworden, berechnet man ρ und ρ'' nach den Formeln des §. 27.

u	0,24388	log M	9,75799
g. Cos φ	0,17146	log ρ	9,80363
log ($u + g$. Cos φ)	9,61840	log ρ''	9,56162
log h ..	9,81477		
log ρ	9,80363		

VII. Nun findet man die heliozentrischen Oerter durch die Formeln E. (§. 28.)

log ρ	9,80363	log ρ''	9,56162
log Cos (α — ⊙)	9,45379 n	log Cos (α'' — ⊙'')	9,84736 n
log Sin (α — ⊙) .	9,98170 n	log Sin (α'' — ⊙'')	9,85159 n
l. ρ. Cos (α — ⊙)	9,25742 n	l. ρ''. Cos (α'' — ⊙'')	9,40898 n
log R	0,00091	log R''	0,00260
log (ρ. Cos (α — ⊙) — R)	0,07301 n	log (ρ''. Cos (α'' — ⊙'') — R'')	0,10122 n
l. ρ. Sin (α — ⊙)	9,78533 n	l. ρ''. Sin (α'' — ⊙'')	9,41321 n
l. Tang (l — ⊙) ..	9,71232	l. Tang (l'' — ⊙'') ..	9,31199
l — ⊙	207° 16′ 32″	l'' — ⊙''	191° 35′ 29″
l	225° 4′ 13″	l''	223° 6′ 54″
log Cos (l — ⊙) ..	9,94881 n	log Cos (l'' — ⊙'')	9,99105
log r. Cos b ...	0,12420	log r''. Cos b'' ..	0,11017
log ρ	9,80363	log ρ''	9,56162
log Tang β ...	9,74435	log Tang β''	9,24127
log r. Sin b ...	9,54798	log r''. Sin b'' ...	8,80289
log Tang b ...	9,42378	log Tang b	8,6927
b	+ 14° 51′ 35″	b''	+ 2° 48′ 18″
log Cos b	9,98523	log Cos b''	9,9994
log r	0,13897	log r''	0,1107

Die Bewegung des Kometen ist *rückläufig*, weil $l > l'$.

Zweiter Theil der Rechnung.

VIII. Die Bestimmung des Elements beginnt mit der Berechnung der Länge des aufsteigenden Knotens, der Neigung und der Längen in der Bahn nach den Formeln I, II, III, IV (§. 29.)

log Tang b	9,42378	log Tang(l—☊)..	8,62255
log Cos (l''—l)..	9,99975	log Cos i	9,19304
log $\grave{K}$	9,42353	log Tang(v—☊)..	9,42951
log Tang b'' ...	8,69272	v — ☊ ..	195° 2′54″
l. (K—Tang b'')	9,33423	v	237°43′ 3″
log Sin (l''—l)..	8,03300 n	l. Tang(l''—☊)...	7,89106
log Tang i . Cos (l—☊)	0,80123 n	log Cos i	9,19304
log Tang b.....	9,42378 n	l. Tang(v''—☊)..	8,69802
log Tang(l—☊)	8,62255	v''—☊ ..	182° 51′22″
l—☊	182°24′4″	v''	225°31′31″
☊	42°40′9″		
log Cos (l—☊)	9,99962 n		
log Tang i ...	0,80161		
i	81° 1′37″		

IX. Die Länge des Perihelium und den Abstand in demselben erhält man aus den Formeln V und VI des §. 30.

$\log r$	0,13897	$\log r''$	0,11070
$\log \sqrt{r}$	0,06948	$\log \sqrt{r''}$ ...	0,05535
$\log \frac{1}{\sqrt{r}}$	9,93052	$\log \frac{1}{\sqrt{r''}}$	9,94465
$\log \operatorname{Cotg} \frac{1}{2}(v''-v)$ ..	0,97143 n	$\text{l.} \operatorname{Sin} \frac{1}{2}(v''-v)$	9,02611 n
	0,90195 n		0,91854 n
	0,91854 n		
$\text{l.} \frac{1}{\sqrt{h}} . \operatorname{Sin} \frac{1}{2}(v-\omega)$	9,49262		
$\log \operatorname{Tang} \frac{1}{2}(v-\omega)$	9,56210		
$\frac{1}{2}(v-\omega)$ ...	20° 2′ 38″	... $v-\omega$ ..	40° 5′ 16″
$\log \operatorname{Cos} \frac{1}{2}(v-\omega)$ ...	9,97286	v ...	237° 43′ 3″
$\log \frac{1}{\sqrt{h}}$	9,95766	ω	197° 37′ 47″
$\log h$	0,08468		

X. Aus der Barkerschen Tafel findet man nun $M = 28{,}57691$; $M'' = 19{,}01000$, also ist

$\log M$	1,45601	$\log M''$ ...	1,27898
$\log n$	0,03987	$\log n$	0,03987
$\log h^{\frac{3}{2}}$	0,12702	$\log h^{\frac{3}{2}}$	0,12702
$\log Mn . h^{\frac{3}{2}}$	1,62290	$\log M'' n h^{\frac{3}{2}}$.	1,44587
$M n h^{\frac{3}{2}}$	+ 41,966	$M'' n h^{\frac{3}{2}}$ ...	+ 27,917
t	7,550	t''	+ 21,599
T	+ 49,516	T ...	+ 49,516

Die Uebereinstimmung der beiden Werthe von T bestätigt die Richtigkeit der Rechnung.

Die gefundenen Elemente sind also folgende:
Zeit des Durchgangs durchs Perihelium, im Meridian von Göttingen . . . . 1813. May 19,516
Logar. des Abstands im Perihelium 0,08468

Länge des Periheliums . . . . $197^\circ\,37'\,47''$
Länge des ☊ . . . . $42^\circ\,40'\,9''$
Neigung der Bahn . . . . $81^\circ\,1'\,37''$
Bewegung . . . . *rückläufig.*

§. 33. Um diese Elemente zu prüfen, berechne man aus ihnen nach der Anweisung (§. 31.) die mittlere Beobachtung. Man hat

t'	14,547	l. Tang(v'—☊)	9,20822n
T	49,516	log Cos i	9,19304
$T-t'$	34,969	l. Tang(l'—☊)	8,40126n
log ($T-t'$)	1,54369	l' — ☊ . . .	$181^\circ 26' 35''$
log $nh^{\frac{3}{2}}$	0,16689	l'	$224^\circ\,6'\,44''$
log M	1,37680	l. Sin (l'—☊)	8,40111n
M	23,8122	log Tang i . . .	0,80161
$v' - \omega$	$34^\circ 12' 52''$	—log Tang b'	9,20272n
log Cos $\frac{1}{2}(v'-\omega)$ . . .	9,98035	b'	$+9^\circ 3' 42''$
log Cos $\frac{1}{2}(v'-\omega)^2$ . . .	9,96070		
log h	0,08468		
log r'	0,12398	log r'	0,12398
log Cos b'	9,99454	log Sin b' . . .	9,19728
log r'. Cos b'	0,11852	Compl. log ρ' .	0,30388
log Cos (l' — ⊙$'$)	9,97444n	log Tang β . .	9,62514
log Sin (l' — ⊙$'$)	9,52277n	β . .	$22^\circ 52' 18''$
l. r'. Cos b'. Cos(l'—⊙$'$)	0,09296n		
log R'	0,00175		
log ρ'. Cos (α' — ⊙$'$) . .	9,37042n		
log ρ'. Sin (α' — ⊙$'$) . .	9,64129n		
log Tang (α' — ⊙$'$) . .	0,27087		
α' — ⊙$'$	$241^\circ\,48'\,36''$		
α'	$266^\circ\,27'\,21''$		
log Sin (α' — ⊙$'$)	9,94517n		
log ρ'	9,69612		

Die berechnete Breite stimmt mit der beobachteten genau, die Länge bis auf 1'' überein. Die Elemente sind daher als sehr genähert zu betrachten, und man sieht, daſs es völlig hinlänglich ist, bei Berechnung einer Kometenbahn sich der Logarithmentafeln mit fünf Dezimalstellen zu bedienen, wodurch und durch Anwendung der Gaussischen Tafel für die Logarithmen der Summen und Differenzen der Zahlen, welche selbst nur durch ihre Logarithmeh gegeben sind, die Rechnung ungemein vereinfacht und erleichtert wird.

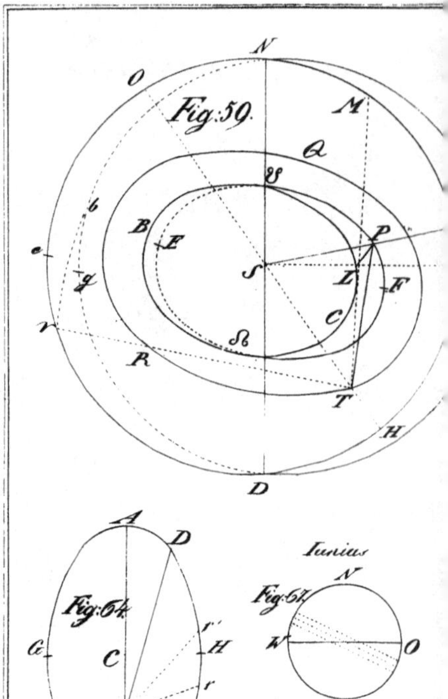
Fig:59.
Fig:64.
Iunius
Fig:67.
Fig:65.
December
Fig:68.
März
Fig:69.
September
Fig:70.

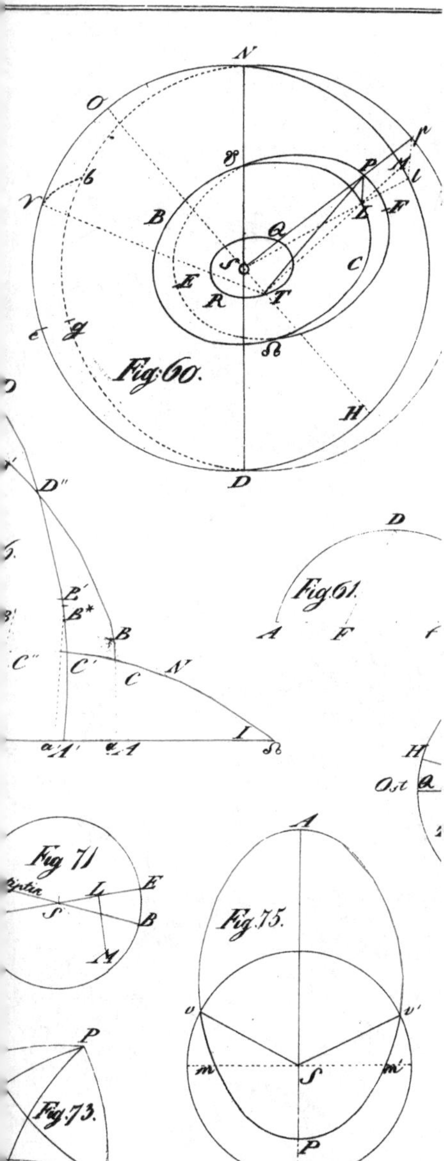
Fig:60.
N
O
p
P
M
l
b
B
F
L
Q
S
C
E
R
T
g
e
H
D
D''
Fig:61.
D
A
F
B*
B
C''
C'
C
N
I
A'
A
H
Ost
Q
Fig 71
E
L
S
B
M
Fig.75.
A
v
v'
m
m'
S
P
Fig.73.
P
C

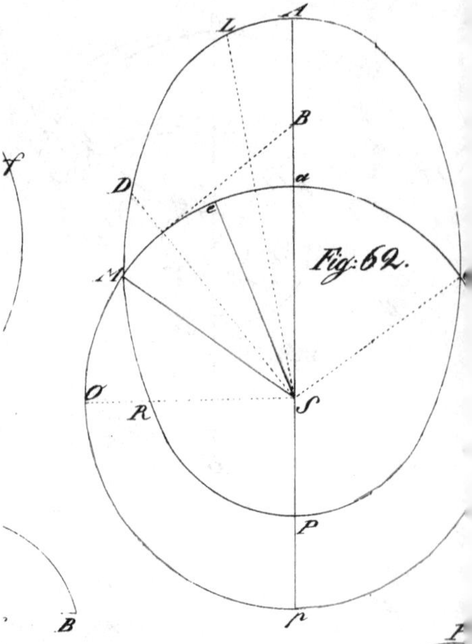

Fig: 62.

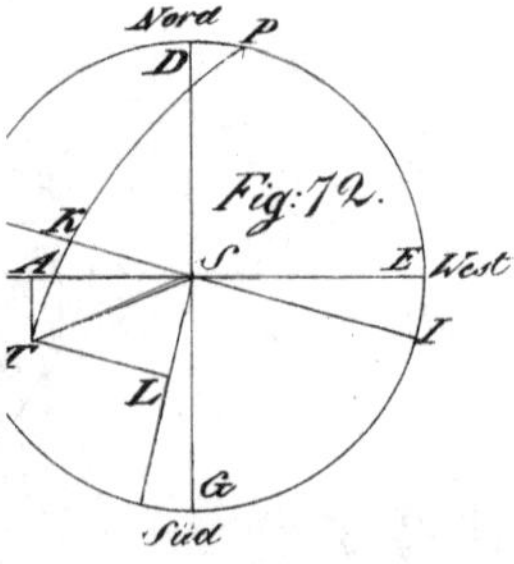

Fig: 72.

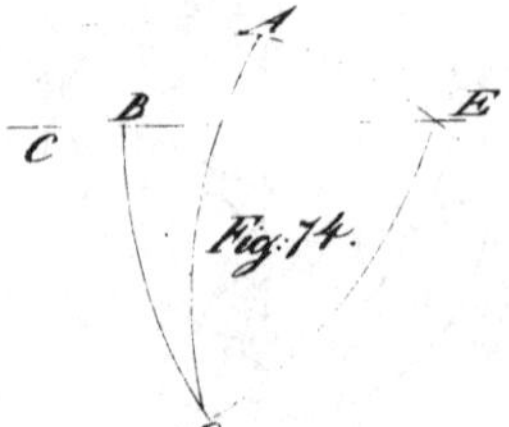

Fig: 74.

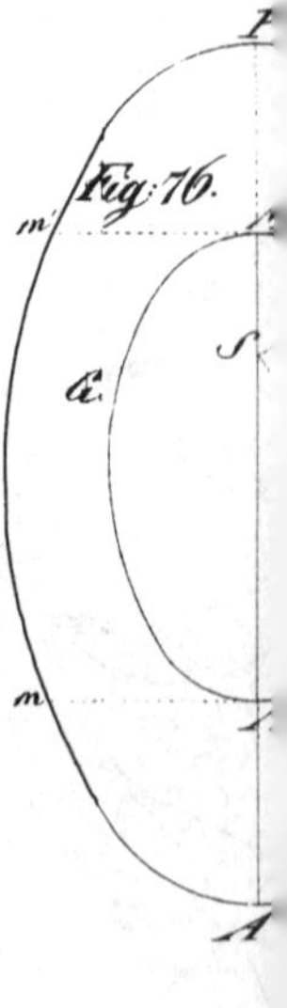

Fig: 76.

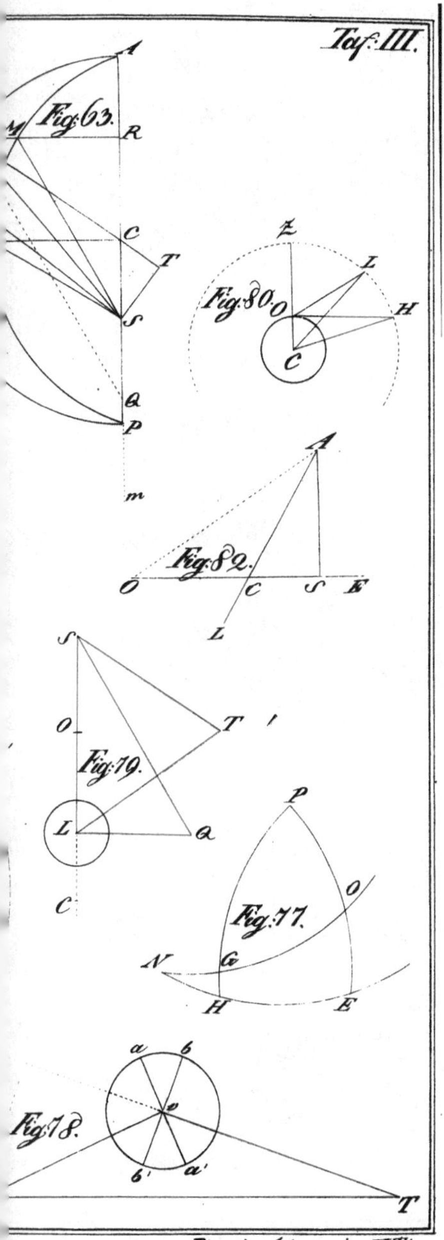
Taf: III.
Fig. 63.
A
M
R
C
T
S
Q
P
m
Fig. 80.
Z
L
O
H
C
Fig. 82.
A
O
C
S
E
L
Fig. 79.
S
O
T
L
Q
C
Fig. 77.
P
O
N
G
H
E
Fig. 78.
a
b
e
b'
a'
T

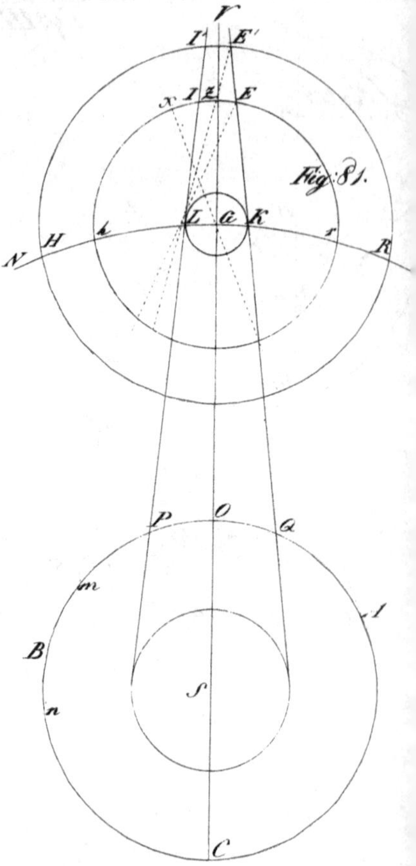

Fig: 81.

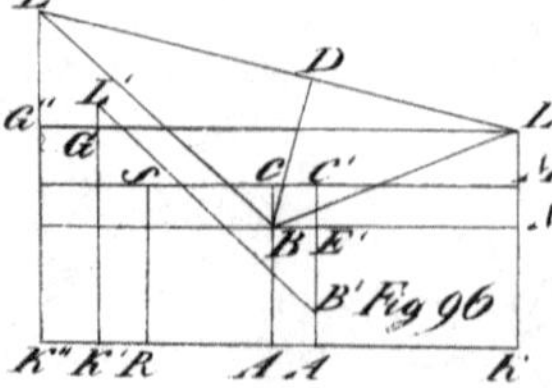

Fig 96

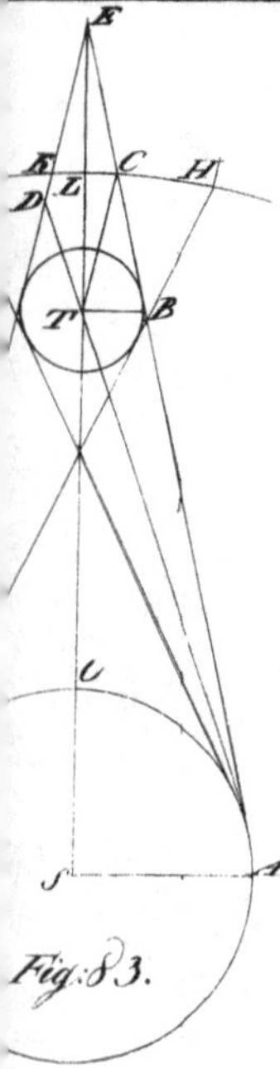

Fig: 83.

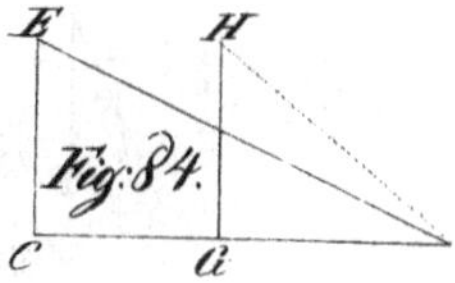

Fig: 84.

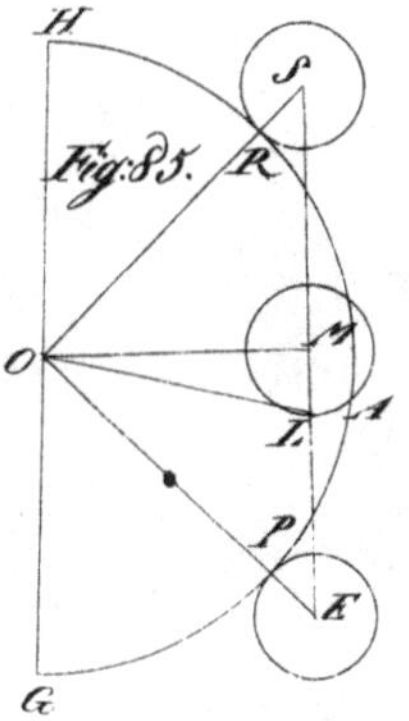

Fig: 85.

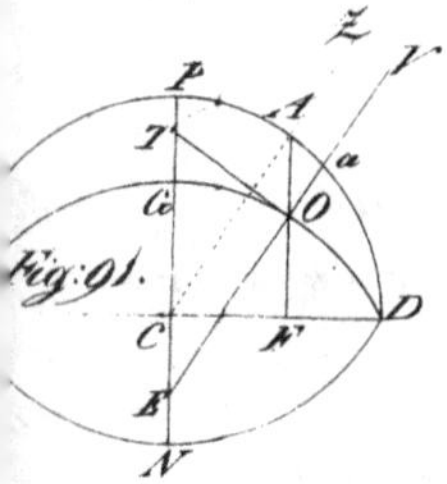

Fig: 91.

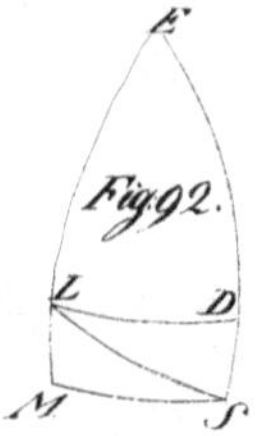

Fig. 92.

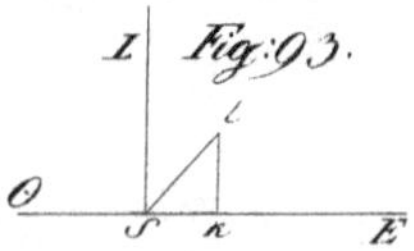

Fig: 93.

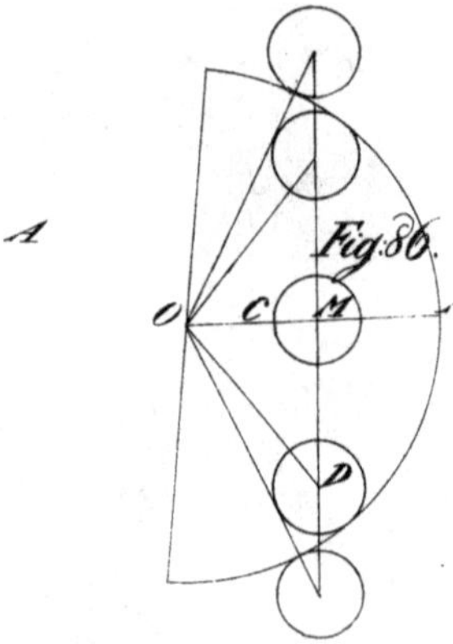

Fig: 86.

Fig: 87.

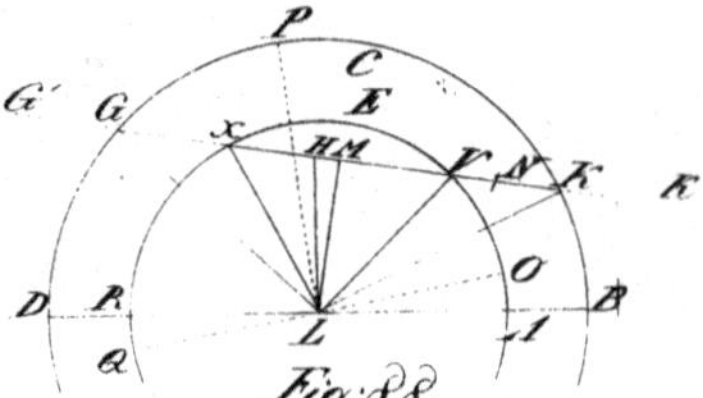

Fig: 88.

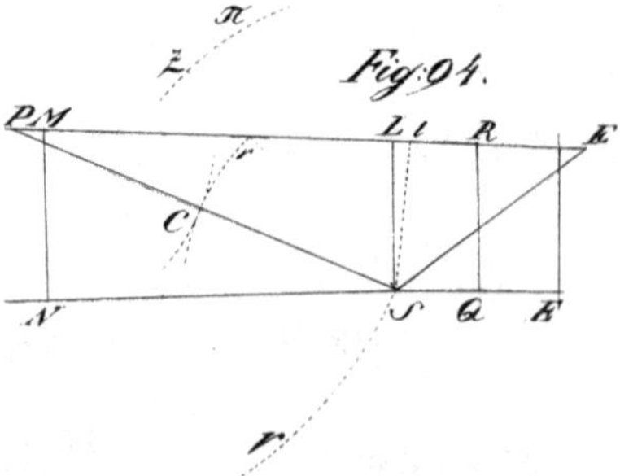

Fig: 94.

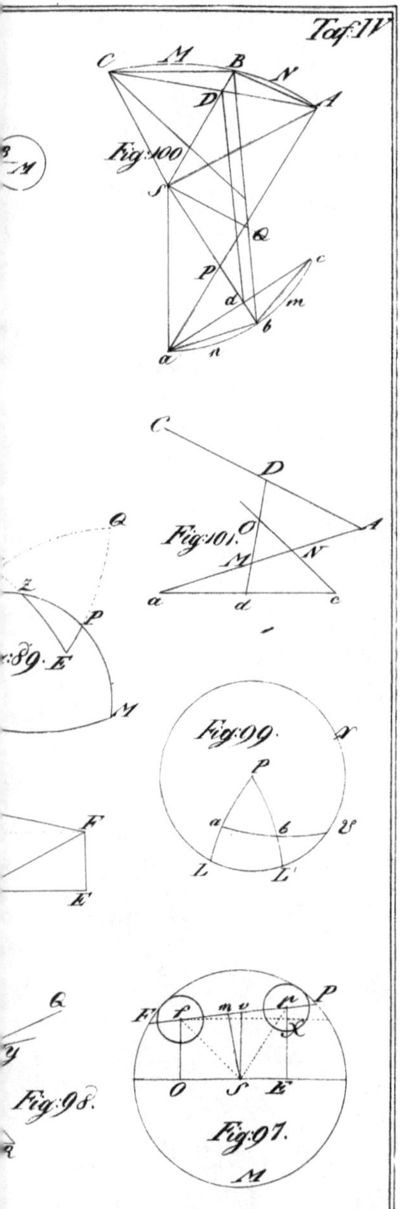
Taf. IV
Fig:100.
Fig:101.
:89.
Fig:99.
Fig:98.
Fig:97.

FSC
www.fsc.org
MIX
Papier | Fördert
gute Waldnutzung
FSC® C083411

Kolibri 360 GmbH
Ferdinand-Jühlke-Straße 7
99095 Erfurt, Deutschland
produktsicherheit@kolibri360.de